管理學基礎與案例

主　編　羅劍、劉波
副主編　楊洋、余璇

崧燁文化

前　言

　　管理作為有效配置資源的手段,已經日益滲透到每個人的工作和生活中,無論是國家的興衰、企業的成敗,還是家庭的貧富,都與管理有著密不可分的關係。目前,中國絕大多數高等院校的經濟管理類專業與部分非經濟管理專業都開設了企業管理方面的課程,編寫一本適合經濟管理類專業和部分非經濟管理專業學生使用的教材就尤其重要。

　　本教材注重實用性,強調理論聯繫實際,在對管理學基礎理論進行介紹的基礎上,引入企業案例分析,有利於提高課程教學效果。本書具有較強的適用性和可讀性,適用於高等院校工商管理類各專業本科學生,也可以作為 MBA 教材以及企業管理人員培訓與自學者使用教材。

　　在本書的編寫過程中,編者參閱了大量中外文獻資料,在此對文獻作者和譯者表示衷心感謝!由於編者水平有限,疏漏和不足之處難免,懇請廣大讀者批評指正。

編者

目錄

第一部分　基礎理論篇

1 管理概述 ……………………………………………………………（3）
　1.1　管理的概念、特徵和性質 ……………………………………（3）
　　1.1.1　管理的概念和特徵 ………………………………………（3）
　　1.1.2　管理的性質 ………………………………………………（4）
　1.2　管理的職能 ……………………………………………………（5）
　　1.2.1　計劃 ………………………………………………………（5）
　　1.2.2　組織 ………………………………………………………（5）
　　1.2.3　領導 ………………………………………………………（6）
　　1.2.4　控製 ………………………………………………………（6）
　　1.2.5　創新 ………………………………………………………（6）
　1.3　管理者 …………………………………………………………（6）
　　1.3.1　管理者的概念 ……………………………………………（6）
　　1.3.2　管理者的類型 ……………………………………………（7）
　　1.3.3　管理者的角色 ……………………………………………（8）
　　1.3.4　管理者的素質 ……………………………………………（9）
　1.4　管理理論的發展 ………………………………………………（11）
　　1.4.1　早期管理思想 ……………………………………………（11）
　　1.4.2　古典管理理論 ……………………………………………（15）
　　1.4.3　行為管理理論 ……………………………………………（20）
　　1.4.4　現代管理理論 ……………………………………………（22）
　1.5　管理基本原理 …………………………………………………（26）
　　1.5.1　系統原理 …………………………………………………（27）
　　1.5.2　人本原理 …………………………………………………（31）
　　1.5.3　責任原理 …………………………………………………（35）

1.5.4　效益原理 …………………………………………………………（36）

2　決策 ……………………………………………………………………………（41）
　2.1　決策概述 ……………………………………………………………………（41）
　　　2.1.1　決策的定義、原則與依據 ………………………………………（41）
　　　2.1.2　決策的類型 ………………………………………………………（43）
　2.2　決策過程 ……………………………………………………………………（44）
　　　2.2.1　識別機會或診斷問題 ……………………………………………（44）
　　　2.2.2　識別目標 …………………………………………………………（45）
　　　2.2.3　擬訂備選方案 ……………………………………………………（45）
　　　2.2.4　評估備選方案 ……………………………………………………（45）
　　　2.2.5　做出決定 …………………………………………………………（46）
　　　2.2.6　選擇實施戰略 ……………………………………………………（46）
　　　2.2.7　監督和評估 ………………………………………………………（46）
　2.3　決策方法 ……………………………………………………………………（47）
　　　2.3.1　定性決策方法 ……………………………………………………（47）
　　　2.3.2　定量決策方法 ……………………………………………………（49）

3　計劃 ……………………………………………………………………………（56）
　3.1　計劃概述 ……………………………………………………………………（56）
　　　3.1.1　計劃的定義 ………………………………………………………（56）
　　　3.1.2　計劃的類型 ………………………………………………………（57）
　　　3.1.3　計劃的作用 ………………………………………………………（58）
　3.2　計劃的編制過程及方法 ……………………………………………………（59）
　　　3.2.1　計劃編制的原則 …………………………………………………（59）
　　　3.2.2　計劃編制的步驟 …………………………………………………（60）
　　　3.2.3　計劃編制的方法 …………………………………………………（61）
　3.3　目標管理 ……………………………………………………………………（65）

3.3.1 目標管理的概述 ……………………………………………………… (65)
3.3.2 目標管理的步驟 ……………………………………………………… (67)
3.3.3 對目標管理的評價 …………………………………………………… (68)

4 組織 ………………………………………………………………………………… (70)
4.1 組織概述 …………………………………………………………………… (70)
4.1.1 組織的含義 ………………………………………………………… (70)
4.1.2 組織的特點 ………………………………………………………… (70)
4.2 組織結構 …………………………………………………………………… (71)
4.2.1 組織結構的特徵 …………………………………………………… (71)
4.2.2 正式組織與非正式組織 …………………………………………… (72)
4.2.3 組織結構的類型 …………………………………………………… (73)
4.3 組織設計 …………………………………………………………………… (80)
4.3.1 管理幅度和管理層次 ……………………………………………… (80)
4.3.2 組織設計的依據 …………………………………………………… (81)
4.3.3 組織設計的原則 …………………………………………………… (82)
4.4 組織文化 …………………………………………………………………… (84)
4.4.1 組織文化的含義與特徵 …………………………………………… (84)
4.4.2 組織文化的功能 …………………………………………………… (85)
4.4.3 組織文化的作用 …………………………………………………… (86)
4.5 組織變革 …………………………………………………………………… (87)
4.5.1 組織變革概述 ……………………………………………………… (87)
4.5.2 組織變革的過程與程序 …………………………………………… (89)
4.5.3 企業組織變革的模式 ……………………………………………… (90)
4.5.4 組織變革的幾種常用模式 ………………………………………… (91)

5 領導 ………………………………………………………………………………… (94)
5.1 領導概述 …………………………………………………………………… (94)

5.1.1　領導的內涵 ………………………………………………………… (94)
　　　5.1.2　領導的作用 ………………………………………………………… (95)
　　　5.1.3　領導的類型 ………………………………………………………… (95)
　5.2　領導過程 ……………………………………………………………………… (96)
　　　5.2.1　領導過程的內涵 …………………………………………………… (96)
　　　5.2.2　領導過程的特徵 …………………………………………………… (97)
　　　5.2.3　領導過程的階段 …………………………………………………… (98)
　5.3　領導方法 ……………………………………………………………………… (99)
　　　5.3.1　領導方法的含義和特徵 …………………………………………… (99)
　　　5.3.2　領導方法的重要性 ………………………………………………… (100)
　　　5.3.3　領導方法的基本原理 ……………………………………………… (100)
　　　5.3.4　現代科學方法在領導方法中的運用 ……………………………… (103)

6　激勵 ……………………………………………………………………………………… (107)
　6.1　激勵概述 ……………………………………………………………………… (107)
　　　6.1.1　激勵的內涵 ………………………………………………………… (107)
　　　6.1.2　激勵的作用 ………………………………………………………… (109)
　6.2　激勵理論 ……………………………………………………………………… (110)
　　　6.2.1　內容型激勵理論 …………………………………………………… (110)
　　　6.2.2　過程型激勵理論 …………………………………………………… (114)
　　　6.2.3　強化激勵理論 ……………………………………………………… (115)
　6.3　激勵方法 ……………………………………………………………………… (117)
　　　6.3.1　激勵的原則 ………………………………………………………… (117)
　　　6.3.2　常用的激勵方法 …………………………………………………… (118)

7　溝通 ……………………………………………………………………………………… (121)
　7.1　溝通概述 ……………………………………………………………………… (121)
　　　7.1.1　溝通的定義 ………………………………………………………… (121)

4

  7.1.2 溝通的目的 …………………………………………………（121）
  7.1.3 溝通的作用 …………………………………………………（121）
  7.1.4 溝通的類型 …………………………………………………（122）
 7.2 溝通過程 ………………………………………………………（125）
 7.3 溝通方法 ………………………………………………………（126）
  7.3.1 溝通障礙 ……………………………………………………（126）
  7.3.2 有效溝通的原則 ……………………………………………（126）
  7.3.3 有效溝通的方法 ……………………………………………（128）

8 控製 …………………………………………………………………（131）
 8.1 控製概述 ………………………………………………………（131）
  8.1.1 控製的概念 …………………………………………………（131）
  8.1.2 控製的作用和目的 …………………………………………（131）
  8.1.3 有效控製的原則 ……………………………………………（132）
  8.1.4 控製的類型 …………………………………………………（133）
 8.2 控製過程 ………………………………………………………（136）
  8.2.1 控製標準的制定 ……………………………………………（136）
  8.2.2 衡量績效 ……………………………………………………（138）
  8.2.3 分析鑒定偏差並採取糾偏措施 ……………………………（140）
 8.3 控製方法 ………………………………………………………（141）
  8.3.1 預算控製 ……………………………………………………（141）
  8.3.2 質量控製 ……………………………………………………（143）
  8.3.3 成本控製 ……………………………………………………（144）

9 創新 …………………………………………………………………（147）
 9.1 創新概述 ………………………………………………………（147）
  9.1.1 創新的含義 …………………………………………………（147）
  9.1.2 創新的要素 …………………………………………………（148）

9.1.3　創新的分類 ………………………………………………… (149)
　　9.1.4　創新的內容 ………………………………………………… (150)
9.2　創新過程 …………………………………………………………… (155)
　　9.2.1　創新的原則 ………………………………………………… (155)
　　9.2.2　創新的過程 ………………………………………………… (156)
9.3　創新方法 …………………………………………………………… (157)
　　9.3.1　頭腦風暴法 ………………………………………………… (157)
　　9.3.2　逆向思考法 ………………………………………………… (157)
　　9.3.3　檢核表法 …………………………………………………… (157)
　　9.3.4　類比創新法 ………………………………………………… (158)
　　9.3.5　模仿創新法 ………………………………………………… (158)

第二部分　案例篇

10　決策案例 ……………………………………………………………… (161)
　　案例1　三問哲學：看馬化騰如何做決策 …………………………… (161)
　　案例2　七匹狼闖網 …………………………………………………… (166)
　　案例3　長城汽車堅持SUV戰略 ……………………………………… (172)

11　計劃案例 ……………………………………………………………… (176)
　　案例1　一汽豐田2016年目標及中長期規劃 ………………………… (176)
　　案例2　恒大多元化發展戰略規劃 …………………………………… (178)
　　案例3　吉祥無線電股份有限公司的資產剝離計劃 ………………… (182)

12　組織案例 ……………………………………………………………… (186)
　　案例1　海爾組織之道：組織轉型的狂想與實踐 …………………… (186)
　　案例2　嘉寶公司高管團隊成員集體離職 …………………………… (190)
　　案例3　中糧集團「忠良文化」 ……………………………………… (193)

13　領導、激勵與溝通案例 ……………………………………………（196）
　　案例1　劉強東革新：從獨裁者到引路人 ……………………………（196）
　　案例2　哪種領導更有效 ………………………………………………（199）
　　案例3　揭秘馬雲秘制的激勵制度 ……………………………………（202）
　　案例4　格蘭仕的激勵體系：適合的就是最好的 ……………………（204）
　　案例5　天融投資管理有限公司的溝通問題 …………………………（206）

14　控制案例 ……………………………………………………………（210）
　　案例1　豐田生產方式 …………………………………………………（210）
　　案例2　為什麼格力的品質和技術世界第一：嚴謹的質量控制 ……（213）
　　案例3　德邦物流的時效管理 …………………………………………（214）

15　創新案例 ……………………………………………………………（219）
　　案例1　小米的崛起 ……………………………………………………（219）
　　案例2　五糧液：傳承創新謀求轉變，全球視野提升核心競爭力 …（221）
　　案例3　3M和「花王」——銳意創新，領先他人 …………………（223）

第一部分
基礎理論篇

1 管理概述

1.1 管理的概念、特徵和性質

1.1.1 管理的概念和特徵

管理，就其詞的本義來說，是「管轄」「治理」的意思，即主其事叫「管」，治其事稱「理」，二者合稱「管理」。英語中的「Management」一詞就包含了「管轄」「處理」「辦理」「經營」等意思。儘管管理活動古已有之，但管理至今尚無統一定義。因為不同的人，立場不同，研究的出發點和目的可能都不同，因此對管理做出的解釋和研究也各不相同。我們在此舉出一些有代表性的觀點。

古典管理理論的主要代表人之一，法國管理學家亨利·法約爾（Henri Fayol）在1916年第一次提出：管理是一個由計劃、組織、指揮、協調及控制等職能為要素組成的活動過程。

美國管理學家泰勒提出了科學管理理論，主要包括科學管理的目的和原則；作業管理，即挑選「第一流的工人」，制定科學的工作方法，實行激勵性的工資制度；組織管理，即把計劃職能與執行職能分開，用科學的工作方法取代傳統的憑經驗工作的方法；職能工長制，使每一位工長只承擔一種管理職能；進行心理革命，把勞資雙方的注意力從分配剩餘的問題上移開，轉向增加剩餘上，以友好合作和互相幫助來代替對抗和鬥爭，共同使剩餘額增加，讓工人的工資和製造商的利潤都大大增加。

美國著名管理學者孔茨（Harold Koontz, 1908—1984）同其他學者共同推薦了一個管理的綜合定義：管理是引導人力和物質資源進入動態的組織，以達到這些組織的目標，亦即使服務對象獲得滿意，並且使服務的提供者亦獲得一種高昂的士氣和成就感。他們明確地把管理同組織聯繫起來，說明管理的任務。

美國管理學家彼得·德魯克（Peter F. Drucker, 1909—2005）指出：管理是一種以績效責任為基礎的專業職能。

決策理論學派的代表人物赫伯特·A. 西蒙（Herbert A Simon, 1926年至今）認為：管理就是決策。斯蒂芬·P. 羅賓斯和瑪麗·庫爾塔（Robbins and Coultar）把管理定義為：管理是和其他人一起並且通過其他人來切實有效完成活動的過程。

沃倫·R. 普倫基特和雷蒙德·F. 阿特納（Plunkett and Attner）首先把管理者定義為「對資源的使用、分配和監督的人員」，然後再將管理定義為「一個或多個管理者單獨和集體行使相關職能（計劃、組織、人員配備、領導和控制）和利用各種資源（信

息、原材料、貨幣和人員）來制訂並達到目標的活動」。

中國管理學家周三多教授認為：「管理是社會組織中，為了實現預期目標，以人為中心進行的協調活動。」楊文士教授等則認為：「管理是指一定組織中的管理者，通過實施計劃、組織、人員配備、指導與領導、控製等職能來協調他人的活動，使別人同自己一起實現既定目標的活動過程。」兩者的共性都是把管理同社會組織及其目標的實現直接聯繫起來。

各派管理學家都曾從不同的側面對管理下過定義。如果我們對這些定義加以概括，大致可以歸結為以下兩種基本觀點：第一種注重對「物」的管理，強調管理以工作為中心，因此，著眼點是任務量。另一種觀點強調管理以人為中心，注重對「人」的管理，主張充分發揮人（包括被管理者）在管理過程中的作用。綜合以上的觀點，管理應該包括對人的管理和對物的管理兩方面，對人的管理和對物的管理二者是統一的，不應該把它們分割開來。

1.1.2 管理的性質

任何社會生產過程都是在一定的生產方式和一定的生產關係下進行的，生產過程具有二重性，因此，對生產過程進行的管理也就存在著二重性：一種是與生產力、社會化大生產相聯繫的自然屬性；另一種是同生產關係、社會制度相聯繫的社會屬性。

馬克思曾經指出：「凡是直接生產過程中具有社會結合過程的形態，而不是直接表現為獨立生產者的孤立勞動的地方，都必然會產生監督勞動和指揮勞動。不過它具有二重性。」一方面，凡是有許多個人進行協作的勞動，過程的聯繫和統一都必然要表現在一個指揮意志上，表現在各種與局部勞動無關而與工廠全部活動有關的職能上，就像一個樂隊需要一個指揮一樣。這是一種生產勞動，是每一種結合的生產方式中都必須進行的勞動。另一方面，完全避開商業部門不說，凡是建立在作為直接生產者的勞動者和生產資料的所有者之間的對立上的生產方式中，都必然會產生這種監督勞動。這種對立越嚴重，這種監督勞動所起的作用就越大。馬克思還指出：資本家的管理不僅是一種由社會勞動過程的性質產生並屬於社會勞動過程的特殊職能，它同時也是剝削社會勞動過程的職能，因而也是由剝削者和他所剝削的原料之間不可避免的對抗所決定的。因此，如果說資本主義的管理就其內容來說是二重的，——因為它所管理的生產過程本身具有二重性；一方面是製造產品的社會勞動過程，另一方面是資本的價值增值過程，——那麼，資本主義的管理就其形式來說是專制的。從馬克思的分析我們可以看出，管理具有二重的性質：它既有同生產力、社會化大生產相聯繫的自然屬性，又有同生產關係、社會制度相聯繫的社會屬性。

管理是一個活動過程，要通過與別人的協作去達成組織的目標，就必須尊重客觀事實，遵循管理活動的各種客觀規律。在長期的大量的社會實踐活動中，人們通過收集、歸納、提出並驗證假設，總結出一系列反映管理活動過程中客觀規律的管理理論和一般方法。進而應用這些理論和方法指導管理實踐，規範管理行為，並以管理活動的結果檢驗管理理論和方法的正確性和有效性，同時，不斷吸收、融會其他學科的先進成果，發展和豐富管理的科學理論和方法。

管理是一門科學，是指它以反映管理客觀規律的管理理論和方法為指導，有一套系統的分析問題、解決問題的科學的方法論。管理的藝術性就是強調其實踐性和技巧性，管理雖然可以遵循一定的原理或規範來辦事，但管理絕對不是條條框框，還需要在實踐中靈活應用。管理者在實際工作中，面對千變萬化的管理環境和千差萬別的管理對象，必須因人、因事、因時、因地創造性地運用管理的技術和方法解決實際問題。所以，管理的藝術性就是強調管理活動除了要掌握一定的科學理論和方法外，還要有熟練地靈活運用這些知識和技能的技巧。

管理是科學與藝術的有機結合體，靠記憶原理不講藝術的管理活動，必將是脫離實際的無效活動；而沒有掌握管理理念和基本知識的管理人員，單純憑技巧也是很難找到解決複雜管理問題、令人滿意的可行方案的。懂得這一點，對於學習管理學和從事管理工作的人員來說是十分重要的。人們既應注重管理基本理論的學習，又不能忽視在實踐中根據不同的情況靈活運用管理技巧，這是管理成功的重要保證。

1.2　管理的職能

根據馬克思主義關於管理二重性的學說，管理具有兩種基本職能，即合理組織生產力和維護與完善一定的生產關係。前者是管理自然屬性的表現，是由勞動社會化產生的管理的一般職能；後者則是管理社會屬性的表現，是由勞動過程的社會性質產生的管理的特殊職能。正是管理的這兩種基本職能，使生產力得以發展，生產關係得以維護，生產過程得以進行，組織的目的得以實現。管理的這兩種基本職能結合在一起共同作用於生產經營過程時，又要表現為一系列具體的職能。對於管理的具體職能，經過近百年的研究和探索，迄今還是眾說紛紜。

自法約爾第一次提出五種管理職能（即計劃、組織、領導、協調和控製）以來，相繼有提出六種、七種的，也有提出三種、四種的。在本書中，我們採取了當今流行的教科書最通常的處理手法，把管理職能概括為五種：計劃、組織、領導、控製和創新。

1.2.1　計劃

計劃職能是管理的首要職能。「凡事預則立，不預則廢」，它與其他職能有著密切的聯繫，在整個過程中具有「龍頭」的作用。計劃工具具體包括預測未來、確定目標、決定方針、制定和選擇行動方案。計劃包括預先決定干什麼（What）、為什麼去干（Why）、如何去干（How）、什麼時候去干（When），以及由誰去干（Who）等問題。

1.2.2　組織

組織是管理的基本職能之一。組織職能是管理者為實現組織目標而建立與協調組織結構的工作過程，它一方面是指設計和維持一種組織結構，另一方面又指運行的規劃和協作關係。具體地說，就是要把為達到組織目標而必須從事的各項工作或活動進

行分類組合，劃分出若幹部門和管理層次，並把監控每一類工作或活動所必需的職權授予各層次、各部門的主管人員，以及規定上下左右的協作關係。組織職能是保證組織目標實現和計劃有效執行的一種功能。對於任何一項計劃，只有建立一個高效的組織並有力地組織實施，組織才能取得預期效果。

1.2.3 領導

所謂領導，是指「激勵和引導組織成員以使他們為實現組織的目標做貢獻」的人員。計劃和組織工作的完成並不能保證組織目標就一定能順利實現。因為配備在組織中各個崗位的人員各自的性格、偏好、需求等並不一樣，在相互的合作中不可避免地會產生各種矛盾和衝突，因此，就需要有一個權威的領導來協調組織成員的行為。就是說，管理者必須具備領導其組織成員朝著組織目標努力的能力。

1.2.4 控製

在組織達到自己目標的過程中，由於受到內外部環境的影響和干預，組織活動的結果常常會和預期的目標產生偏離。為了保證預期目標的實現，這就需要有效的控製。即管理者必須對組織的運行狀況和計劃的實施情況進行監督，識別當初計劃的結果和實際取得的結果之間的偏差，並及時地採取糾偏行動。這種糾偏行動既可以是採取強有力的措施以確保原先計劃的實現，也可以是對原先計劃的修改和調整以適應當前形勢的變化。可以說，控製是管理過程中不可或缺的一項職能，因為離開了控製，就無法保證組織正常朝著目標邁進。

1.2.5 創新

現代組織所處的環境越來越善變。現代社會關係的日益複雜，科學技術的迅猛發展，社會經濟活動的空前活躍使得管理者每天都會遇到新情況、新問題。如果墨守成規，因循守舊，管理者肯定無法使組織順利達到目標，因此，創新是必不可少的。管理者要善於面對變化，要有能力改變現狀。在管理學理論中，對於是否把「創新」當作管理職能，學者們的看法並不一致。孫明經等人認為，「創新」不是管理職能而是管理功能。周三多等人則認為，創新是一項重要的管理職能，在所有的管理職能中處於核心地位。

本書認為，在瞬息萬變的現代社會，管理者要想使組織立於不敗之地，必須具有創新精神，敢於應對各種挑戰。創新應該貫穿於組織的各個層次和各項管理活動中。因此，把創新也列為一項管理職能。

1.3 管理者

1.3.1 管理者的概念

管理者是指從事管理活動的人，即在組織中對他人的工作進行計劃、組織、領導、

控制、創新，以期實現組織目標的人。管理者是管理的主體，對管理活動的順利進行，組織活動及其目標的實現起著十分重要的作用。

社會組織為了實現其目標，需要開展業務活動，如企業的生產經營、學校的教學和科學研究、醫院的診斷治療等。業務活動需要人力資源，直接從事這些業務活動的人員可稱作為作業人員。此外，為了保證業務活動的有效運行和組織目標的實現，組織還需要開展管理活動，管理活動同樣需要人力資源，那些承擔管理工作、履行管理職能的人員就稱為管理者。管理者就是管理行為的主體。管理者與作業人員的劃分不是絕對的。

1.3.2 管理者的類型

（1）按管理者所從事的工作領域劃分

管理工作各不相同，可按所從事工作領域來區分不同的管理者，如計劃管理者、財務管理者、人力資源管理者、銷售管理者和技術管理者等。這一劃分的特點是側重於從事相同的工作領域。由於不同組織的目標、任務相差甚遠，很難按管理者的工作領域統一分類，因此這種劃分方法具有一定的局限性。

（2）按管理者在組織中的地位劃分

按管理者在組織中所處的地位，管理者可以分為高層管理者、中層管理者和基層管理者。這種劃分方法研究的是不同的管理者在組織中、管理過程中的地位和作用，而不涉及專業內容，具有普遍適用性。

①高層管理者

高層管理者也稱戰略管理者，是一個組織的高級執行者。高層管理者一般站在組織整體的宏觀立場，其所考慮的管理問題和所從事的管理活動是組織的長遠問題並側重於組織的生存、成長和發展，以及組織全面的管理。具體來說，高層管理者的主要職責是制定組織長遠發展的戰略目標和發展的總體戰略，制定政策、分配資源、評價組織活動的成效等。高層管理者在組織中處於決策的地位，起著關鍵的和主導型的作用，這種作用主要表現在兩個方面：①組織的神經中樞。高層管理者在組織中擔負著指揮的責任，處於統籌全局的地位，是組織的神經中樞。現代社會的組織，分工越來越細密，協作越來越複雜，任何一個環節出現差錯都可能影響到全局，因此，高層管理者對全局的集中統一指揮顯得尤為重要。②組織工作的核心。在現代社會複雜多變的環境中，高層管理者還要起著凝聚整個組織成員的重要作用，沒有這個堅強的核心，組織就可能成為一盤散沙。

②中層管理者

中層管理者處於高層管理者與基層管理者之間，其主要職責就是負責將戰略管理者制定的總決策和大政方針轉化為更為具體的目標和活動。他們或者對組織的某個實體部門負責，或者領導某個職能部門。中層管理者要為他們負責的部門制定旨在達到組織總目標的次一級的管理目標，要籌劃和選擇達到目標的實施方案，按部門分配資源，協調組織內各單位的活動，制定對偏離目標的行動的糾正方案。他們向高層管理者直接負責和報告工作，同時負責監督和協調基層管理者的工作。中層管理者的作用

主要有三個方面：第一，執行作用。高層管理者的任何決策都必須要經過中層管理者的貫徹執行最後才能真正落實，中層管理者的執行決策質量的高低直接決定組織管理的成效。第二，紐帶作用。中層管理者在組織中處於上下聯繫的紐帶地位，有著明顯的承上啓下作用。一方面，他們要把高層管理者的路線、方針、政策向基層管理者傳達；另一方面，基層管理者中出現的問題又要經過他們反映給高層管理者。第三，參謀作用。相對於高層管理者而言，中層管理者又多了些管理實踐知識和更宏觀看問題的視野，這一特殊的地位使得中層管理者可以成為高層管理者的參謀，幫助高層管理者提出解決問題的辦法和方案。

③基層管理者

基層管理者的主要職責是按照中層管理者的指示，組織、指揮和從事組織的具體管理活動。比如，給下屬人員分配工作、監督下屬人員的工作情況等。就其地位而言，基層管理者處在組織中低層次的位置，但是不可忽視他們對於組織的作用。事實上，他們是組織管理的基礎力量。整個組織管理水平的高低，實際上很大程度上取決於基層管理者的管理質量和管理水平。

1.3.3　管理者的角色

客觀地說，管理者在組織中的角色應該是多方面的，而且不同的管理者在組織中扮演的角色和所起的作用也不完全相同。但是在這種不盡相同的背後應該還是有一定規律的。

哈佛大學教授亨利·明茲伯格（Henry Mintzberg）通過觀察研究后發現，管理者在組織中扮演三個方面的角色：

（1）人際關係方面的角色

由於在組織中擁有正式的權力和較高的地位，管理者從事著大量與人際關係有關的工作，包括與下級人員、同級人員的交流以及對外的交往。在人際關係方面管理者具體擔任以下三種角色：

①掛名首腦的角色

管理者作為組織的代表與象徵，從事著一定的禮節性的工作，代表組織開展對外的人際關係活動。比如，簽署合同、文件，接見訪客等。他們是組織的象徵和官方的代表。

②聯絡者的角色

對外負責組織與其他組織的聯繫，對內起著溝通上級與下級、縱向聯繫與橫向聯繫的作用。

③領導者的角色

負責招聘與選拔人才，培訓和激勵下屬，促使他們把工作做得更好。

（2）信息溝通方面的角色

在信息溝通方面，管理者所起的作用非常重要，每一個管理者都是一個有關組織工作方面信息的交換所中心。在這個方面，管理者也充當著三個方面的角色：

①監聽者的角色

這個時候，管理者是作為組織內部和外部信息的神經中樞，組織內部和外部的各

種情況和信息都要集中到管理者處。同時，管理者也要積極尋求和獲取各種特定的信息與情報，以便透澈地瞭解組織與環境。

②傳播者的角色

在收集和瞭解各方面的信息以後，管理者經過處理，要及時把有關信息和情報傳播給有關下屬人員。

③發言人的角色

作為組織的發言人向外部發布組織的計劃、政策、行動、結果等方面的信息或情報。比如，管理者向外發布報告，進行演講等。這些可能是組織運作的需要，也可能是外界壓力的結果。

（3）決策方面的角色

在決策方面，管理者要平衡各方面相互對立的利益並做出選擇。通過決策，組織的戰略最終形成並付諸實踐。在這方面，管理者充當了四個方面的角色：

①企業家的角色

這裡講的企業家不是高級的職業管理者，比如總經理、董事長、總裁等。這裡的企業家指的是能捕捉發展機會，進行戰略決策並對之承擔責任的管理者。一個管理者如果在其管理領域或具體工作時這麼做，他就表現為企業家的角色，否則就不是。管理者在扮演這一角色時會積極尋求組織和環境中的機會，制定「改進方案」以發起變革，監督某些方案的策劃以適應外部環境的不斷變化。比如，制定戰略，檢查會議決議的執行情況，開發新項目等。

②故障排除者的角色

當組織面臨重大的、意外的動亂時，管理者要負責採取補救行動，處理一些非常局面下的問題和矛盾等。處理故障和混亂時需要決斷，這正是管理者所需要的能力之一。

③資源分配者的角色

管理者要根據計劃和組織的需要，負責分配組織的人力、物力、財力等各種資源，事實上是批准所有重要的組織決策。

④談判者的角色

在組織對外的談判中作為組織的代表。比如，與工會、客戶等進行談判，以增加組織的利益或保護組織的利益不受侵犯。

這四種角色是一個相互聯繫、密不可分的整體。人際關係方面的角色產生於管理者在組織中的正式權威和地位；這又產生出信息方面的三個角色，使管理者成為某種特別的組織內外部信息的重要神經中樞；而獲得信息的獨特地位又使得管理者在做出重大決策（戰略性決策）中處於中心地位，使其得以擔任決策方面的四個角色。

1.3.4　管理者的素質

人的素質通常有狹義和廣義的理解。狹義的理解是指人先天具有的生理特點，如體質、心理特徵等。先天素質是人的生理條件，是形成后天能力的基礎。廣義的素質，是先天條件和后天品格、能力的綜合反映，包括人的品德、氣質、知識、經驗、能力、

風度和體魄等。管理者的素質，主要包括品德、知識、實際能力和身體心理四個方面。

（1）品德

管理者應有的品德，主要指思想品質、道德修養。管理者的品德不僅是管理者威信的重要決定因素，也是其知識、能力能否得到充分發揮的重要條件。管理者應當具備的基本品德有以下幾個方面。

①強烈的事業心。管理者應當有為人民造福、為祖國富強、為組織發展做貢獻的強烈責任感及成就需要，刻苦鑽研，不斷攀登，兢兢業業，為事業鞠躬盡瘁。

②不斷開拓和創新的精神。勇於開拓、立志改革、不斷創新是當今時代的要求，是管理者不可或缺的品質。面對複雜多變的管理環境，管理者要努力開發新產品、開拓新市場、引進新技術、採用新的管理方式，以適應時代發展的要求。管理者應當永不滿足，敢於衝破傳統觀念和舊勢力的束縛，不計較個人得失，為開創新局面敢於冒風險。

③有全局觀念，不謀私利。管理者應當胸襟寬大，能兼顧國家、組織、職工三者利益，自覺遵守國家的方針政策、法規制度，不搞歪門邪道，能夠正確處理局部利益與整體利益、眼前利益與長遠利益的關係，不謀私利、不搞特權。

④有良好的民主作風。管理者應當有群眾觀念，遇事找群眾商量，能接納不同意見，團結群眾，能與人合作共事，善於授權。

（2）知識

知識是提高管理水平的基礎和源泉。管理工作涉及的知識面廣。一般來說，管理者應當掌握以下幾個方面的指示。

①政治、法律方面的知識。管理者要掌握當下的路線、方針和政策，掌握國家的有關法令、條例和規定，以便正確把握組織的發展方向。

②經濟學和管理學的知識。懂得按經濟規律辦事，瞭解當今管理理論的發展情況，掌握基本的管理理論與方法。

③人文、社會科學方面的知識。如心理學、社會學方面的知識。管理的主要對象是人，而人是生理的、心理的人，又是社會的、歷史的人。學習一些人文、社會科學方面的知識，有助於管理者瞭解管理對象，從而有效地協調人與人之間的關係和調動員工的積極性。

④科學技術方面的知識。如計算機及其應用、本行業科研及技術發展的情況等。無論管理什麼行業，都要有一定的本專業的科技基礎知識，否則就難以根據行業的技術特性進行有效的管理。

（3）實際能力

實際能力指管理者把管理理論與業務知識應用於實踐，進行具體管理，解決實際問題的本領。能力與知識是相互聯繫、相互依賴的。理論與專業知識的不斷累積和豐富，有助於潛能的開發與實際才能的提高，而實際能力的增長與發展，又能促進管理者對理論知識的學習消化和具體運用。

關於管理者應具備的基本能力，美國管理學家卡茨（Robert L. Katz）認為，一個管理者至少應具備三種基本技能：技術技能、人際技能和概念技能。

技術技能是指使用某一專業領域內有關的工作程序、技術和知識完成組織任務的

能力。對於管理者來說，雖然可以依靠專業技術人員來解決專業的技術問題，但需要掌握一定的技術技能，否則就很難與他所主管的組織內技術人員進行有效的溝通，也無法對他所管轄的業務範圍內的各項管理工作進行具體的指導。

人際技能是指管理者處理人與人之間關係的技能。管理者必須學會同下屬溝通，影響下屬，使下屬追隨，激勵下屬積極主動地完成任務。管理者還必須與上級、組織外部的有關人員打交道，還得學會說服上級、學會與其他部門的同事溝通、合作，與有關的外部人員溝通，傳播組織的相關消息，與外部環境協調。人際技能要求管理者瞭解別人的思想、思考方式、感情和個性以及需要和動機，掌握高超人際技能的管理者，更容易取得人們的信任和支持，也容易有效地實施管理。

概念技能指的是縱觀全局，對影響組織生存與發展的重大因素做出正確的判斷，並在此基礎上做出正確的決策，引導組織發展方向的能力。概念技能包括：對複雜環境和管理問題的觀察、分析能力；對戰略性的重大問題處理與決斷的能力；對突發性緊急情況的應變能力等。概念技能就是通常所說的抽象思維能力，而這種抽象思維能力主要指對組織的戰略性問題進行分析、判斷和決策的能力。

技術技能、人際技能、概念技能是各級管理者都需要具備的，但是不同層次的管理者因為職責不同，對這三種技能的要求程度是有區別的。人際技能對高、中、基層管理者通常都具有同等重要的意義；對於技術技能來說，管理者的層次越高，要求越低；對於概念技能來說，管理者的層次越高，要求越高。

(4) 身體心理素質

管理活動既是一種腦力勞動，又是一種體力勞動。特別是處於紛繁複雜的環境之中時，管理勞動通常要耗費大量的腦力與體力，是一種很艱苦的實踐活動。管理者應當身體健康，精力充沛，就是說要有好的體力和腦力，這是保證做好管理工作的重要條件。健康是生活和工作持續之本。管理者要注意勞逸結合，鍛煉身體，注意預防和及時檢查、醫治各種疾病，這樣才能很好地應對繁重的管理工作。

同時，管理者應該有良好的心理素質。心理素質是指一個人的心理過程和個性方面表現出來的持久而穩定的基本特點。管理者除了要有強烈的事業心和責任感之外，還應該樂觀、自信，有堅強的意志和寬廣的胸懷；能夠通過自我調節保持樂觀的心態，對工作充滿自信；遇到困難不氣餒，取得成績不自滿，緊要關頭沉著冷靜，果敢堅決；尊重下屬，敢於承擔責任；要有寬廣的胸懷，不妒忌才能高於自己的人，敢於任用有才能的人。

1.4 管理理論的發展

1.4.1 早期管理思想

1.4.1.1 西方早期的管理思想

西方文化起源於古希臘、古羅馬、古埃及和古巴比倫等文明古國，它們在公元前6世紀左右就已經建立了高度發達的奴隸制國家。埃及金字塔、羅馬水道、巴比倫「空

中花園」等偉大的古代建築工程與中國的長城並列為世界奇觀。這些古國在國家管理、生產管理、軍事和法律等方面也都曾有過許多光輝的實踐。

(1) 亞當·斯密的勞動分工理論

最早對經濟管理思想進行系統論述的學者，首推英國經濟學家亞當·斯密（Adam Smith，1723-1790）。他在1776年出版的《國民財富的性質和原因的研究》（簡稱《國富論》）一書中，系統地闡述了其政治經濟學觀點，為資本主義經濟的發展奠定了理論基礎；同時，他也提出了影響深遠的管理思想。

亞當·斯密特別強調分工帶來的經濟效益，他認為勞動分工是提高勞動生產率的因素之一。分工有三個方面的好處：

第一，分工可以使勞動者專門從事一種單純的操作從而提高熟練程度、增進技能。

第二，分工可以減少勞動者的工作轉換，節約由一種工作轉到另一種工作所需要的時間。

第三，分工使勞動簡化，可以使人們把注意力集中在一種特定的對象上，有利於發現比較方便的工作方法，有利於促進工具的改進和機器的發明。

亞當·斯密的上述主張，不僅符合當時生產發展的需要，而且也成了以後企業管理理論中的一條重要原理。

亞當·斯密在研究經濟現象時的基本論點是所謂的「經紀人」的觀點，即經濟現象是具有利己主義的熱門的活動所產生的。他認為：人們在經濟活動中，追求的完全是私人利益。但每個人的私人利益又受到他人利益的限制。這就迫使每個人必須顧及他人的利益，由此產生了共同利益，進而產生了社會利益。社會利益正是以個人利益為立足點的。這種「經紀人」的觀點，正是資本主義生產關係的反映，同樣對以後資本主義管理思想的發展產生了深遠的影響。

(2) 歐文的人事管理革命

羅伯特·歐文（Robert Owen，1771—1858）出生於英國北威爾士的一個手工業者家庭。由於生活拮據，他只在鄉村小學受過初等教育，童年時代便開始外出謀生。最初在一家小商店裡當學徒，18歲時與人合夥，在曼徹斯特經營一個小工廠，兩年後便成為蘇格蘭一家紡織廠的經理。1800年，歐文在蘇格蘭的新拉納克辦了一家工廠，開始了他的人事管理的改革。他在工廠改革的具體措施包括：改善工廠的工作條件，合理佈局生產設備，縮短勞動時間，提高雇傭童工的最低年齡限制，提高工資，在廠內免費為工人提供膳食，開設按成本出售工人生活必需品的工廠商店，設立幼兒園和模範學校，創辦互助儲金會和醫院，發放撫恤金，通過建設工人醫院、修建街道來謀求改進工廠廠區的整個狀況。他善於與工人接觸，他的改革得到了工人們的支持，從而大大增加了工廠的盈利。歐文的改革設想儘管未獲成功，但他最早注意到管理中人的因素，所以，人們認為歐文是人事管理的創始人，稱他為「人事管理之父」。

(3) 巴貝奇的作業研究與報酬制度

查爾斯·巴貝奇（Charles Babbage，1792—1871）是英國著名的數學家、機械學家。1832年，他出版了《論機器和製造業的經濟》一書，書中論述了他從管理實踐中總結出的關於專業分工、工作方法、機器與工具使用以及成本記錄等方面的管理思想。

巴貝奇的管理思想可以概括為以下幾個方面：

第一，提出了在科學分析研究的基礎上有可能制定出企業管理的一般原則。而對於科學分析，他建議經過嚴密調查而獲得數據。

第二，巴貝奇發展了亞當·斯密的關於分工的思想，分析了分工能提高效率的原因。

第三，在解決勞資矛盾方面他提出了一種可以使工人感覺滿意的分配方法，即固定工資加利潤分成的制度。工人的收入由三個部分組成：按照工作性質所確定的固定工資；按照對生產效率所做出的貢獻分得的利潤；為提高生產效率提出建議而應得的獎金。提出按照生產效率不同來確定報酬的具有刺激作用的制度，是巴貝奇做出的重要貢獻。

1.4.1.2 中國早期管理思想

中國是一個歷史悠久的文明古國，在社會實踐中形成的管理思想源遠流長、豐富多彩。翻閱管理史料，我們發現，中國古代的管理思想主要包括兩個方面，即宏觀治國的管理思想和微觀治生的管理思想。治國的管理思想主要論述財政賦稅管理、人口田制管理、貨幣管理、價格管理、國家行政管理等方面。治生的管理思想主要論述農副業、手工業、商業等生產和流通方面的管理思想。儘管中國古代的管理思想浩如菸海，但由於受生產力和科學技術發展的限制，這些管理思想還比較分散。歸納起來，中國古代的管理思想大致分為以下幾個方面：

（1）組織方面的管理思想

周公（公元前 12 世紀-11 世紀），姓姬名旦，他編的《周禮》一書，是為周朝制定的一套官僚組織制度。該書將周代官員分為天、地、春、夏、秋、冬六官，以天官（又稱冢宰）職位最高；六官分 360 職，各有職責和權力。自周朝以後，歷代封建王朝為提高國家管理效率，都非常重視組織管理，封官定職，編制詳細的官職表，層次分明，職責清楚，權責明確。

春秋時代孫武所著的《孫子兵法》，是世界上最古老的兵書。他在該書中曾提到軍、旅、卒、伍的軍隊編制。軍為 12,500 人，旅為 500 人，卒為 100 人，伍為 5 人，層次關係明晰，編制比較完備。《孫子·勢篇》中有雲：「凡治眾如治寡，分數是也；鬥眾如鬥寡，形名是也。」意思是不管管理人數的多少，道理都一樣，只要抓住編制名額有異這個特點就行了。它類似現代管理中所談到的「要按一定的管理層次和幅度建立組織機構」的管理思想。

（2）經營方面的管理思想

中國古代有許多善於經營的工商名人，他們有著卓越的經營理財思想和一套頗有成效的經營管理藝術。西漢的司馬遷在《史記·貨殖列傳》中記述了從先秦到漢初的一些經營家的經營之道，其中最著名的有範蠡的「待乏原則」「積著之理」「和白圭的」「樂觀時變」。範蠡是春秋末期楚國宛人，輔佐越王勾踐滅吳后，棄官從商，成為中國歷史上有名的大商人。他有以下兩條著名的經營之道：

①待乏原則

「待乏原則」的意思是指市場上的貨物，要根據年度、季度預測需求行情，預先收儲以待時機，方有利可圖，所謂「水則資車、旱則資舟、夏則資裘、冬則資絺」。

②積著之理

這是指獲取利潤的方式。他認為：「務完物，無息幣。以物相貿易，腐敗而食之貨勿留，無敢居貴。論其有餘不足，則知貴賤。貴上極則賤，賤下極則反貴。貴出如糞土，賤取如珠玉。財幣欲其行如流水。」意思是說經營的物品，切勿長期存儲貪圖高價。要通過商品數量的多少，預測其價格的貴賤。某商品太貴必轉而下跌，太賤則又回漲。要使貨幣像流水一樣經常流動和運行，才能得到好的經濟效益。

白圭是戰國時期周國人，他根據農業生產週期的說法進行經營，成為當時有名的富商。白圭的經營思想可概括為「樂觀時變」四個字，具體地說就是以下幾個方面：

①強調觀察農業生產豐收對市場動向的影響，把商情預測作為經營決策的基礎。
②採取「人棄我取，人取我與」的經營策略。
③減少耗費，降低經營成本。
④主張「欲長錢，取下谷」的經營之道，即薄利多銷，在數量上取勝。
⑤主張「薄飲食，忍嗜欲，節衣服，與用事童僕同苦樂」，即與手下人同甘苦。

(3) 以人為本的管理思想

老子在《道德經》中講過「城中有四大，而人居其一焉」，「四大」指道、天、地、人。可見老子十分重視人的因素。「重人」是中國傳統管理的一大要素，要奪取天下，治好國家，辦成大事，人是第一位的。

得民是治國之本，欲得民必先為民謀利。《管子》中就明確指出：「凡治國之道，必先富民。」孔子則主張「禮義治國」，希望推行以「義」為核心的管理目標、以「義」為特徵的管理方法。孟子則認為「以佚道使民，雖勞不怨；以生道殺民，雖死不怨殺者」。這些都體現了以人為本的管理思想。

在用人方面，中國素有「選賢任能」「任人唯賢」的主張，更有「求賢若渴」之說。能否得到賢能之才，關係到國家的興衰和事業的成敗。《呂氏春秋·求人》中指出：「得賢人，國無不安……失賢人，國無不危。」諸葛亮在總結漢的歷史經驗時說：「親賢臣，遠小人，此先漢所以興隆也；親小人，遠賢臣，此后漢所以傾頹也。」《晏子春秋》則把對人才「賢而不知」「知而不用」「用而不任」視為國家的「三不祥」，其害無窮。

荀子說：「人力不若牛，走不若馬，而牛馬為用，何也？曰：人能群。」意指人們進行分工與協作，協作是一種新的力量。孟子說「勞心者治人，勞力者治於人，治於人者食人，治人者食於人」，提出了腦力勞動與體力勞動分工、管與干分開的思想。

(4) 生產勞動管理思想

中國古代生產勞動管理方面的思想，突出地體現在農業生產、勞動分工及大規模工程建設的組織管理方面。

農業是古代的重要生產活動。民以食為天，國以食為政，農業生產是關係國計民生的大事，中國歷代王朝都非常重視農業生產管理。中國古代農業生產管理思想的主

要內容有以下幾個方面：

①注重農業生產結構管理，以糧為主，多業發展。《管子·八觀》中提到：「務五谷，養桑麻，育五畜，則民富。」

②根據氣候和地理條件進行農業生產。《齊民要術》中講到：「順天時，量地利。」

③注重興修水利。中國古代就非常重視水利工程對農業生產的作用，如中國歷史上修建的最大水利工程——都江堰，在修建之前，岷江洪水無法控制，人民深受其害；修建成功后，使成都平原「沃野千里，號為陸海」。

④重視農業生產技術和耕作工具的作用。中國歷來有「利器」的傳統，孔子說：「工欲善其事，必先利其器。」在勞動管理方面，戰國時期，墨翟就提出了勞動分工的思想。

⑤重視工程建設的組織管理。如萬里長城是於秦始皇時完成的古代建築工程之一，它全長 6,700 千米，蜿蜒於崇山峻嶺之中，氣勢宏偉。據歷史資料記載，當時的計劃十分周到細緻，不僅計算了城牆的土石方量，連所需的人力、材料，以及從何處徵集勞力，他們往返的路程、所需口糧，各地應負擔的任務也都一一明確分配。可以說在長城的整個建造過程、管理構思中充分體現了系統工程和系統管理的思想。

總之，中國古代的管理思想是極為豐富的，是中國人民管理經驗和智慧的結晶，對於我們現代管理理論研究、管理實踐工作具有重要的借鑑價值。

1.4.2　古典管理理論

資本主義經濟的發展、科學技術的巨大變化，促進生產進一步社會化，分工和協作日趨複雜。這時，只憑個人經驗管理企業，已不適應組織大規模社會生產的要求，組織迫切希望用科學的、適應社會化生產的管理來代替傳統的經驗管理。與此同時，前一時期管理經驗的累積，早期管理理論的發展，也為古典管理理論的產生提供了條件。管理理論比較系統的建立是在 19 世紀末 20 世紀初。古典管理理論階段是從 20 世紀初到 20 世紀 30 年代行為科學管理出現之前。這個階段所形成的管理理論稱為「古典管理理論」或「科學管理理論」。所謂科學管理，是指符合客觀規律的管理，也就是按照社會化大生產的特點和規律進行管理。具體特點有：

（1）為了滿足社會需要而生產優質產品；

（2）在生產活動中不斷採用新的科學技術，依靠科學技術發展生產；

（3）保持生產過程的連續性和比例性；

（4）在生產經營活動中，要求職工必須具有高度的組織性和紀律性；

（5）實行集中統一的領導和指揮，按照計劃進行生產經營活動。

古典管理理論的代表人物是美國的泰勒、法國的法約爾和德國的韋伯。

1.4.2.1　泰勒的科學管理理論

弗雷德里克·溫斯洛·泰勒（Frederick Winslow Taylor，1856—1915），出生於美國賓夕法尼亞州一個較富裕的律師家庭，家裡希望他繼承父業，成為一名律師，泰勒不負眾望，考入了哈佛大學法學院，但由於眼疾不得不中途輟學。1875 年，他進入一家

小機械廠當學徒工，1878—1879 年間轉入費城米德瓦爾鋼鐵廠，從機械工人做起，先後被提升為車間管理員、小組長、工長、技師、製圖主任和總工程師。他利用業餘時間學習，獲得了機械工程學士學位。他的經歷使他對生產現場很熟悉，他認為憑經驗管理的方法是不科學的，需要加以改變。為此，他先後進行了著名的「搬運生鐵塊試驗」、「鐵鍬試驗」等試驗，系統地研究和分析工人的操作方法和勞動時間，逐步形成了科學管理理論。在管理方面他的著作有《計件工資制》（1895 年）、《車間管理》（1895 年）、《科學管理原理》（1911 年）。在西方管理思想史上，泰勒被稱為「科學管理之父」。

泰勒所創立的科學管理理論要點包括以下八個方面。

(1) 科學管理的中心問題是提高勞動生產率

泰勒認為，組織提高勞動生產率的潛力很大。方法是選擇合適而熟練的工人，把他們的每一項動作、每一道工序的時間記錄下來，並把這些時間加起來，再加上必要的休息時間和其他延誤的時間，就得出完成該項工作所需的總時間。據此制定出「合理的日工作量」，這就是所謂的工作定額原理。

(2) 為了提高勞動生產率，必須為工作配備「第一流的工人」

泰勒認為，只要工作合適，每個人都能成為第一流的工人。而培訓工人成為「第一流的工人」是企業管理當局的責任。

(3) 要使工人掌握標準化的操作方法，使用標準化的工具、機器和材料，並使作業環境標準化。

泰勒認為，必須使用科學的方法對操作方法、工具、勞動和休息時間的搭配，以至機器的安排和作業環境的布置等進行分析，消除各種不合理因素，把各種最好的因素結合起來形成一種最好的標準化的方法。而這種方法的制定是企業管理者的首要職責。

(4) 實行有差別的計件工資制

按照作業標準和勞動定額，規定不同的工資率，對完成和超額完成定額的人，以較高的工資率支付工資；對完不成定額的人，則按較低的工資率支付工資。

(5) 工人和雇主雙方都必須來一次「精神革命」

泰勒認為，工人追求的是高工資，資本家追求的是高利潤，如果勞動生產率得到了提高，工人不僅可以增加工資，資本家也可以獲得高額利潤。因此，勞資雙方必須變相互對抗為相互信任，共同為提高勞動生產率而努力。

(6) 把計劃職能同執行職能分開，變原來的經驗工作方法為科學工作方法

泰勒有意識地把以前由工人承擔的工作分成計劃職能和執行職能。計劃職能歸企業管理當局，並設立專門的計劃部門來承擔。至於現場的工人，則從事執行職能，即按照計劃部門制定的操作方法和指令，使用規定的標準化工具，來代替經驗的工作方法。

(7) 實行職能工長制

泰勒認為，為了使工長能夠有效地履行職責，必須把管理工作細分，使每一工長只承擔一種職能。這種做法使一個工人同時接受幾個職能工長的指揮，容易造成混亂，

所以沒有得到推廣，但這種思想為后來職能部門的建立和管理專業化奠定了基礎。

（8）在管理控制上實行例外原則

泰勒認為，規模較大的企業，不能只依據職能原則來組織或管理，還必須運用例外原則，即企業高層管理人員把一般的日常事務授權給下層管理人員去處理，自己只保留對例外事項（超出常規標準的例外情況；特別好或特別壞的重要事項等）的決策和監督權。

1.4.2.2　法約爾的一般管理理論

亨利·法約爾（Henri Fayol，1841—1925），法國人，1860年以優異的成績畢業於法國聖埃蒂安國立礦業學院后，進入康門塔力—福爾香堡採礦冶金公司，成為一名採礦工程師。由於其出色的組織管理才能，很快被提升為該公司經理、總經理、礦業集團總經理。法約爾不僅有長期管理大企業的經驗，還擔任法國陸軍大學海軍學校的管理學教授，晚年又創立研究機構，為推廣自己和泰勒的思想而不懈努力。1916年出版了《工業管理與一般管理》一書，這一著作是他一生管理經驗和管理思想的總結。法約爾的一般管理理論主要包括以下內容：

（1）經營與管理活動

法約爾認為經營和管理是兩個不同的概念。「經營」是指導或引導一個組織趨向一個目標。經營可以分為六項職能。法約爾指出，任何企業都存在著六種基本活動，而管理只是其中之一。這六種基本活動所包含的內容如下：

①技術活動——生產、製造、加工。
②商業活動——購買、銷售、交換。
③財務活動——資金的籌集和運用。
④安全活動——財產和人員的保護。
⑤會計活動——財產盤點、資產負債表製作、成本核算、統計。
⑥管理活動——計劃、組織、指揮、協調和控制。

法約爾認為，企業中的工人和各級管理人員都不同程度地從事著這六項活動，只不過隨著職務的高低和企業的大小而各有側重。一般工人只側重於技術活動，越到高層領導，管理活動的比重越大；大企業的高層領導比小企業的高層領導有更多的管理活動和較少的技術活動。

（2）管理的要素

法約爾首次把管理活動劃分為計劃、組織、指揮、協調和控制五大職能，揭示了管理的本質，並對這五大管理職能進行了詳細的論述。法約爾認為，管理就是實行計劃、組織、指揮、協調和控制。計劃就是探索未來、制訂行動計劃；組織就是建立企業的物質和社會的雙重結構；指揮就是使其人員發揮作用；協調就是連接、聯合、調動所有的活動及力量；控制就是注意是否一切都按已制定的規章和下達的命令進行。后來許多管理學者按照法約爾的研究思路對管理理論繼續進行研究，逐漸形成了管理過程學派，法約爾被視為這個學派的創始人。

（3）管理教育的必要性與可能性

法約爾認為，企業對管理知識的需要是普遍的，而單一的技術教育適應不了企業的一般需要。管理能力可以通過教育來獲得，沒有理論就不可能有教育。因此應盡快建立管理理論，並在學校中進行管理教育，使管理教育起到像技術教育那樣的作用。為此，他提出了一套比較全面的管理理論，首次指出管理理論具有普遍性，可以用於各個組織之中，並提出在學校普及管理教育，傳授管理知識。

（4）管理的十四條原則

法約爾根據自己的經驗提出了一般管理的十四條原則，同時指出這些原則並不是一成不變的。

①勞動分工。法約爾認為勞動分工不只限於技術工作，也適用於管理工作，適用於職能的專業化和權限的劃分。

②權力與責任。法約爾將管理人員的權利分為正式權力和個人權力。正式權力是由管理人員的職務或地位產生的；個人權力則是因管理人員的智慧、經驗、道德品質、勞動能力和以往的功績等所產成的。好的管理人員能夠以他的個人權力來補充他的正式權力，權力和責任互為因果，有權力就必然有責任。

③紀律。紀律是以企業同員工之間的協定為依據的服從、勤勉、積極、舉止和尊重的表示。沒有紀律，任何企業都不能順利發展。紀律應以尊重而不是以恐懼為基礎，紀律狀況取決於其領導人的道德狀況。

④統一指揮。無論什麼時候，在任何活動中，一個人只能接受一個上級的命令。多重命令對於權威、紀律和穩定性都是一種威脅。

⑤統一領導。凡是具有同一目標的全部活動，只能在一個領導和一個計劃下進行。這對於正常組織中的行動的統一、力量的協調和集中有著至關重要的作用。

⑥個人利益服從整體利益。集體的目標必須包含員工個人的目標。單個人不免有私心和缺點。這往往使員工將個人利益放在集體利益之上。如何協調個人與集體之間的關係在管理上至今仍然是個難題。

⑦合理的報酬。薪酬制度應當公平，對工作成績與工作效率優良者應獎勵。獎勵應以能激起職工的熱情為限，否則將出現副作用。

⑧集中。法約爾認為，集中就像勞動分工一樣，是一種必然規律。集中是職權的集中。集中的程度應該根據管理人員的性格、下級的可靠性和公司的情況而定。

⑨等級鏈。企業管理中的等級制度是從最高管理人員直到最基層人員的領導系列，它顯示出執行權力的路線和信息傳遞的渠道。從理論上來說，為了保證命令的統一，各種溝通都應按層次逐級進行，但這樣可能會產生信息延誤現象。為了解決這一問題，法約爾提出了「跳板」原則。如圖1.1所示。

在一個企業裡，並行的相鄰部門之間發生必須二者協商才能解決的問題時，可先由這兩個部門直接協商解決；只有在二者不能達成一致時，才各自向雙方上一級報告，由雙方上級再協商解決。這樣，一般的問題在較低的一層解決；只有在各級都不能達成一致以及下級難以處理時，才需由高級層次做出決定。跳板原則既能維護命令統一原則，又能迅速及時地處理一般事務，是組織理論上的一個重要原則。

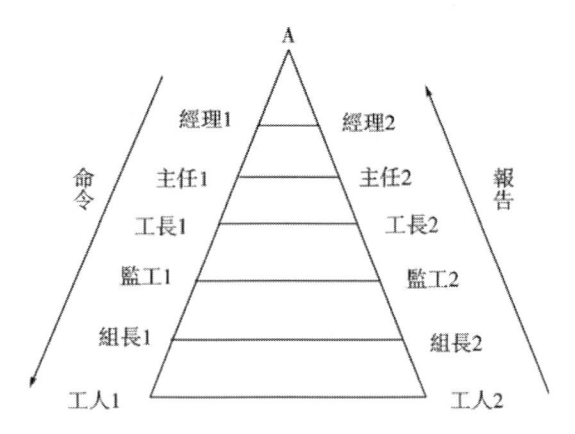

圖 1.1　法約爾的跳板原則

⑩秩序。秩序是指按照事物的內在聯繫事先很好地選擇其恰當的位置。社會秩序的建立需要有良好的組織和合適的選拔工作，確定企業順利發展所必需的職位並為這些職位選拔稱職的人，使每個人都在能發揮出自己最大能力的崗位上任職。

⑪公平。公平是由公道和善意產生的。企業領導應特別注意員工希望公道、平等的願望，並發揮自己最大的能力，使公平感深入各級人員內心。

⑫人員的穩定。如果人員不斷變動，工作將得不到良好的效果。要鼓勵管理人員長期為企業服務。

⑬首創精神。發明創造是首創精神，建議與發揮主動性同樣是首創精神。企業的成功來源於企業領導和全體成員的首創精神。領導者要有勇氣激發和支持大家的首創精神。

⑭人員的團結。法約爾指出，團結就是力量。一個企業中，全體人員的和諧與團結是這個企業的巨大力量，所以應該盡力做好團結工作。

以上十四條管理原則包含了許多成功的經驗和失敗的教訓，是法約爾一生管理實踐經驗的結晶，為后人的管理研究和實踐指明了方向。

1.4.2.3　韋伯的行政組織理論

馬克斯・韋伯（Max Weber，1864—1920）出生於德國一個有著廣泛的社會和政治關係的富裕家庭，1882年進入海德堡大學學習法律，以后先後就讀於柏林大學和哥丁根大學。先后擔任過柏林大學教授、主編和政府顧問。韋伯是德國著名的社會學家，對法學、經濟學、政治學、歷史學和宗教學都有廣泛的研究。他在管理理論上的研究主要集中在組織理論方面，他在代表作《社會組織與經濟組織》中提出了所謂「理想的行政組織體系理論」，是德國古典管理理論代表人物，被稱為「組織理論之父」。理想行政組織理論要點包括以下兩個方面：

（1）權力論

任何組織都必須有某種形式的權力作為基礎，才能實現目標，只有權力，才能變混亂為秩序。韋伯認為，組織存在三種純形態的權力：理性—法律的權力（合法的權

力）；傳統的權力；超凡的權力。理性—法律的權力是由社會公認的法律規定的或者掌有職權的那些人下命令的權力。傳統的權力是由歷史沿襲下來的慣例、習俗而規定的權力。超凡的權力是以對某人的模範品質的崇拜為基礎的。在這三種純粹形態的權力中，傳統權力是世襲得來的而不是按能力挑選的，其效率較差。超凡的權力是以對某人的模範品質的崇拜為基礎的，其過於帶感情色彩並且是非理性的。因此，這兩種權力都不宜作為行政組織體系的基礎。而理性—法律的權力是指由社會公認的法律規定的或者掌有職權的那些人下命令的權力，所以只有理性—法律的權力才能作為理想組織體系的基礎。

（2）理想的行政組織體系

所謂「理想的」，是指這種組織體系並不是最合乎需要的，而是組織的「純粹的」形態。韋伯就理想的行政組織體系的管理制度、組織結構提出了具有深刻影響的思想。其觀點主要有：明確的分工；自上而下的等級系統；人員的考評和教育；職業管理人員；遵守規則和紀律；組織中人員之間的關係。韋伯認為，理想的行政組織體系和其他組織形式相比具有能夠取得高效率的特點。

1.4.3 行為管理理論

行為科學理論始於 20 世紀二三十年代初的霍桑試驗。當時，古典管理理論在實踐中暴露出來的一個最大缺陷，即忽視人的因素，忽視社會、心理因素對管理組織中的人的影響，在霍桑試驗后這方面的理論取研究得了突破性進展，繼而形成科學理論。

1.4.3.1 霍桑試驗

霍桑試驗是 1924 年到 1932 年間，在美國芝加哥郊外的西方電器公司下屬的霍桑工廠進行的。霍桑工廠當時有 2.5 萬名工人，主要從事電話機和電器設備的生產。工廠具有較完善的娛樂設施、醫療制度和養老金制度。但是工人們仍然有很強的不滿情緒，生產效率很低。為了探究原因，1924 年 11 月，美國國家研究委員會組織了一個由多方面專家組成的研究小組進駐霍桑工廠進行試驗。試驗分成四個階段：照明試驗、福利試驗（繼電器裝配工人小組試驗）、談話試驗（大規模訪問交談）、群體試驗（對接線板接線工作室的研究）。

（1）工廠照明試驗（1924—1927 年）

試驗將一批工人分為兩組：一組為「試驗組」，讓工人在不同照明強度下工作；另一組為「控製組」，工人在照明度始終維持不變的條件下工作。但是照明度的變化對生產率幾乎沒有什麼影響。這個試驗似乎以失敗告終。但這個試驗得出結論：工廠的照明只是影響工人生產效率的一項微不足道的因素；生產效率仍與某種未知因素有關。

（2）福利試驗（1927 年 8 月—1928 年）

這個試驗旨在試驗各種工作條件（材料供應、休息時間、作業時間、工資等）的變動對小組生產效率的影響，以便能夠更有效地控制工作效果。試驗的結論是，這些因素對生產效率有很小或者沒有多大的影響，但似乎由於督導方法的改變，使工人工作態度也有所變化，產量有所增加。

（3）談話試驗（1928—1931年）

兩年內他們在上述試驗的基礎上進一步開展了全公司範圍的普查與訪問，調查了2萬多人次，發現所得結論與上述試驗所得相同，即「任何一位員工的工作績效，都受到其他人的影響」。於是研究進入第四階段。

（4）群體試驗

以集體計件工資制刺激，企圖形成「快手」對「慢手」的壓力以提高效率。試驗發現，工人既不會為超定額而充當「快手」，也不會因完不成定額而成「慢手」，當他們達到他們自認為是「過得去」的產量時就會自動鬆懈下來。試驗的結論是，車間裡除了存在按照公司編制建立的正式組織外，還存在因某些因素形成的非正式組織，這些非正式組織有時會嚴重影響工作效率。

研究小組在霍桑工廠進行了歷時8年的研究，獲得了大量的第一手資料，為人際關係理論的形成以及后來的行為科學的發展打下了基礎。

1.4.3.2 人際關係學說

根據霍桑試驗的結果，梅奧於1933年出版了《工業文明中人的問題》一書，提出了與古典管理理論不同的新觀點，形成了人際關係學說。其主要觀點如下：

（1）工人是「社會人」而不是「經濟人」

作為複雜社會系統成員，金錢並非是刺激工人積極性的唯一動力，他們還有社會和心理方面的需求，因此社會和心理因素等方面所形成的動力，對效率有更大的影響。

（2）企業中存在著非正式組織和正式組織

霍桑試驗發現，企業中除了存在正式組織之外，還存在著非正式組織。非正式組織是工人在共同工作的過程中，由於具有共同的社會感情而形成的非正式團體。這種無形組織有它特殊的感情、規範和傾向，左右著成員的行為。

在正式組織中，以效率邏輯為其行動標準，為提高效率，企業各成員之間保持著形式上的協作。在非正式組織中，以感情邏輯為其行動的標準，這是出於某種感情而採取行動的一種邏輯。一般來說，管理人員的邏輯多為效率邏輯，而感情邏輯可以認為是工人的邏輯。

梅奧認為，非正式組織對企業來說有利有弊。它的缺點是有可能集體抵制上級的政策或目標，強迫非正式組織內部的一致性，從而限制了部分人的自由和產量等。它的優點是，使個人有表達思想的機會，能提高士氣，可以促進人員的穩定，有利於溝通，有利於提高工人們的自信心，能減少緊張感覺，在工作中能夠使人感到溫暖，擴大協作程度，減少厭煩等。

作為管理者，要充分認識到非正式組織的作用，注意在正式組織的效率邏輯與非正式組織的感情邏輯之間搞好平衡，以便在管理人員之間、工人與工人之間、管理人員與工人之間搞好協作，充分發揮每個人的作用，提高勞動生產率。

（3）新型的領導在於通過對職工「滿足度」的增加，來提高工人的士氣，從而達到提高效率的目的。

霍桑試驗認為效率的升降，主要取決於工人的士氣，而士氣的高低，則取決於社

會因素特別是人群關係對工人的滿足程度,即他的工作是否被上級、同伴和社會所承認。滿足程度越高,士氣也就越高,生產效率就越高。所以,領導的職責在於提高士氣,善於傾聽下屬的意見,在正式組織的經濟需求和工人的非正式組織的社會需求之間保持平衡。這樣就可以解決勞資之間乃至整個「工業文明社會」的矛盾和衝突,提高效率。

1.4.3.3 對人際關係理論的分析

(1) 人際關係理論的貢獻

梅奧的人際關係理論克服了古典管理理論的不足,引起了管理上的一系列改革,其中許多措施到現在仍是管理者所遵循的準則。其貢獻主要有以下幾點:

①激起了管理層對人的因素的研究興趣;
②改變了人與機器沒有差別的觀點,恢復了人是「社會人」的本來面目;
③為管理思想的發展開闢了新領域;
④為管理方法的變革指明了方向。

(2) 人際關係理論的局限

①過分強調非正式組織的作用。人際關係理論認為,組織內人群行為強烈地受到非正式組織的影響。可實踐證明,非正式組織並非經常地對每個人的行為有決定性的影響,經常起作用的仍是正式組織。

②過多地強調感情的作用,似乎職工的行動主要受感情和關係的支配。事實上,關係好不一定士氣高,更不一定生產效率高。

③過分否定經濟報酬、工作條件、外部監督、作業標準的影響。事實上,這些因素在人們的行為中仍然起著重要的作用。

1.4.4 現代管理理論

第二次世界大戰後,隨著科學技術的發展,生產社會化程度日益提高,管理理論的研究出現了百花齊放的新局面。眾多的學者和管理專家都從各自不同的背景、不同的角度,用不同方法對現代管理問題進行研究,形成了眾多的管理理論學派,這些理論內容上相互影響和聯繫,被形象地稱作「管理理論的叢林」。

1961年12月,美國著名管理學家哈羅德·孔茨在美國《管理學雜誌》上發表了《管理理論的叢林》一文,把當時的各種管理理論劃分為6個主要學派。1980年孔茨又發表了《再論管理理論的叢林》一文,指出管理理論已經發展到11個學派:管理過程學派、社會系統學派、決策理論學派、系統管理學派、經驗主義學派、管理科學學派、經理角色學派、權變理論學派、人際關係行為學派、群體行為學派、社會技術系統學派。下面對主要管理學派進行介紹。

1.4.4.1 管理過程學派

管理過程學派又稱管理職能學派、經營管理學派。其代表人物有早期的法約爾和後來的孔茨。管理過程學派的研究對象是管理的過程和職能。他們認為,管理就是在組織中通過別人或同別人一起完成工作的過程,管理過程同管理職能是分不開的。所

以他們試圖對管理過程和管理職能進行分析，從理論上加以概括，把用於管理實踐的概念、原則、理論和方法結合起來形成一門管理學科。管理過程學派的基本研究方法是：第一步，把管理人員的工作劃分為一些職能。如法約爾劃分為計劃、組織、指揮、協調和控制五項職能。第二步，是對這些職能進行研究，並在豐富多彩的管理實踐中，探求管理的一般規律，以便詳細地分析這些管理職能。管理過程學派認為，應用這種研究方法就可以把管理工作的一切主要方法進行理論地概括從而建立起管理理論，並用以指導管理實踐。管理過程學派的主要貢獻是提供了一種由管理職能構成的理論框架，這個框架包括的範圍廣泛並且容易理解，管理學方面的任何一種新概念、新知識、新思想、新理論幾乎都可以納入到這個框架之中。

1.4.4.2 社會系統學派

社會系統學派以組織理論為研究重點，從社會學的角度來研究組織。這一學派的創始人是美國的管理學家切斯特·巴納德，他的代表作是 1937 年出版的《經理的職能》一書。

巴納德把組織看作是一個社會協作系統，即一種人的相互協作體系。這個系統的存在取決於三個條件：①協作效果，即組織目標能否順利達成；②協作效率，即在實現目標的過程中，協作的成員損失最小而心理滿足較高；③組織目標應和環境相適應。巴納德還指出，在一個正式組織中要建立這種協作關係，必須滿足以下三個條件：一是共同的目標；二是組織中每一個成員都有協作意願；三是組織內部有一個能夠彼此溝通的信息系統。這一學派雖然主要以組織理論為其研究的重點，但它對管理所做的貢獻是巨大的。

1.4.4.3 決策理論學派

該學派的代表人物是著名的諾貝爾經濟學獎獲得者，美國卡耐基—梅隆大學的教授西蒙。這一學派是在社會系統學派的基礎上發展起來的，是對當代西方影響較大的管理學派之一。西蒙認為，決策程序就是全部的管理過程。決策貫穿於管理的全過程。決策過程是從確定組織目標開始，然后尋找為達到該目標可供選擇的各種方案，經過比較做出優選並認真執行控製，以保證既定目標的實現。西蒙採用「令人滿意的準則」代替傳統決策理論的「最優化原則」。他認為，不論是從個人的生活經驗中，還是從各類組織的決策實踐中，尋找可供選擇的方案都是有條件的，不是毫無限制的。他還研究了決策過程中衝突的關係以及創新的程序、時機、來源和群體處理方式等一系列有關決策程序的問題。

西蒙的決策理論是以社會系統理論為基礎的，以後又吸收了行為科學、系統理論、運籌學和計算機科學等學科的內容，即重視了先進的理論方法和手段的應用，又重視了人的積極作用。

1.4.4.4 系統管理學派

系統管理學派是運用系統可持續的理論、範疇及一般原理，分析組織管理活動的理論。其代表人物有美國的卡斯特、羅森茨韋克等。

系統管理學派的主要理論要點是：①組織是一個由相互聯繫的若干要素所組成的人造系統；②組織是一個為環境所影響，又反過來影響環境的開放系統。組織不僅本身是一個系統，同時又是一個社會系統的分系統，在與環境的相互影響中取得動態平衡。組織要從外界接收能源、信息、物質等各種投入，經過轉換再向外界輸出產品。系統管理和系統分析在管理中被應用，提高了管理人員對影響管理理論和實踐的各種相關因素的洞察力。該理論在20世紀60年代最為盛行，但由於它在解決管理的具體問題時略顯不足而稍有減弱，但仍然不失為一種重要的管理理論。

1.4.4.5　經驗主義學派

經驗主義學派又稱案例學派，其代表人物是美國的彼得·德魯克和歐內斯特·戴爾。他們強調通過分析經驗（通常為案例）來研究管理。其依據是，學生和管理者通過研究各式各樣成功和失敗的案例，就能理解管理中的問題，自然便學會有效地進行管理。經驗主義學派的主要觀點是：第一，關於管理的性質。他們認為管理是管理人員的技巧，是一個特殊的、獨立的活動和知識領域。第二，關於管理的任務。該學派認為，作為主要管理人員的經理，必須能夠造就一個「生產的統一體」，經理好比一個樂隊的指揮，他要使企業的各種資源，特別是人力資源得到充分發揮。另外，經理在做出每一個決策和採取每一項行動時，要把當前利益和長遠利益協調起來。第三，提倡實行目標管理。

1.4.4.6　管理科學學派

管理科學學派又叫數量學派，是泰勒「科學管理」理論的繼續和發展。管理科學學派正式作為一個管理學派，是在第二次世界大戰以後，這一學派的特點是利用有關的數學工具，為企業尋找一個有效的數量解，著重於定量研究。

管理科學學派認為，管理就是制定和運用數學模型與程序的系統，運用數學符號和公式來表示計劃、組織、控製、決策等合乎邏輯的程序，求出最優的解答，以達到企業的目標。這個學派還提倡依靠電子計算機進行管理，提高管理的經濟效率。管理科學學派似乎是有關管理的科學，其實它主要不是探索有關管理的問題，而是設法將科學的管理原理、方法和工具應用於管理。

管理科學學派強調數量分析，主張用先進的技術成果和科學研究成果對管理學進行研究。其意義是十分明顯的。但管理活動紛繁複雜，並非所有的管理問題都能定量化，都能用模型來分析。因此，過分依賴於模型，也會降低決策的可信度。所以在管理活動中，應用一分為二的態度來對待數學模型。

1.4.4.7　經理角色學派

經理角色學派是20世紀70年代在西方出現的一個管理學派。它之所以被人們稱作經理角色學派，是由於它以經理所擔任的角色的分析為中心來考慮經理的職務和工作，以求提高管理效率。該學派的代表人物是加拿大麥吉爾大學管理學院教授明茨伯格。

在經理角色方面，這一學派認為經理一般都擔任著十種角色，來源於經理的正式權利和地位。可歸納為三類，它們組成一個相互聯繫的整體。第一類是人際關係方面

的角色，共有三種：掛名首腦的角色、領導者的角色、聯絡者的角色。第二類是經理作為組織信息方面的角色。第三類是決策方面的角色，共分四種：企業家角色、故障排除者角色、資源分配者角色、談判者角色。經理角色理論受到了管理學派和經理們的重視，但是經理的工作並不等於全部的管理工作。管理中的某些重要問題，經理角色理論也沒有詳細論述。

1.4.4.8　權變理論學派

權變理論是20世紀70年代開始形成、發展起來的，其代表人物是美國管理學家盧桑斯以及英國學者伍德沃德等人。所謂權變就是隨機應變的意思。權變理論的核心思想是認為不存在一成不變的、無條件適用於一切組織的最好的管理方法，強調在管理中要根據組織所處的內外環境的變化而隨機應變，針對不同情況尋找不同的方案和方法。其主要觀點有以下幾個方面的內容：

（1）環境變量與管理變量之間存在著函數關係，即權變關係。這裡所說的環境變量，既包括組織的外部環境，也包括組織的內部環境。而管理變量則指管理者在管理中所選擇和採用的管理觀念和技術。

（2）在一般情況下環境是自變量，管理觀念和技術是因變量。因此，如果環境條件一定，為了更快地達到目標，必須採用與之相適應的管理原理、方法和技術。

（3）管理模式不是一成不變的，要適應不斷變化的環境而有所變革，要根據組織的實際情況來選擇最適宜的管理模式。

1.4.4.9　人際關係行為學派

從20世紀20年代開始，是「人際關係」——「行為科學」學派的興起時期。這個學派的依據是，既然管理就是讓別人或同別人一起去把事情辦好，因此，就必須以人與人之間的關係為中心來研究管理問題。這個學派把社會科學方面已有的和新近提出的有關理論、方法和技術用來研究人與人之間以及個人的各種現象，從個人的個性特點到文化關係，範圍廣泛，無所不包。

這個學派的學者大多數都受過心理學方面的訓練，他們注重個人，注重人的行為的動因，把行為的動因看成為一種社會心理學現象。其中有些人強調處理人的關係是管理者應該而且能夠理解和掌握的一種技巧；有些人把「管理者」籠統地看成是「領導者」，甚至認為管理就是領導，結果把所有的領導工作都當成為管理工作；還有不少人則著重研究人的行為與動機之間的關係，以及有關激勵和領導問題。所有這些，都提出了對管理人員大有助益的一些見解。

1.4.4.10　群體行為學派

這個學派同人際關係行為學派密切相關，以致常常被混同。但它關心的主要是一定群體中的人的行為，而不是一般的人際關係和個人行為；它以社會學、人類文化學、社會心理學為基礎，而不是以個人心理學習基礎。這個學派著重研究各種群體的行為方式，從小群體的文化和行為方式到大群體的行為特點，均在研究之列。有人把這個學派的研究內容稱為「組織行為」（Organizational behavior）研究，其中「組織」一詞

被用來表示公司、企業、政府機關、醫院以及任何一種事業中一組群體關係的體系和類型。這個學派的最早代表人物和研究活動就是梅奧和霍桑試驗。50年代，美國管理學家克里斯·阿吉里斯（Chris Argyris）提出所謂「不成熟—成熟交替循環的模式」，指出「如果一個組織不為人們提供使他們成熟起來的機會，或不提供把他們作為已經成熟的個人來對待的機會，那麼人們就會變得憂慮、沮喪，甚至還會按違背組織目標的方式行事。」

1.4.4.11 社會技術系統學派

社會技術系統學派是在二戰後興起的一個較新的管理學派，是在社會系統學派的基礎上進一步發展而形成的。社會技術系統學派的創始人是特里司特（E. L. Trist）及其在英國塔維斯托克研究所中的同事。他們通過對英國煤礦中長壁採煤法生產問題的研究，發現許多矛盾的產生是由於只把組織看成一個社會系統，而沒有看到它同時又是一個技術系統，而技術系統對社會系統有很大的影響；個人態度和群體行為都受到人們在其中工作的技術系統的重大影響。因此，他們認為，必須把企業中的社會系統同技術系統結合起來考慮，而管理者的一項主要任務就是要確保這兩個系統相互協調。

社會技術系統學派的大部分著作都集中於研究科學技術對個人、對群體行為方式，以及對組織方式和管理方式等的影響，因此，特別注重於工業工程、人機工程等方面問題的研究。

社會技術系統學派認為，組織既是一個社會系統，又是一個技術系統，並非常強調技術系統的重要性，認為技術系統是組織同環境進行聯繫的仲介。

社會技術系統學派主張，為了更好地提高生產效率與管理效果，企業需要對社會系統和技術系統進行有效的協調。當二者之間發生衝突時，通常應在技術系統中做出某些變革以適應社會系統。該學派的研究主要集中在工業生產如運輸、產品裝配和化學加工等技術系統與員工關係更為密切的工業工程學。

1.5 管理基本原理

所謂原理，是指客觀事物運動的基本規律，是最具一般性和普遍性的真理。管理原理就是對管理工作的實質內容進行科學分析總結而形成的、能夠對管理活動進行高度概括並反映管理活動的客觀規律的基本理論。它是對現實的管理活動的高度抽象，是對各項管理制度的高度綜合，是對管理方法的高度概括。因此，管理原理具有高度的科學性、普適性和指導性等特徵，是管理學理論的重要組成部分，對一切管理活動都具有指導性。管理學的鼻祖、有著「科學管理之父」稱謂的管理學家泰勒在他的《科學管理原理》一書中這樣寫道：「最好的管理是一門精確的學科，它是以明確的規律、法則和原理為基礎的。科學管理的基本原理適用於人類的一切活動——從最簡單的個人行動到需要最繁雜合作的巨型企業的工作。無論何時何地，只要正確地應用這些原理，都會產生十分驚人的效果。」研究管理原理無疑有助於掌握管理的客觀規律，

進而有助於提高管理工作的科學性和有效性。

1.5.1 系統原理

管理的系統原理是現代管理學的重要理論成果之一。在管理學的學科體系中有著很重要的地位。用管理的系統原理指導管理實踐，解決管理中的複雜問題，有很特殊的優越性。目前管理的系統原理不管在理論研究上還是在實踐應用上都取得了很大的成就，它越來越受到管理學理論研究者和實際管理工作者的重視。

1.5.1.1 系統的概念及分類

管理的系統原理來自於一般系統理論。要用管理的系統原理去指導具體的管理過程，就要瞭解和掌握系統理論的基本知識。系統理論是關於系統構成和發展演化規律的科學。它的最早、最完整的表現形式是一般系統理論。系統理論的形成和建立對現代科學技術的發展和管理科學的發展有著非常巨大的推動作用。包括管理學在內的許多學科都借鑑了系統理論的思想。在系統理論看來，所謂系統，指由若干個相互作用、相互依賴的要素結合而成的具有特定功能的有機整體。這個整體具有各個組成部分所沒有的新的性質和功能，並和一定的環境發生交互作用。對於任何一個系統來說，要素、結構、功能、活動、信息和環境以及它們之間的相互依賴、相互作用都是系統構成的基本條件。

所謂要素，是指構成系統的各個基本組成部分。任何一個系統都可以分成兩個或兩個以上的要素。系統的要素是由物質、能量和信息所構成的基本單位，系統的要素與要素的不同組合構成了各種級別的系統。要素和系統的關係是部分與整體的關係，它們相互聯繫、相互作用。一方面，要素的性質與功能制約著系統的性質與功能；另一方面，系統的變化也會影響到要素的變化。所謂結構，是指系統內部的諸要素或子系統相互聯繫、相互作用而形成的秩序、結合方式和比例關係。每一個具體的系統都有自己特定的結構，它規定了各個要素在系統中的不同地位和作用。在系統的要素確定的情況下，往往由系統的結構決定各個要素之間的關係，進而影響到系統整體的性質和功能。所謂功能，指系統在一定內部條件和外部環境下具有的達到預期目標的作用和能力。系統功能的具體外部表現就是系統具有把投入轉化為產出的作用和效率。它體現了系統與外部環境之間的物質、能量和信息的輸入、輸出關係。系統的功能取決於過程的秩序。考察系統的功能，必須要聯繫系統各要素之間及其與外部環境之間的物質、能量和信息的交換過程來進行。所謂活動，是指系統的形成、發展、變化的動態過程，這個過程是通過系統內部諸要素之間、要素與系統之間以及系統與環境之間的相互影響、相互作用完成的。系統無時無刻不在運動，因此，系統的這種「活動」是絕對的。所謂信息，是指系統中被認識和瞭解的內容，表現為對系統要素、結構、功能、活動、環境等存在的方式或運動狀態的表述和這種表述的傳播。信息是任何系統有序運動的前提條件之一，人們借助於信息，可以消除認識上的不確定性。所謂環境，是指處在系統邊界之外，和系統進行物質和能量交換的所有影響系統功能的各種因素之和。每一個具體的系統都有時空上的限制，因此，每一個具體的系統都有自己

的環境。它是系統存在和發展的條件。系統的整體性質只有在與環境的相互聯繫中才能體現出來。根據環境的特點，大致可以把環境分為物理和技術的環境、經濟和管理的環境、社會以及人際關係的環境等幾大類。系統的環境是處於經常的變化之中的。

對任何事物的分類，只要根據不同的標準就會有不同的結果。這裡我們對系統根據以下幾個標準進行分類。

（1）根據系統與環境的關係，可以把系統分為封閉系統和開放系統。與環境之間沒有任何物質與能量的交換的系統我們稱之為封閉系統，與外界的環境之間有物質和能量的交換的系統我們稱之為開放系統。

（2）根據系統的狀態進行分類，可以把系統分為四種：①平衡態系統，指在一定時期內它的狀態不隨時間的變化而變化的系統；②近平衡態系統，是指接近平衡狀態的系統；③遠離平衡態系統，指隨著時間的變化遠離原來的平衡狀態而進入新的平衡狀態的系統；④混沌系統，指其內部的參量的變化完全處於隨機狀態的系統。

（3）根據人類對系統影響的情況，可以把系統分為兩種：①自然系統，指完全由自然物質構成，與人類及其意志無關的系統；②人工系統，指按人類的目的和願望建立起來的系統。

（4）根據系統的存在形式，可以分為兩種：①實體系統，指由客觀物質組成的系統，比如自然系統，社會系統等；②概念系統，指由主觀概念、原理、規律等非物質的實體所構成的系統。

1.5.1.2　管理系統的特徵

在自然界和人類社會中存在著各種不同性質和種類的系統，管理學研究的是組織管理系統。它具有以下特徵：

（1）系統的整體性

所謂系統的整體性，指系統作為相互聯繫、相互作用的各要素和子系統構成的有機整體，在其存在方式、目標、功能等方面表現出來的整體統一性。第一，從系統功能的角度看，系統的功能具有整體性，就是說，系統作為整體存在時其功能不等於系統內部各要素功能的簡單疊加，而是表現為「整體大於部分之和」，體現出其組成部分沒有的功能和特徵；第二，從系統存在的方式角度看，系統的任何一個組成部分都不能脫離整體而存在，而整體一旦失去某一部分，也勢必影響自己作為一個整體的形態和作用的發揮；第三，從系統的目的來看，系統的整體目標是各個組成部分共同努力的目標，但是這種整體目標並不等於各個組成部分目標的簡單疊加。

（2）系統的相關性

所謂系統的相關性，指系統不是其構成要素的簡單堆積和混合，而是由這些相互關聯、相互作用的子系統構成的有機整體，這些要素和子系統不僅在內部相互依賴、相互制約，而且同外部環境也具有一定的聯繫作用。這種系統的要素和子系統之間的相互依賴和相互制約，以及其與外部環境的聯繫和制約，是形成系統結構、決定系統功能的基本力量，是使得系統各要素和子系統成為有機整體的必不可少的構成部分，是系統的整體性得以實現和維持的條件。

（3）系統的層次性

系統在結構上是有層次的，每一個系統都可以被逐層地分解為不同的子系統，包含在系統內的各個系統，相對於系統而言是要素，而相對於它的下一個層次而言它又是系統。即系統和要素是相對的，一切構成一個系統的子系統都是由更下一級的子系統構成的。這樣，每一個層次都是系統和要素的關係，即系統具有層次性。

（4）系統的動態性

如前所述，系統無時無刻不在運動，作為一個運動著的有機整體，其穩定狀態是相對的，而運動狀態是絕對的。系統不僅作為一個功能性的實體存在，而且作為一種運動而存在。運動是系統的生命。比如，管理學中研究的組織是社會經濟系統中的子系統，它為了適應外部社會經濟系統的需要，必須不斷完善和改變自己的功能，而組織內部各子系統的功能及其相互關係也必須隨之相應地發展變化。

（5）系統的開放性

前文在分析系統的類別時根據系統與環境的關係，把系統分為封閉系統和開放系統，但是嚴格地說，封閉系統是不可能存在的，沒有一個不與外界環境進行物質、能量和信息交換的系統可以維持下去。管理學中的封閉系統更是少見。因此，組織管理系統具有的另外一個特徵是開放性，甚至可以說，開放是系統的生命。對於管理者來說，應該要能準確判斷組織的外部環境對組織的影響，在進行組織管理時要能夠考慮到環境的因素。

（6）系統的環境適應性

任何系統都要與環境進行物質、能量和信息的交換，這種交換是雙向的。一方面系統受到環境的影響和作用；另一方面，系統要影響環境，系統在自身與環境的相互作用中實現動態的平衡。對於組織管理系統來說，系統可以根據環境條件的變化和系統發展目標的轉變，自動地改變自身的內部結構以適應外界環境的變化從而達到系統與環境的平衡。在現實的管理活動中，管理系統所面臨的環境因素具有越來越大的變動性，環境的變動給管理系統帶來越來越多的問題。這就要求管理系統對環境應該有更強的應變能力，要善於預測環境並在變化的環境中爭取主動。

1.5.1.3 管理的系統原理及其應用

所謂管理的系統原理，指管理活動要協調好組織系統中各要素之間、各要素與系統整體之間、組織系統與組織環境之間的關係，從而保證組織系統活動的正常進行和組織目標的實現。即管理者在管理一個組織系統的時候必須運用系統理論、系統思路、系統方法來進行。

在管理中應用系統原理要注意以下幾點：

（1）確立系統管理思想

要按管理的系統原理來進行組織管理，首先要求管理者必須具備系統思維，把管理對象當成一個組織系統來進行管理。在管理的過程中，要注重對組織系統進行系統的分析，要瞭解組織系統的組成要素，分析組織系統的組成結構，認真分析組織系統的歷史和現狀，把握組織的功能，研究組織系統與環境的相互關係即可能發生的變化。

在進行具體管理時，要按組織系統的特徵來選擇管理的手段和方法。

（2）進行系統分析

在進行系統分析的時候要注意對組織系統的分析和對管理活動的分析是有區別的。對一個組織系統進行系統分析，應該包括以下幾個方面的內容：

①瞭解系統的要素。分析系統是由哪些基本要素構成的，可以分成哪些子系統。

②分析系統的結構。分析系統內部呈現的是一個什麼樣的組織結構，系統與子系統、子系統與子系統之間是如何聯繫的，相互作用的方式是什麼。

③研究系統的聯繫。研究該系統同其他系統在縱向、橫向方面的聯繫，該系統在更大系統的地位、作用如何。

④弄清系統的歷史。弄清系統是如何產生的，經歷了哪些發展階段，呈現什麼樣的發展前景。

⑤把握系統的功能。弄清系統及其要素具有什麼功能，系統與子系統在功能上有什麼樣的相互影響、制約的關係。

⑥研究系統的發展。弄清維持、完善與發展系統的主要因素是什麼，研究改良、發展系統的戰略方針與具體方案。

而對一個管理活動進行系統分析的工作步驟是：

①明確問題。通過收集有關信息，明確要解決的問題。

②確立目標。確定目標時，要有長遠觀點，選擇對將來活動成效有重大影響的事項作為主要目標；將總目標分解成具體的分目標，又要將分目標放到總目標的聯繫中來確定。

③擬定出若干可行方案作為對比的對象。這一工作的前提是獲得全面、適用的信息。管理活動的要素很多，要素間的結構方式可以有多種。所以對於較複雜的管理活動，也可以採取通過建立數學模型的方式，對各種方案進行模擬、估測、計算，取得必要的數據和資料。系統分析的模型可以分為實物模型、圖像模型和數學模型。

④綜合抉擇方案。分析對比各種方案的質量指標與數量指標，然后進行綜合分析，以便確定方案。如果所得的分析結果或最終確定的決策不能令人滿意的話，則重新進行系統分析。

由於系統分析的著眼點是解決問題，所以，上述工作步驟既適用於對管理的計劃活動與控制活動所要做的分析，也適用於對管理實施活動進行的分析。許多時候，對一個管理現象或管理工作進行分析時，可以把對一個組織進行的系統分析與對一個管理活動進行的系統分析在內容上和要求上合併起來進行。

（3）對組織活動實行系統化的管理

在管理中系統原理可以應用在很多方面。系統觀點和系統分析可以用於對各種資源的管理，而把組織作為一個系統來安排和經營時就叫作系統管理。系統管理主要有四個特點：①它是以目標為中心，始終強調組織運行或活動開展的總體績效；②它是以整個組織為中心，決策時強調整個組織系統的最優化，而不是強調個別部門或某一活動的最優化；③它是以責任為中心，每個管理者都被分配一定的任務，能衡量投入與產出；④它是以人為中心，每個工作人員都被安排有挑戰性的工作，並根據其工作

成績來付給報酬。

在對組織進行的系統管理中，有四個不同但緊密聯繫的階段：一是決策，就是管理者在分析管理體系統內外有關信息的基礎上確定目標，制定實施目標的多種方案，並從中選擇方案的過程；二是對即將投入實際運作的決策方案進行具體的設計安排；三是實際運作的開展與控製；四是檢查和評價實際運作的績效。這是從過程的角度來考察管理活動的。

1.5.2 人本原理

在管理活動中，人是諸要素中的第一要素。管理對象的全部要素以及整個管理過程都需要人去掌握和推動。沒有人在整體上對其他管理對象施加影響，就不可能實現管理目標。比如對資金的管理、對人事的管理、對信息的分析和處理都離不開人。在管理中，人既是管理的主體，也是管理的客體。因此，人的積極性、主觀能動性和創造性的充分發揮，人的素質的全面發展，既是有效管理要達到的效果，也是有效管理的基礎和前提。可以說，人的問題就是管理的根本問題，社會越向前發展，人的因素就越會受到重視。人本原理是現代管理原理中非常重要的基礎和原理。

1.5.2.1 人本管理的內涵

所謂人本管理，不同於「見物不見人」或把人作為工具、手段的傳統管理模式，而是在深刻認識人在社會經濟活動中的作用的基礎上，如人在管理中的地位，實現以人為中心的管理。具體來說，主要包含以下幾層含義。

（1）依靠人——全新的管理理念

在過去相當長的時間內，人們曾經熱衷於片面地追求產值和利潤，卻忽視了創造產值、創造財富的人和使用產品的人。在生產經營實踐中，人們越來越認識到，決定一個企業、一個社會發展能力的，並不在於機械設備，而在於人們擁有的知識、智慧、才能和技巧。人是社會經濟活動的主體，是一切資源中最重要的資源。歸根到底，一切經濟行為，都是由人來進行的；人沒有活力，企業就沒有活力和競爭力。因而必須樹立依靠人來發展的經營理念，通過全體成員的共同努力，去創造組織的輝煌業績。

（2）開發人的潛能——最主要的管理任務

生命有限，智慧無窮。人們通常都潛藏著很大的才智和能力。管理的任務在於如何最大限度地調動人們的積極性，釋放其潛藏的能量，讓人們以極大的熱情和創造力投身於事業中。解放生產力，首先就是人的解放。我們目前所進行的改革，從根本上說，正是需要億萬人民充分發揮聰明才智去創造良好的環境和機制。

（3）尊重每一個人——企業最高的經營宗旨

每一個人作為大寫的人，無論是領導人，還是普通員工，都是具有獨立人格的人，都有做人的尊嚴和做人應有的權利。無論是東方還是西方，人們常把尊嚴看作比生命還要重要的精神象徵。中國是社會主義國家，理所當然地應使人受到最大的尊重，使人的權利得到更好的保護；不允許任何侮辱人格、損害人權的現象存在。一個有尊嚴的人，他會對自己有嚴格的要求，當他的工作被充分肯定和尊重時，他會盡最大的努

力去完成自己應盡的責任。

作為一個企業，不僅要尊重每一名員工，更要尊重每一位消費者、每一個用戶。因為一個企業之所以能夠存在，是由於它們被消費者所接受、所承認，所以應當盡一切努力，使消費者滿意並感到自己是真正的上帝。

(4) 塑造高素質的員工隊伍——組織成功的基礎

一支訓練有素的員工隊伍，對企業來說是至關重要的。每一個企業都應把培育人、不斷提高員工的整體素質，作為經常性的任務。尤其是在急遽變化的時代，技術生命週期不斷縮短，知識更新速度不斷加快，每個人、每個組織都必須不斷學習，以適應環境的變化並重新塑造自己。提高員工素質，也就是提高企業的生命力。

(5) 人的全面發展——管理的終極目標

改革的時代，必將是億萬人民精神煥發、心情舒暢、勵精圖治的時代；必將為人的自由而全面發展創造出廣闊的空間。進一步地說，人的自由而全面的發展，是人類社會進步的標誌，是社會經濟發展的最高目標，從而也是管理所要達到的終極目標。

(6) 凝聚人的合力——組織有效營運的重要保證

組織本身是一個生命體，組織中的每一個人不過是這個有機生命體中的一分子，所以，管理不僅要研究每個成員的積極性、創造力和素質，還要研究整個組織的凝聚力與向心力，形成整體的強大合力。從這一本質要求出發，一個有競爭力的現代企業，就應當是齊心合力、配合默契、協同作戰的團隊。如何增強組織的合力，把企業建設成現代化的有強大競爭力的團隊，也是人本管理所要研究的重要內容之一。

1.5.2.2 以人為本的管理工程

以人為本的管理，涉及人的培育與成長，人的選聘與任用，人的積極性、主動性、創造性的發揮，以及員工參與管理、人際關係、團隊建設等諸多方面的問題；它們又受政治的、經濟的、文化的、技術的、心理的等諸多因素的影響，這些因素又相互交織。可見，人本管理是一項多目標、多因素、多功能的複雜系統工程。人本管理工程作為總的系統，包括一系列分系統，每個分系統有不同的功能和目標；在各分系統有效運行的基礎上，使之相互協調、互相配合，形成人本管理總系統的更大的整體功能，以達到人本管理的預期目標。這些系統主要是：

(1) 行為規範工程

沒有人喜歡生活在吵吵鬧鬧之中，也沒有人願意生活在一片混亂之中。出入戲院、影院等公共場所，如果依次進入，速度是很快的；如果一擁而上，則所有人都進不來也出不去。所以，制度、秩序是一種文明，也會產生效率，是人們行為合理化的保障。中國由於長期忽視管理，有部分企業紀律鬆弛、秩序混亂，所以，當務之急是嚴字當頭，強化管理。

(2) 領導者自律工程

企業領導人的德才學識，關係到企業的成敗。那些全身心投入事業的企業領導人，其無私奉獻的精神和對公司的熱愛，會使員工受到強烈的感染，使整個企業充滿朝氣。即使是虧損企業，如果領導能與員工同甘共苦，也會激起員工的熱情。

（3）利益驅動工程

人們對物質生活的需求，是基本需求，因而對一般員工來說，利益驅動仍是最重要的努力因素。中國目前在企業內部，仍存在著平均主義傾向；在企業外部，社會上的分配不公和畸形現象，也必然會影響企業員工的積極性。建立有效的利益分配機制包括：一是確定合理的工資差別，力求使每個人的收入與他們的實際貢獻相稱；二是實行彈性工資制，使員工收入與企業實際效益緊密相連；三是在利益分配上引入競爭機制，通過競爭使收入分配趨於合理化；四是以工資為槓桿，引導人們積極解決公司所面臨的難題和關鍵問題，對解決這些問題做出顯著貢獻的人，加大獎勵力度。

（4）精神風貌工程

這不僅是指通過各種精神激勵手段，如給予表揚、榮譽稱號或肯定、尊重、信任、賞識等，還包括更為廣泛、豐富的內涵，如振奮人的精神，樹立正確的價值觀，增強事業心、責任感、職業道德以及樹立良好的企業文化和社會風尚。

（5）員工培育工程

全面提高員工素質，不斷培育員工使其成長和進步，這是企業發展的長遠大計，必須予以足夠重視。中國現有職工中，有相當一部分人文化程度不高，中級和高級技工嚴重短缺，這種情況，遠遠不能讓企業適應現代化、知識化、智能化社會的要求。這一問題，既要引起國家、社會的高度重視，也應該引起每一個企業的高度重視。

（6）企業形象工程

企業形象是社會對企業的整體評價，可以從不同角度進行分析。一種分析方法是，產品形象+人員形象（領導與員工）+服務和信譽=企業形象。筆者認為，產品形象是企業形象最主要的因素，從一定程度上也體現了國家的形象。例如，人們首先通過松下、東芝、豐田等品牌來認識日本。當然，造產品需要先造人，沒有優秀的員工，就造不出優質的產品。同時，現代市場競爭，也越來越重視信譽。另一種方法是 CI 理論分析。企業形象包括理念識別、行為識別和視覺識別三大系統，這三者是統一的整體。視覺識別，給企業以外在的包裝，如商標、廠標、品牌、標語等，給人以鮮明的特色和個性，這是必要的。但筆者認為，企業理念是企業的靈魂，是內在的形象，理應受到更大的重視。有些企業過分重視外在包裝而忽視內在形象，這是片面的。

（7）凝聚力工程

凡是成功的企業，都是凝聚力很強的企業。影響企業凝聚力的主要因素有：共同的目標；明確的責任；領導者的影響力和威望；嚴明的紀律；員工的參與度；對人的責任與尊重；工作本身的吸引力；員工實現自身價值的環境。

（8）企業創造力工程

創新是企業家的基本特徵。西方著名經濟學家熊彼得認為，一般的廠長、經理，不能稱之為企業家，只有能持續創新的經營者，才能稱之為企業家。也只有這樣的企業家，才能推動企業不斷向前邁進。例如，豐田汽車公司由於創新了準時制管理，大大降低了成本，提高了效率，才躋身世界市場，成為強大的汽車集團；通用汽車公司由於創造了分權管理，才能戰勝強勁的競爭對手福特公司；而臺灣地區著名企業家許文龍，則以他領先的經營觀念而稱霸世界 ABS 市場。

激發全體員工的創造力，是開發人力資源的最高層次的目標。作為企業，需要塑造激發員工創造力的環境和機制：一是創造一個鼓勵員工開拓創新精神和冒險精神的寬鬆環境以及思想活躍和倡導自由探索的氛圍；二是建立正確的評價和激勵機制，重獎重用有突出業績的開拓創新者，讓那些墨守成規、無所作為的人難以立足；三是強化企業內的競爭機制，激勵人們去研究新動向、新問題，並明確規定適應時代要求的技術創新和管理創新的具體目標；四是要求企業必須組織員工不斷學習以更新知識，並引導他們面對現實去研究市場的新變化、技術的新動向，研究現實經濟生活所提出的種種挑戰。

上述八個子系統工程必須互相協調，互相配合，以推進和增強人本管理系統的總效能。

1.5.2.3 人本管理的機制

有效地進行人本管理，關鍵在於建立一套完善的管理機制和環境，使每一個員工不是處於被管理的被動狀態，而是處於自動運轉的主動狀態，激勵員工奮發向上、勵精圖治。人本管理主要包括以下機制：

（1）動力機制

旨在形成員工內在追求的強大動力，主要包括物質動力和精神動力，即利益激勵機制和精神激勵機制。二者相輔相成，不可過分強調一方而忽視另一方。

（2）壓力機制

這裡包括競爭壓力和目標責任壓力。競爭經常使人面臨挑戰，使人有一種危機感。正是這種危機感和挑戰會使人產生一種拼搏向前的力量。因而在用人、選人、工資、獎勵等管理工作中，應充分發揮優勝劣汰的競爭機制。目標責任制在於使人有明確的奮鬥方向和目標，迫使人去努力履行自己的職責。

（3）約束機制

這裡包括制度規範和倫理道德規範，它使人的行為有所遵循，使人知道應該做什麼，如何去做並怎樣做對。制度是一種有形的約束，倫理道德是一種無形的約束；前者是企業的法規，是一種強制約束，後者主要是自我約束和社會輿論約束。當人們精神境界進一步提高時，這兩種約束都將轉化為自覺的行為。

（4）保證機制

這裡包括法律保證和社會保證體系的保證。法律保證主要是指通過法律保證人的基本權利、利益、名譽、人格等不受侵害。社會保障體系主要是保證員工在病、老、傷、殘及失業等情況下的正常生活。在社會保障體系之外的企業福利制度，則是一種激勵和增強企業凝聚力的手段。

（5）選擇機制

選擇機制主要指員工有自由選擇職業的權利，有應聘和辭職、選擇新職業的權利，以促進人才的合理流動；與此同時，企業也有選擇和解聘的權利。實際上這也是一種競爭機制，有利於人才的脫穎而出和優化組合，有利於建立企業結構合理、素質優良的人才群體。

（6）環境影響機制

人的積極性、創造性的發揮，必然受環境因素的影響。環境因素主要有兩種：一是指人際關係。和諧、友善、融洽的人際關係，會使人心情舒暢，在關係友好、互相關懷中愉快地進行工作；反之，則會影響工作情緒和干勁。二是指工作本身的條件和環境。人的大半生是在工作中度過的，工作條件和環境的改善，必然會影響到人的心境和情緒。提高工作條件和環境質量，首先是指工作本身水平方向的擴大化和垂直方向的豐富化；其次是指完成工作任務所必備的工具、設備、器材等的先進水平和完備程度。創造良好的人際關係環境和工作條件環境，讓所有員工在歡暢、歡樂的心境中工作和生活，不僅會促進工作效率的提高，也會促進人們文明程度的提高。

1.5.3 責任原理

責任原理是指管理工作必須在合理分工的基礎上，明確規定組織各級部門和個人必須完成的工作任務並承擔相應的責任。職責明確，才能對組織中的每一個員工的工作業績做出正確的考核和評價，有利於挖掘人的潛能和保證組織任務的完成。管理的責任原理啟迪我們：

（1）在管理工作中，要強調職責、權限、利益和能力的協調和統一。

責任原理的核心是職責，組織必須在數量、質量、時間、效益上有明確的規定，並通過相應的條例、規程等形式表現出來。明確了每個人的職責，就要授予其相應的權利（包括人、財、物各個方面），並通過相應的利益來體現人們完成職責、創造業績的補償，即責、權、利的一致性。完成職責要以人的能力作為后盾，所謂能力是指人們順利完成某種活動的心理特徵，它以知識和技能作為基礎。

職責、權限、利益為等邊三角形的三個邊，彼此是相等的，而能力是等邊三角形的高，根據具體情況，可以小於職責（如圖 1.2 所示）。這是因為，人的潛在能力是很強的，承擔挑戰性的工作，適當的工作壓力有利於開發潛能，促使人們自覺地學習知識和提高技能，努力把自己的工作做得更好。

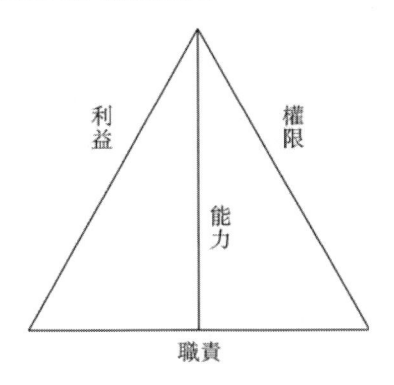

圖 1.2　責、權、利和能力關係圖

（2）在管理工作中，對人的獎懲要分明，注意公正和及時。

對人的獎懲是對人的工作職責及其業績進行的客觀與公正的評價，其有助於提高

人的積極性和激發人的工作動機。獎懲要以科學準確的考核為前提，使人產生公平感。獎懲工作及時，立竿見影，對強化人的行為（不管是正強化還是負強化）有著十分重要的作用。獎勵和懲罰對管理工作都是不可缺少的，但懲罰可能招致人們的挫折感，處理不當會出現消極行為等負面效應，因此應更多地強調獎勵等正強化的方法，輔之以懲罰等手段，形成科學和規範的獎懲制度與方法。

1.5.4 效益原理

1.5.4.1 效益的概念

效益是管理的永恆主題。任何組織的管理都是為了獲得某種效益，效益的好壞直接影響到組織的生存和發展，也是衡量一切管理工作成敗得失的一個基本標準。但是，儘管一切管理都在追求效益，人們對於效益的概念卻不是非常明確，往往容易把效益與效果、效率的概念相混淆。我們先對這三個概念做出界定。

所謂效果，指單位時間經過轉換而產生的有用成果。效率指單位時間內所取得的效果的數量，反映了勞動時間的利用狀況。效益指有效產出與投入之間的一種比例關係，它反映的是投入經過轉換而產生的符合社會和人們需要的有益的成果，即效益是在人們取得的效果進行例行評價中發現的人們與其活動之間的客觀關係，它反映了投入與產出為人們帶來的利益的狀況。

效益與效果是相互聯繫又相互區別的概念。對於效果而言，有些有效益，有些無效益。只有被社會所接受的效果才是有效益的，只有市場需要，能賣出去的產品才是有效果並有效益的；賣不出去的合格產品，只有效果而沒有效益。比如中國在社會主義建設時期曾經開展過「大煉鋼鐵」的運動，鋼產量突飛猛進，但許多被稱為鋼的東西其實僅僅是無用的硫化鐵，這就是有效果無效益的活動。

效率也與效益是有聯繫的，但實踐中二者並非一致。如企業耗費大量資金進行技術改造，提高技術水平，從而提高了效率，但如果實際結果使單位產品生產的物質勞動消耗的增量超過了活勞動的減量，會導致生產成本增加；還有如產品生產規模過大，生產量超過市場需要而出現賣不出去的現象。這些都是效率提高而效益降低的情況。一般情況下有效益必有效率，但個別情況有效益但無效率。

一般來說，我們通常所講的效益可以分類為經濟效益、社會效益和生態效益。

所謂經濟效益，是人們的實踐活動在經濟方面表現出來的有益效果。它是對管理的經濟目標實現程度從數量方面進行評價的依據。它的具體含義是：①在勞動成果與勞動消耗或勞動占用的比較中，朝著反比關係的方向運動；②勞動成果符合社會需要並朝著更大的滿足社會需要的程度方向運動；③在滿足社會需要的方向上，效益與效率重合，效率越高，效益越大；④勞動成果的使用價值得到利用即價值得以實現。經濟效益是可以用經濟指標來計算和考核的。社會生產的經濟效益可以用如下公式表示：

$$經濟效益 = \frac{勞動成果(符合社會需要的產品或勞動總數)}{社會勞動消耗及占用的總量}$$

這個公式說明，經濟效益是以生產的物質技術聯繫為基礎，反映了社會生產力的

發展水平以及生產關係的性質和生產關係與生產力結合的狀況。如公式的分子是生產目的的物質體現，分母是達到生產目的的手段。因此可以說，經濟效益的實質是以盡量少的活勞動和物質消耗生產更多的符合社會需要的產品。

所謂社會效益，指勞動所產生的成果對社會產生的有用的、積極的影響和做出的貢獻。社會效益有廣義和狹義之分。廣義的社會效益是政治效益、經濟效益、意識形態效益等的綜合體現；狹義的社會效益是經濟效益之外的對社會生活的有益效果。現代管理學中講的社會效益一般都是從狹義的角度去理解的。一般來說，社會效益很難用價值量去衡量。如醫務人員的勞動使人們的健康水平得到提高，文藝活動的開展豐富了人們的精神生活等，這些都很難計量，必須借助其他形式進行間接考核。社會效益可以用如下公式表示：

$$社會效益 = \frac{對社會的貢獻（對社會產生有益作用的產品或勞務總量）}{社會勞動消耗及總用的總量}$$

這個公式也表明生產關係與生產力結合的狀況，但更強調對社會的貢獻。社會效益的核心就是必須對社會進步、經濟發展帶來積極的影響，做出有益的貢獻。

經濟效益和社會效益之間的關係。二者既有聯繫，又有區別。經濟效益是社會效益的基礎，社會效益是促進經濟效益提高的重要條件。它們的主要區別是經濟效益較社會效益更直接、明顯、更容易計算，而要衡量、計算社會效益就較困難。

管理實踐中，要堅持兩種效益的統一觀點，確立管理活動的效益觀，將長遠和眼前、局部和全局的效益統一於經濟和社會效益的協調統一之中。影響這個問題的因素很複雜、很多，但主體管理思想正確是極其重要的。

所謂生態效益，指人們實踐活動的結果在資源和環境保護方面所產生的效益。生態效益的正效益表明對資源保護和環境的改善有利，而負效益則表明對資源和環境構成破壞性的影響。生態效益要滿足生態再生的要求，就是說，必須使自然資源再生速度大於或等於資源被利用的速度。這是因為生態的利用有一定的限度，如果在合理的限度內利用生態資源，生態系統就能夠通過自身的調節功能保護自身的相對穩定性；如果超出這個範圍的話，生態系統的自我調節功能就會失去作用，從而使生態發生改變甚至被破壞。

1.5.4.2 效益管理的內容

效益原理就是在管理中講究實效，追求高效益，要盡量節約勞動消耗，在盡量少的勞動時間裡創造出符合社會需要的經濟效益和社會效益。在管理中重視效益，追求效益，以最小的消耗和代價獲取最佳的經濟和社會效益，這就是管理的效益原理的基本要求。

管理者在實際工作中運用效益原理，應做到以下四點：一是在任何管理活動中都必須堅持兩種效益相統一的觀點。社會效益是前提，經濟效益是根本，兩個效益一起抓。二是堅持整體性原則，既要從全局效益出發，又要從局部的效益著眼，以獲得最佳的整體效益。三是作為管理者，在思想上必須明確，工作中不能只講動機，更重要的是要講求實效，不能當一名忙忙碌碌的事務主義者。四要善於把長遠目標與當前任

務相結合，增強工作的預見性、計劃性，減少盲目性、隨意性，達到事半功倍的效果。

效益原理在管理中有著非常重要的作用。管理的主要目的是創造出最大的效益。追求應有效益是組織生存和發展的前提條件。因此，學習和研究效益管理，可以使管理者全面理解效益的內涵；注重在管理的各個方面、各個環節中都能自覺地運用效益原理來指導管理，檢驗管理成果，推動管理發展；自覺做到經濟效益和社會效益、長期效益和眼前效益的協調統一，以及組織效益和個人利益的協調統一。

1.5.4.3 影響管理效益的因素

一切管理活動都要朝著提高效益的方向努力。因此，對於管理者來說，必須認識到影響管理效益的因素。大體上說，影響管理效益的因素有以下幾個方面：

(1) 管理者

管理者在管理活動中處於主導和核心地位，是一切管理活動的發起者和組織者。因此，管理者的思想觀念、行為方式等因素對管理效益的影響是不可低估的。因為，管理者的思想觀念在管理活動中往往會外化為管理活動的指導思想。這種指導思想又會轉化為特定的管理行為方式和具體的管理行動。通過管理活動的決策、計劃、組織、指揮、控制等環節表現出來。這就要求管理者在管理活動中樹立明確的效益意識，把對效益的追求作為管理活動的主導思想。

(2) 管理對象

管理的效益指標必須通過管理對象才能實現，因此，管理對象也是影響管理效益的重要因素。現代管理的對象是由人、財、物、信息、時間等因素組成的一個有機體。這些因素及其組合都會影響到管理效益。其中，人是最重要的因素，即在管理對象的諸多因素裡，被管理者因素對管理效益的影響是最大的。因為，對其他的管理對象進行管理必須通過人的活動才能實現。被管理者的素質水平、工作責任心、主觀能動性發揮的程度等，往往在很大程度上決定了其他管理對象作用發揮的程度。

(3) 管理環境

一切管理都是在一定的環境條件下進行的，因此，管理環境影響管理效益。管理環境包括政治環境、經濟環境、科學技術環境和社會心理環境。雖然對於一個具體的管理系統來說，管理環境是外生變量，是管理系統以外的東西，管理系統不能從根本上改變管理環境，但是，管理系統可以並且必須在堅持效益觀念的指導下回應環境，主動開發和利用環境中有利於增加管理效益的因素。當然，對於不利於提高管理效益的環境因素，組織也應積極應對，爭取化不利為有利。

1.5.4.4 管理效益的評價

關於管理效益的評價主要注意兩個方面的問題，一是評價的標準，二是評價的主體。雖然評價的標準不是絕對的，但對於任何一個評價主體來講，應盡量做到公正、客觀，因為評價越公正、客觀，組織追求效益的積極性就越高，動力也越大。首先，在評價前應分析各種條件，全面掌握情況，制定出科學、公正、合理的評價標準。其次，就是要選擇評價主體。以下評價主體可供選擇：一是首長評價。首長評價的優點是權威性較高，能較好地掌握全局，其評價對組織影響較大，不足之處就是難以做到

細緻和具體，而且這種評價與首長本身的價值觀念、認識水平、能力、見識等有很大關係。二是群眾評價。群眾評價的優點是較為公正、客觀，但是占用時間和花費的費用較大，且與組織民主機制的成熟度、效益與群眾結合的緊密程度有關。三是專家評價。專家評價的優點是比較細緻，技術性強，權威性較高。但可能會只注重直接效益而容易忽視間接效益。而且這種評價與專家組成結構及結果的技術處理方式有關。四是市場評價，這種評價的結果與市場發育程度有很大關係，市場發育越成熟、越規範，其評價結果越客觀公正，越是發展不成熟或行為扭曲的市場，其評價結果就越不客觀、不公正，甚至具有很強的欺騙性。另外，市場評價體現的主要是經濟效益。

管理效益的評價是對管理工作的反饋性考察，通過效益評價，可以瞭解管理工作是否以效益為目標，所採用的提高管理效益的方式是否正確，以及為今後確立進一步提高效益的方向。而且，評價結果也會直接影響到對效益的追求，因此，評價結果越是公正客觀，對管理效益的追求的激勵作用也就越高。在上面提到的評價方式中不同的評價各有它們的長處與不足，應該配合使用，以求獲得最公正的評價結果。

1.5.4.5 管理效益的實現

任何組織的管理其最終目的都是為了追求某種效益。在實際的管理工作中獲得比較好的經濟效益、社會效益和生態效益，不僅是管理本身的要求，也是經濟和社會發展的需要。因此，在管理工作中能否遵循管理的效益原理，向管理要效益，是衡量管理水平的一個重要標準。

管理效益的實現依賴於管理者樹立以效益為主導的效益觀，把追求效益作為一切組織管理活動的準則，在管理活動中盡量以少的勞動占用和勞動消耗創造出更多符合組織和社會需要的產出。具體來說，管理者要做到以下兩點：

（1）在傳統的管理中，以追求速度、數量的擴張為目的，一味地追求外延式的增長，往往不計成本，更不考慮對自然資源的浪費和對生態環境的過度破壞。所以經濟發展往往伴隨的是自然環境的嚴重破壞和人類生存的危機。在現代社會，自然資源越來越匱乏，生態環境越來越惡化，可以說，自然和生態環境對管理要以效益為中心提出了嚴重的警告。其次，現代組織面臨的競爭越來越激烈，任何一個組織要想在這種日益激烈的競爭中生存和實現組織目標，就必須從管理效益中獲得競爭優勢，必須確立以效益為主導的管理理念。最後，從宏觀的角度看，隨著生產社會化的推進和科學技術的迅猛發展，整個人類越來越呈現出利益一致的趨勢，這就要求現代管理者不能再局限於局部的範圍看問題，而是要注重從實現整個人類效益的角度來進行組織管理。這時候，以效益為主導的管理理念便有了更深刻的內涵。

（2）樹立效益取向的意識。從某種意義上說，管理活動作為人類能動的改造自然和社會的實踐活動，是人類為了求得自身生存和發展的條件。而要做到這一點，就必須保證這種活動是有效益的。人們之所以在勞動過程中結成協作的關係進行管理活動，也在於管理活動能夠將各種分散的資源有機地結合起來，形成一個系統的整體，以此為人們帶來更大的效益。效益的高低是衡量管理效率好壞的基本標準。這就要求管理者樹立效益取向的意識，必須時刻注意這樣的問題：一是生產成果的有用性問題，生

產出來的產品是不是能滿足社會的需要；二是資源占用和資源消耗的合理性問題，占用和消耗的資源是不是盡量做到了最節約；三是管理水平的科學性問題和人員素質的高低問題，等等。重視並妥善解決這些問題對於提高管理效益至關重要。總之，效益的問題貫穿於整個管理過程，管理者在每一個管理活動中都應該有明確的效益意識，自覺地將提高管理效益放在工作的首位。

思考題

1. 如何理解管理的概念？
2. 管理活動具有哪些基本職能？
3. 管理者的類型有哪些？管理者在管理過程中通常需要扮演哪些角色？
4. 科學管理理論的主要內容是什麼？有哪些貢獻和不足？
5. 法約爾的一般管理理論主要內容是什麼？一般管理的原則有哪些？
6. 當代管理發展的新趨勢有哪些？對你有什麼啟示？
7. 管理原理具有哪些特徵？
8. 什麼是系統？系統具有哪些基本特徵？
9. 你認為哪些因素會影響到管理效益？

2 決策

2.1 決策概述

2.1.1 決策的定義、原則與依據

2.1.1.1 決策的定義

決策是管理活動中的一項重要內容，在一定意義上說就是為了解決問題而採取的對策。著名經濟學家赫·阿·西蒙（H. A. Simon）說過：「決策是管理的心臟，管理是由一系列決策組成的，管理應當是決策。」可見決策在管理中的重要地位。西蒙之所以稱「管理就是決策」，其目的是為了強調決策是管理的核心內容，決策貫穿於管理過程的始終。管理實際上是由一連串的決策組成的。

關於決策的定義有許多不同的描述，美國學者亨利·艾伯斯曾說：「決策有狹義和廣義之分。狹義地說，決策是在幾種行為方案中做出選擇。廣義地說，決策還包括在做出最後選擇之前必須進行的一切活動。」本書認同管理學教授周三多提出的定義，即「所謂決策，是指組織或個人為了實現某種目標而對未來一定時期內有關活動的方向、內容及方式的選擇或調整過程」。這一定義表明：

（1）決策要有明確的目的

決策或是為了解決某個問題，或是為了實現一定的目標，沒有問題就無須決策，沒有目標就無從決策。因此，決策所要解決的問題必須是十分明確的，要達到的目標必須有一定的標準可供衡量比較。

（2）決策要有若干可行的備選方案

如果只有一個方案，就無法比較其優劣，更沒有可選擇的餘地，因此，「多方案抉擇」是科學決策的重要原則。決策時不僅要有若干個方案相互比較，而且決策所依據的各個方案必須是可行的。

（3）決策要進行方案的分析評價

每個可行方案都有其可取之處，也存在一定的弊端，因此，必須對每個方案進行綜合分析與評價，確定各方案對目標的貢獻程度和所帶來的潛在問題，比較各方案的優劣。

（4）決策的結果是選擇一個滿意方案

決策理論認為，最優方案往往要求從諸多方面滿足各種苛刻的條件，只要其中有一個條件稍有差異，最優目標便難以實現。所以，決策的結果應該是從諸多方案中選

擇一個合理的滿意方案。

(5) 決策是一個分析判斷的過程

決策有一定的程序和規則，同時它也受價值觀念和決策者經驗的影響。在分析判斷時，參與決策的人員的價值觀、經驗和知識會影響目標的確定、備選方案的提出、方案優劣的判斷及滿意方案的抉擇。管理者要做出科學的決策，就必須不斷提高自身素質，以提高自己的決策能力。

2.1.1.2 決策的原則

決策原則是反映決策過程的客觀規律和要求，在決策工作中需要遵守的基本準則。

(1) 經濟性原則

經濟性原則就是研究經濟決策所花的代價和取得收益的關係，研究投入與產出的關係。決策者必須以經濟效益為中心，並且要把經濟效益同社會效益結合起來，以較小的勞動消耗和物資消耗取得最大的成果。如果一項決策所花的代價大於所得，那麼這項決策是不科學的。

(2) 可行性原則

可行性原則的基本要求是以辯證唯物主義為指導思想，運用自然科學和社會科學的手段，尋找能達到決策目標的一切方案，並分析這些方案的利弊，以便最後抉擇。可行性分析是可行性原則的外在表現，是決策活動的重要環節。只有經過可行性分析論證后選定的決策方案，才是有較大的把握實現的方案。掌握可行性原則必須認真研究分析制約因素，包括自然條件的制約和決策本身目標系統的制約；在考慮制約因素的基礎上，進行全面性、選優性、合法性的研究分析。

(3) 科學性原則

科學性原則是一系列決策原則的綜合體現。現代化大生產和現代化科學技術，特別是信息論、系統論、控製論的興起，為決策從經驗到科學創造了條件，使領導者的決策活動產生了質的飛躍。決策科學性的基本要求是：①決策思想科學化；②決策體制科學化；③決策程序科學化；④決策方法科學化。科學性原則的這幾個方面是互相聯繫，不可分割，缺一不可的。只有樹立科學的決策思想，遵循科學的決策程序，運用科學的決策方法，建立科學的決策體制，整個決策才可能是科學的；否則，就不能稱之為科學決策。

(4) 民主性原則

民主性原則是指決策者要充分發揚民主作風，調動決策參與者，甚至包括決策執行者的積極性和創造性，共同參與決策活動，並善於集中和依靠集體的智慧與力量進行決策。

(5) 整體性原則

整體性原則也稱為系統性原則，它要求把決策對象視為一個整體或系統，以整體或系統目標的優化為準繩，協調整體或系統中各部分或分系統的相互關係，使整體或系統完整和平衡。因此，在決策時，應該將各個部分或小系統的特性放到整體或大系統中去權衡，以整體或系統的總目標來協調各個部分或小系統的目標。

(6）預測性原則

預測是決策的前提和依據。預測是由過去和現在的已知，運用各種知識和科學手段來推測未來的未知。科學決策，必須用科學的預見來克服沒有科學根據的主觀臆測，防止盲目決策。決策的正確與否，取決於對未來後果判斷的正確程度，不知道行動後果如何，常常造成決策失誤。所以決策必須遵循預測性原則。

2.1.1.3 決策的依據

管理者在決策時離不開信息。信息的數量和質量直接影響決策水平。這要求管理者在決策之前以及決策過程中盡可能多地通過各種渠道收集信息，作為決策的依據。但這並不是說管理者要不計成本地收集各方面的信息。管理者在決定收集什麼樣的信息、收集多少信息以及從何處收集信息等問題時，要進行成本—收益分析。只有在收集的信息所帶來的收益（因決策水平提高而給組織帶來的利益）超過因此而付出的成本時，才應該收集信息。

所以我們說，適量的信息是決策的依據，信息量過大固然有助於決策水平的提高，但對組織而言可能不經濟，而信息量過少則使管理者無從決策或導致決策達不到應有的效果。

2.1.2 決策的類型

（1）長期決策與短期決策

從決策影響的時間看，可把決策分為長期決策與短期決策。

長期決策是指有關組織今後發展方向的長遠性、全局性的重大決策，又稱長期戰略決策，如投資方向的選擇、人力資源的開發和組織規模的確定等。

短期決策是為實現長期戰略目標而採取的短期策略手段，又稱短期戰術決策，如企業日常營銷、物資儲備以及生產中資源配置等問題的決策都屬於短期決策。

（2）戰略決策、戰術決策與業務決策

從決策的重要性看，可把決策分為戰略決策、戰術決策與業務決策。

戰略決策對組織最重要，通常包括組織目標、方針的確定，組織機構的調整，企業產品的更新換代，技術改造等，這些決策涉及組織的方方面面，具有長期性和方向性。

戰術決策又稱管理決策，是在組織內貫徹的決策，屬於戰略決策執行過程中的具體決策。戰術決策旨在實現組織中各環節的高度協調和資源的合理使用，如企業生產計劃和銷售計劃的制訂、設備的更新、新產品的定價以及資金的籌措等都屬於戰術決策的範疇。

業務決策又稱執行性決策，是日常工作中為提高生產效率、工作效率而做出的決策，涉及範圍較窄，只對組織產生局部影響。屬於業務決策範疇的主要有：工作任務的日常分配和檢查、工作日程（生產進度）的安排和監督、崗位責任制的制訂和執行、庫存的控制以及材料的採購等。

(3) 集體決策與個人決策

從決策主體看，可把決策分為集體決策與個人決策。

集體決策是指多個人一起做出的決策，個人決策則是指單個人做出的決策。

相對於個人決策，集體決策有以下優點：①能更大範圍地匯總信息；②能擬訂更多的備選方案；③能得到更多的認同；④能更好地溝通；⑤能做出更好的決策等。但集體決策也有一些缺點，如花費較多的時間，產生「從眾現象（groupthink）」以及責任不明等。

(4) 初始決策與追蹤決策

從決策的起點看，可把決策分為初始決策與追蹤決策。

初始決策是零起點決策，它是在有關活動尚未進行從而環境未受到影響的情況下進行的。

追蹤決策是非零起點決策，它是隨著初始決策的實施，組織環境發生變化，在此情況下所進行的決策

(5) 程序化決策與非程序化決策

從決策所涉及的問題看，可把決策分為程序化決策與非程序化決策。

組織中的問題可被分為兩類：一類是例行問題，另一類是例外問題。例行問題是指那些重複出現的、日常的管理問題，如管理者日常遇到的產品質量、設備故障、現金短缺、供貨單位未按時履行合同等問題；例外問題則是指那些偶然發生的、新穎的、性質和結構不明的、具有重大影響的問題，如組織結構變化、重大投資、開發新產品或開拓新市場、長期存在的產品質量隱患、重要的人事任免以及重大政策的制訂等。

赫伯特·A. 西蒙（Herbert A. Simon）根據問題的性質把決策分為程序化決策與非程序化決策。程序化決策涉及的是例行問題，而非程序化決策涉及的是例外問題。

(6) 確定型決策、風險型決策與不確定型決策

從環境因素的可控程度看，可把決策分為確定型決策、風險型決策與不確定型決策。

確定型決策是指在穩定（可控）條件下進行的決策。在確定型決策中，決策者確切知道自然狀態的發生，每個方案只有一個確定的結果，最終選擇哪個方案取決於對各個方案結果的直接比較。

風險型決策也稱隨機決策，在這類決策中，自然狀態不止一種，決策者不能知道哪種自然狀態會發生，但能知道有多少種自然狀態以及每種自然狀態發生的概率。

不確定型決策是指在不穩定條件下進行的決策。在不確定型決策中，決策者可能不知道有多少種自然狀態，即便知道，也不能知道每種自然狀態發生的概率。

2.2　決策過程

2.2.1　識別機會或診斷問題

決策者必須知道哪裡需要行動，因此決策過程的第一步是識別機會或診斷問題。

管理者通常密切關注與其責任範圍有關的數據，這些數據包括外部的信息和報告以及組織內的信息。實際狀況和所想要的狀況的偏差提醒管理者潛在機會或問題的所在。識別機會和問題並不總是簡單的，因為要考慮組織中人的行為。有些時候，問題可能根植於個人的過去經驗、組織的複雜結構或個人和組織因素的某種混合。因此，管理者必須特別注意要盡可能精確地評估問題和機會。另一些時候，問題可能簡單明了，只要稍加觀察就能識別出來。

評估機會和問題的精確程度有賴於信息的精確程度，所以管理者要盡力獲取精確的、可信賴的信息。低質量的或不精確的信息使時間白白浪費掉，並使管理者無法發現導致某種情況出現的潛在原因。即使收集到的信息是高質量的，在解釋的過程中，也可能發生扭曲。有時，隨著信息持續地被誤解或有問題的事件一直未被發現，信息的扭曲程度會加重。大多數重大災難或事故都有一個較長的潛伏期，在這一時期，有關徵兆被錯誤地理解或不被重視，從而未能及時採取行動，導致災難或事故的發生。

更糟的是，即使管理者擁有精確的信息並正確地解釋它，處在他們控製之外的因素也會對機會和問題的識別產生影響。但是，管理者只要堅持獲取高質量的信息並仔細地解釋它，就會提高做出正確決策的可能性。

2.2.2 識別目標

目標體現的是組織想要獲得的結果。所想要的結果的數量和質量都要明確下來，因為目標的這兩個方面都最終指導決策者選擇合適的行動路線。

目標的衡量方法有很多種，如我們通常用貨幣單位來衡量利潤或成本目標，用每人單位時間的產出數量來衡量生產率目標，用次品率或廢品率來衡量質量目標。

根據時間的長短，可把目標分為長期目標、中期目標和短期目標。長期目標通常用來指導組織的戰略決策，中期目標通常用來指導組織的戰術決策，短期目標通常用來指導組織的業務決策。無論時間的長短，目標總指導著隨後的決策過程。

2.2.3 擬訂備選方案

一旦機會或問題被準確地識別出來，管理者就要提出達到目標和解決問題的各種方案。這一步驟需要創造力和想像力，在提出備選方案時，管理者必須把其試圖達到的目標牢記在心，而且要提出盡可能多的方案。

管理者常常借助其個人經驗、經歷和對有關情況的把握來提出方案。為了提出更多、更好的方案，需要從多種角度審視問題，管理者要善於徵詢他人的意見。

備選方案可以是標準的和鮮明的，也可以是獨特的和富有創造性的。標準方案通常是指組織以前採用過的方案。通過頭腦風暴法、名義組織技術和德爾菲技術等，可以提出富有創造性的方案。

2.2.4 評估備選方案

決策過程的第四步是確定所擬訂的各種方案的價值或恰當性，即確定最優的方案。為此，管理者起碼要具備評價每種方案的價值或相對優勢/劣勢的能力。在評估過程

中，要使用預定的決策標準（如所想要的質量）以及每種方案的預期成本、收益、不確定性和風險。最后對各種方案進行排序。例如，管理者會提出以下的問題：該方案會有助於我們質量目標的實現嗎？該方案的預期成本是多少？與該方案有關的不確定性和風險有多大？

2.2.5 做出決定

在決策過程中，管理者通常要做出最后選擇。但做出決定僅是決策過程中的一個步驟。儘管選擇一個方案看起來很簡單——只需要考慮全部可行方案並從中挑選一個能最好解決問題的方案，但實際上，做出選擇是很困難的。由於最好的決定通常建立在仔細判斷的基礎上，所以管理者要想做出一個好的決定，必須仔細考察全部事實、確定是否可以獲取足夠的信息並最終選擇最好的方案。

2.2.6 選擇實施戰略

方案的實施是決策過程中至關重要的一步。在方案選定以后，管理者就要制訂實施方案的具體措施和步驟。實施過程中通常要注意做好以下工作：
（1）制訂相應的措施，保證方案的正確實施。
（2）確保與方案有關的各種指令能被有關人員充分接受和徹底瞭解。
（3）應用目標管理方法把決策目標層層分解，落實到每一個執行單位和個人。
（4）建立重要的工作報告制度，以便及時瞭解方案的進展情況，及時進行調整。

2.2.7 監督和評估

一個方案可能涉及較長的時間，在這段時間，形勢可能發生變化，而初步分析是建立在對問題或機會的初步估計上，因此，管理者要不斷對方案進行修改和完善，以適應變化了的形勢。同時，連續性活動因涉及多階段控製而需要定期的分析。

由於組織內部條件和外部環境的不斷變化，管理者要不斷修正方案來減少或消除不確定性，定義新的情況，建立新的分析程序。具體來說，職能部門應對各層次、各崗位履行職責情況進行檢查和監督，及時掌握執行進度，檢查有無偏離目標，及時將信息反饋給決策者。決策者則根據職能部門反饋的信息，及時追蹤方案的實施情況，對與既定目標發生部分偏離的，應採取有效措施，以確保既定目標的順利實現；對客觀情況發生重大變化，原先目標確實無法實現的，則要重新尋找問題或機會，確定新的目標，重新擬訂可行的方案，並進行評估、選擇和實施。

需要說明的是，管理者在以上各個步驟中都要受到個性、態度和行為、倫理和價值以及文化等諸多因素的影響。

2.3 決策方法

2.3.1 定性決策方法

定性決策方法是決策者根據所掌握的信息，通過對事物運動規律的分析，在把握事物內在本質的基礎上進行決策的方法。主要包括直覺決策方法和集體決策方法。直覺決策方法就是根據管理者的經驗進行決策，但往往一個人的經驗閱歷、能力素質、理論水平有限，因此組織中有關重大問題的決策，通常採用集體決策方法。以下我們主要介紹集體決策方法。

2.3.1.1 頭腦風暴法

頭腦風暴法也叫思維共振法，是由亞歷克斯·奧斯伯恩提出的，它是指通過有關專家之間的信息交流，引起思維共振，產生組合效應，從而導致創造性思維的決策方法。

頭腦風暴法是吸收專家積極的創造性思維的活動，須遵循的原則如下：
①嚴格限制預測對象範圍，明確具體要求。
②不能對別人的意見提出懷疑和批評，要認真研究任何一種設想而不管其表面看來是多麼不可行。
③鼓勵專家對已提出的方案進行補充、修正或綜合。
④解除與會者顧慮，創造自由發表意見而不受約束的氣氛。
⑤提倡簡短精練的發言，盡量減少詳述。
⑥與會專家不能宣讀事先準備好的發言稿。
⑦與會專家人數一般為 10~15 人，會議時間一般為 20~60 分鐘。

頭腦風暴法包含三個階段：

第一階段：對已提出的每一種設想進行質疑，並在質疑中產生設想，同時著重研究有礙於實現設想的問題。

第二階段：對每一種設想編制一個評價意見一覽表和可行性設想一覽表。

第三階段：對質疑過程中所提意見進行總結，以便形成一組對解決所論及問題的最終設想。

2.3.1.2 德爾菲法

德爾菲法是由美國著名的蘭德公司首創並用於預測和決策的方法，該方法以匿名方式通過幾輪函詢徵求專家的意見，組織預測小組對每一輪的意見進行匯總整理後作為參考再發給各專家，供他們分析判斷，以提出新的論證。幾輪反覆後，專家意見漸趨一致，最后供決策者進行決策參考。德爾菲法是一種更複雜、更耗時的方法，這種方法不需要群體成員列席，不允許群體成員面對面地一起開會。下面描述使用此決策方法的過程。

（1）確定問題，規定統一的評估方法。問題要具體明確，符合實際需要。通過一系列仔細設計的問卷，要求成員提供可能的解決方案。

（2）選擇專家。選擇專家是德爾菲法的重要環節。因為預測結果的可靠性取決於所選專家對預測主題瞭解的深度和廣度。選擇專家須解決四個問題：第一，什麼是專家。德爾菲法所選專家是指在預測主題領域從事預測或決策工作10年以上的技術人員或管理者。第二，怎樣選專家。要視預測或決策任務而定。如果預測或決策主題較多地涉及組織內部情況或組織機密，則最好從內部選取專家。如果預測或決策主題僅關係某一具體技術的發展，則最好從組織外部挑選甚至從國外挑選。第三，選擇什麼樣的專家。所選專家不僅要精通技術，有一定的名望和代表性，而且還應具備一定的邊緣科學知識。第四，專家人數。專家人數要視所預測或決策問題的複雜性而定。人數太少會限制學科的代表性和權威性；人數太多則難以組織。一般以10～15人為宜，對重大問題進行預測或決策，專家人數可相應增加。

（3）指定調查表。即把預測或決策問題項目有次序地排列成表格形式，調查表項目應少而精。為使專家對德爾菲法有所瞭解，調查表的前言部分應對德爾菲法進行介紹。每一個成員匿名且獨立地完成第一組問卷。

（4）預測過程。德爾菲法預測一般要分四輪進行。第一輪把調查表發給各位專家，調查表只提出主題，讓各位專家提出應預測的事件。第二輪由決策者把第一輪調查表進行綜合整理，歸並同類事件，排除次要事件，做出第二輪調查表再返給各位專家，由各位專家對第二輪調查表所列事件做出評價，闡明自己的意見。第三輪，對第二輪的結果進行統計整理後再次反饋給各位專家，以便其重新考慮自己的意見並充分陳述理由，尤其是要求持不同意見的專家充分闡述理由，他們的依據經常是其他專家所忽略的或未曾研究的一些問題，而這些依據又會對其他成員的重新判斷產生影響。第四輪是在第三輪基礎上，讓專家們再次進行預測，最後由決策者在統計分析的基礎上得出結論。問卷的結果集中在一起進行編輯處理。

（5）做出預測結論。每個成員收到一本問卷結果的複製件。看過結果後，再次請成員提出他們的方案。第一輪的結果常常能激發出新的方案或改變某些人的原有觀點。經過多次反饋後，一般是意見漸趨一致，或對立的意見已十分明顯，此時便可把資料整理出來，做出預測結論。

德爾菲法隔絕了群體成員間過度的相互影響。它無須參與者到場，避免了召集專家的花費，且能獲得主要的市場信息。當然，德爾菲法也有缺點，它太耗費時間。當需要進行快速決策時，這種方法通常行不通。使用這種方法不能提出豐富的設想和方案。德爾菲法有下述特點：一為匿名性。為克服專家之間因名望、權利、尊重等帶來的心理影響，德爾菲法採用匿名函詢徵求意見，以保證各成員能獨立地做出自己的判斷。二為多輪反饋。通過多輪反饋可使各成員充分借鑑其他成員的意見並對自己的意見不斷修正。三為統計性。德爾菲法屬於定性決策，但對專家成員的意見採用統計方法予以定量處理。

2.3.1.3 哥頓法

哥頓法又稱提喻法，是美國人哥頓於1964年提出的決策方法。該方法與頭腦風暴

法相類似，先由會議主持人把決策問題向會議成員作簡要的介紹，然後由會議成員（即專家成員）自由地討論解決方案；當會議進行到適當時機，決策者將決策的具體問題展示給小組成員，使小組成員的討論進一步深化，最后由決策者收集討論結果，進行決策。它的特點是不明確講清楚問題本身，而是繞個彎子用類比的方式提出相類似的問題，或把問題分解成幾個小問題，讓與會者討論其中某個小問題而且不讓參與者知道討論這個問題是為哪個決策服務的。這種方法有利於防止當事人的偏見，也可以保密。

2.3.1.4 名義群體法

名義群體法在決策制定過程中限制討論。如同參加傳統委員會會議一樣，群體成員必須出席，但他們是獨立思考的。具體來說，它遵循以下步驟：

（1）成員集合成一個群體。在進行討論之前，每個成員獨立地確定他對問題的看法。

（2）經過一段沉默後，每個成員將自己的想法提交給群體。然后一個接一個地向大家說明自己的想法，直到每個人的想法都表達並記錄下來。在所有想法記錄下來之前不進行討論。

（3）開始討論，以便把每個想法搞清楚，並做出評價。

（4）每一個群體成員獨立地把各種想法排出次序，最后的決策是綜合排序最高的想法。這種方法的主要優點在於，群體成員正式開會但不限制每個人的獨立思考，而傳統的會議方式往往做不到這一點。

2.3.1.5 電子會議

最新的群體決策方法是將名義群體法與計算機技術相結合的電子會議。

會議所需的技術一旦成熟，概念就簡單了。多達50人圍坐在一張馬蹄形的桌子旁。這張桌子上除了一臺計算機終端外別無他物。終端將問題顯示給決策參與者，決策參與者把自己的回答輸入到計算機屏幕上。個人評論和票數統計都投影在會議室內的屏幕上。

電子會議的主要優點是匿名、誠實和快速。決策參與者能不透露姓名地傳達出自己所要傳達的任何信息，一敲鍵盤即顯示在屏幕上，使所有人都能看到。它還使人們能充分表達他們的想法而不會受到懲罰，它消除了閒聊和討論跑題，且不必擔心打斷別人的「講話」。

2.3.2 定量決策方法

定量決策方法是利用數學模型進行優選決策方案的決策方法。根據數學模型涉及的決策問題的性質（或者說根據所選方案結果的可靠性）的不同，定量決策方法一般分為確定型決策、風險型決策和不確定型決策三類。下面分別予以介紹。

2.3.2.1 確定型決策方法

確定型決策方法的特點是只要滿足數學模型的前提條件，模型就給出特定的結果。

屬於確定型決策方法的模型很多，本書主要介紹一種常用的方法，即盈虧平衡點法。

盈虧平衡點法是進行產量決策常用的方法。該方法的基本特點，是把成本分為固定成本和可變成本兩部分，然後與總收益進行對比，以確定盈虧平衡時的產量或某一盈利水平的產量。其中，可變成本與總收益為產量的函數，當可變成本、總收益與產量為線性關係時，總收益、總成本和產量的關係如圖 2.1 所示。

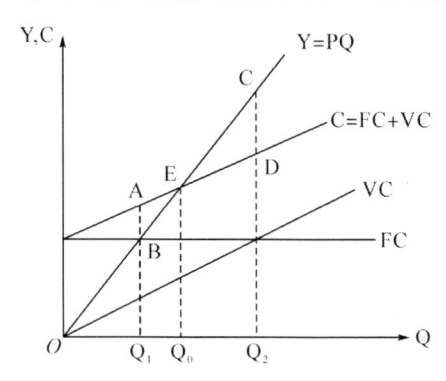

圖 2.1　盈虧平衡點分析示意圖

圖 2.1 中縱坐標表示總收益（Y）、總成本（C）、固定成本（FC）及可變總成本（VC）。橫坐標表示產量（或銷量，用 Q 表示，該模型假定產銷量一致）。總收益 Y 是單位銷售價格 P 與產量 Q 的乘積；總成本 C 等於固定成本 FC 加上可變成本 VC。總收益曲線 Y 與總成本曲線 C 的交點 E 對應的產量 Q_0 就是總收益等於總成本（即盈虧平衡）時的產量，E 點就是盈虧平衡點。在 E 的左邊，即 $Q < Q_0$，總成本曲線位於總收益曲線之上，即虧損區域，其中 C 與 Y 之間的縱坐標距離就是相應產量下的虧損額，如 Q_1 處的虧損額為 AB。在 E 點的右邊，即 $Q > Q_0$，總收益線位於總成本之上，即盈利區域，Y 與 C 之間垂直距離就是相應產量下的盈利額。如 Q_2 對應的盈利額為 CD。

用盈虧平衡點法進行產量決策時應以 Q_0 為最低點，因為低於該產量就會產生虧損。對新方案的選擇也是如此，是否現有的生產能力在小於 Q_0 時就一定要停產呢？由圖 2.1 可知，停產時的虧損額為 FC，即固定成本支出，而在 0 到 Q_0 區間內的任一點的虧損額（$C - Y$）都低於 FC。所以企業生產能力形成後，即使受市場銷量的約束使產量進入虧損區也不應做出停產決策，即「兩害相權取其輕」。

圖 2.1 所示盈虧平衡點基本原理也可由公式來表示。

由於在 Q_0 點有 $Y = C$，

即 $PQ_0 = FC + Q_0 \cdot VC$

故盈虧平衡點產量

$$Q_0 = FC/(P - VC) \tag{2.1}$$

公式（2.1）中有四個變量，給定任何三個變量便可求出另外一個變量的值。例如：某公司生產某產品的固定成本為 50 萬元，單位可變成本為 10 元，產品單位售價為 15 元，其盈虧平衡點的產量為：

$Q_0 = FC/(P - VC)$

= 500,000/(15 − 10) = 10（萬件）

再如，某公司生產某產品固定成本為 50 萬元，產品單位售價為 80 元，本年度產品訂單為 1 萬件，問單位可變成本降至什麼水平才不至於虧損?

據題意有 10,000 = 500,000/(80 − VC)

解之得 VC = 30（元/件）

2.3.2.2 風險型決策方法

當一個決策方案對應兩個或兩個以上相互排斥的可能狀態，每一種狀態都以一定的可能性出現，並對應特定的結果時，這種已知方案的各種可能狀態及其發生的可能性大小的決策稱為風險型決策。數學上用概率來量化某一隨機事件發生的可能性，即決策方案對應的某種狀態的可能性大小可用概率來描述。

風險型決策的標準是期望值，即期望值最大的方案。當決策指標為成本時，應選取期望值最小的方案。一個方案的期望值是該方案在各種可能狀態下的損益值與其對應的概率的乘積之和。期望值決策既可用表格表示，也可用樹狀圖表示，后者稱為決策樹法。下面以決策樹法為例說明風險型決策方法的應用。

決策樹是由決策結點、方案枝、狀態結點和概率四個要素組成的樹狀圖。如圖 2.2 所示，它以決策結點為出發點，引出若干方案枝；每個方案枝的末端是一個狀態結點，狀態結點后引出若干概率枝，每一概率枝代表一種狀態。這樣自左而右層層展開便得到形如樹狀的決策樹。

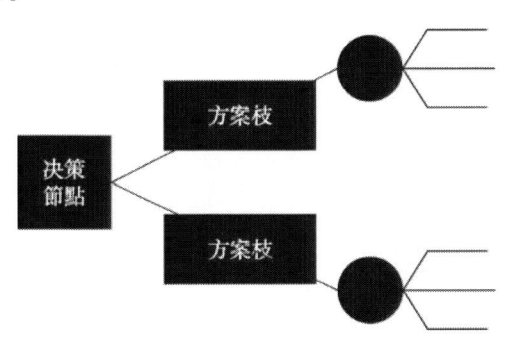

圖 2.2　沒有概率的決策樹圖

決策樹法的決策程序如下：

（1）繪制樹形圖。圖形自左而右層層展開，根據已知條件排隊列出各方案的各種自然狀態。

（2）將各狀態的概率及損益值標在概率枝上。

（3）計算各方案的期望值並將其標在該方案對應的狀態結點上。

（4）進行剪枝。比較各方案期望值，將期望值小的（即劣等方案）剪掉，用「//」標於方案枝上。

（5）剪枝后所剩的最后方案即為最佳方案。

例：某企業在下半年度有甲、乙兩種產品方案可供選擇，每種方案都面臨滯銷、

一般和暢銷三種市場狀態，各種狀態的概率和損益值如表 2.1 所示。

表 2.1　　　　　　　　　　　各方案損益值表

損益值　市場狀態　概率　方案	滯銷	一般	暢銷
	0.2	0.3	0.5
甲	10	50	100
乙	0	60	150

根據所給條件繪製決策樹並將表 2.1 所給數據填入決策樹中，經計算和剪枝便得到如圖 2.3 所示的決策樹。

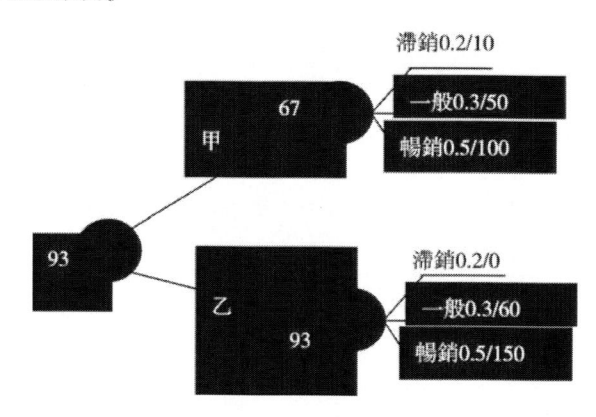

圖 2.3　有概率的決策樹圖

2.3.2.3　不確定型決策方法

在風險型決策中，概率是計算數學期望值的必要條件，因而也是按期望值標準進行方案選擇的必要條件。但在現實經濟活動中往往很難知道某種狀態發生的客觀概率，因此也無法根據期望值標準進行方案選擇。這時如何進行方案選擇主要依賴於決策者個性氣質及其對風險的態度。

（1）冒險法（大中取大法、樂觀法則）

冒險法指願意承擔風險的決策者在方案取捨時以各方案在各種狀態下的最大損益值為標準（即假定各方案最有利的狀態發生），在各方案的最大損益值中取最大者對應的方案。

例：某企業擬開發新產品，有三種設計方案可供選擇。因不同的設計方案的製造成本、產品性能各不相同，在不同的市場狀態下的損益值也各異。有關資料如表 2.2 所示（損益值數據只為說明問題，不考慮單位）：

表 2.2　　　　　　　　　　　　　各方案損益值表

損益值＼市場狀態　方案	暢銷	一般	滯銷	Max
Ⅰ	50	40	20	50
Ⅱ	170	150	0	170
Ⅲ	200	30	−20	200

在不知道各種狀態的概率時，用冒險法選擇方案的過程如下：

①在各方案的損益中找出最大者。

②在所有方案的最大損益值中找出最大者，即 max {50, 170, 200} = 200，它所對應的方案Ⅲ就是用該法選出的最優方案。該方案保證在最好的情況下獲得不低於 200 單位的收益。

（2）保守法（小中取大法、悲觀法則）

與冒險法相反，保守法的決策者在進行方案取捨時，以每個方案在各種狀態下的最小值為標準（即假定各個方案最不利的狀態發生），再從各方案的最小值中取最大者對應的方案。仍以表 2.2 資料為例，用保守法決策時先找出各方案在各種狀態下的最小值，即 {20, 0, −20}，然後再從中選取最大值：max {20, 0, −20} = 20，對應方案Ⅰ即為用保守法選取的決策方案。該方案能保證在最壞情況下獲得不低於 20 單位的收益，而其他方案則無此保證。

（3）折中法

保守法和冒險法都是以各方案不同狀態下的最大或最小兩個極端值為標準的。但多數情況下決策者既非完全的保守者，亦非極端冒險者，而是在介於兩個極端的某一位置尋找決策方案，即折中法。折中法的決策步驟如下：

①找出各方案在所有狀態中的最小值和最大值。

②決策者根據自己的風險偏好程度給定最大值係數 α（$0<\alpha<1$），最小值的係數隨之被確定為 $1-\alpha$。α 也叫樂觀係數，是決策者冒險（或保守）程度的度量。

③用給定的樂觀係數 α 及對應的各方案最大最小損益值計算各方案的加權平均值。

④取加權平均值最大的損益值對應的方案為所選方案。仍以表 2.2 所給數據資料為例，計算各方案的最小值和最大值如表 2.3 所示：

表 2.3　　　　　　　　　　　　　平均收益值比較表

方案	min	max	加權平均值（$\alpha=0.8$）
Ⅰ	20	50	44
Ⅱ	0	170	136
Ⅲ	−20	200	156

設決策者給定最大值係數 $\alpha=0.8$，最小值係數即為 0.2，各方案的加權平均值

如下：

Ⅰ：（20×0.2）+（50×0.8）= 44

Ⅱ：（0×0.2）+（170×0.8）= 136

Ⅲ：[（-20）×0.2]+（200×0.8）= 156

取加權平均值最大者：max {44, 136, 156} = 156，對應的方案Ⅲ即為最大值系數 $\alpha = 0.8$ 時的折中法方案。

用折中法選擇方案的結果，取決於反映決策者風險偏好程度的樂觀系數的確定。決策結果因樂觀系數的不同而不同。當 $\alpha = 0$ 時，結果與保守法相同；當 $\alpha = 1$ 時，結果與冒險法相同。保守法與冒險法是折中法的兩個特例。

（4）后悔值法

后悔值法是用后悔值標準選擇方案的方法。所謂后悔值是指在某種狀態下因選擇某方案而未選擇該狀態下的最佳方案而少得的收益值。如在某種狀態下某方案的損益值為100，而該狀態下諸方案中最大損益值為150，則選擇該方案要比選擇最佳方案少收益50，即后悔值為50。用后悔值法進行方案選擇的步驟如下：

①計算損益值的后悔值比較表，方法是用各方案各狀態下的最大損益值分別減去該狀態下的各損益值，從而得到對應的后悔值。

②從各方案中選取最大后悔值。

③在已選出的最大后悔值中選取最小值，對應的方案即為用最小后悔值法選取的方案。仍以表2.2中的數據為例，計算出的后悔值如表2.4所示。

表2.4　　　　　　　　　　最大後悔值比較表

後悔值＼市場狀態＼方案	暢銷	一般	滯銷	Max
Ⅰ	150	110	0	150
Ⅱ	30	0	20	30
Ⅲ	0	120	40	120

各方案的最大后悔值為 {150, 30, 120}，取其最小值 min {150, 30, 120} = 30，對應的方案Ⅱ即為用最小后悔原則選取的方案。

（5）萊普勒斯法

當無法確定某種自然狀態發生的可能性大小及其順序時，可以假定每一自然狀態具有相等的概率，並以此計算各方案的期望值，進行方案選擇，這種方法就是萊普勒斯法。由於假定各種狀態的產生概率相等，萊普勒斯法實質上是簡單算術平均法。仍以表2.2中的數據為例，各方案有三種狀態，因此每種狀態產生的概率為1/3，各方案的平均值為：

Ⅰ：（50×1/3）+（40×1/3）+（20×1/3）= 110/3

Ⅱ：（170×1/3）+（150×1/3）+（0×1/3）= 320/3

Ⅲ：（200×1/3）+（30×1/3）+[（-20）×1/31] = 210/3

Max ｛110/3，320/3，210/3｝＝320/3，故應選方案Ⅱ。

思考題

1. 簡述決策的原則。
2. 簡述決策的過程。
3. 根據不同的標準，可以把決策分為哪些類型？
4. 何為確定型決策？風險型決策和不確定型決策有何區別？

3 計劃

3.1 計劃概述

3.1.1 計劃的定義

3.1.1.1 計劃的概念

計劃是管理的首要職能。它是在預見未來的基礎上對組織活動的目標和實現目標的途徑做出籌劃和安排，以保證組織活動有條不紊地進行。

「計劃」一詞可以從兩個方面進行理解：

（1）從名詞意義上說，計劃是指用文字和指標等形式表達的組織及組織內不同部門和不同成員在未來一定時期內關於行動方向、內容和方式安排的管理文件，即在制訂計劃工作中所形成的各種管理性文件。

（2）從動詞意義上說，計劃是指為實現決策目標而預先進行的行動安排，即制定計劃工作的過程。這項行動安排工作包括：在時間和空間兩個維度上進一步分解任務和目標、選擇任務和目標的實現方式、進度規劃、行動結果的檢查與控製等。

計劃工作是對決策所確定的任務和目標提供一種合理的實現方法的過程。

3.1.1.2 計劃工作

生活中，我們一般用計劃工作來表示動詞意義上的計劃內涵。計劃有廣義和狹義之分。廣義的計劃工作是指制訂計劃、執行計劃和檢查計劃執行情況三個緊密銜接的工作過程。狹義的計劃工作則是指制訂計劃，它是指根據環境的需要和組織自身的實際情況，通過科學的預測，確定在未來一定時期內組織所要達到的目標及實現目標的方法。它是組織各個層次管理人員工作效率的根本保證，能夠幫助我們實現預期的目標。

計劃工作是一種需要運用智力和發揮創造力的過程，它要求高瞻遠矚地制定目標和戰略，嚴密地規劃和部署，把決策建立在反覆權衡的基礎之上。

可以簡單扼要地將計劃工作的內容和任務概括為六個方面，即「5W1H」：

What（what to do）——做什麼？即目標。要明確計劃工作的具體任務和要求，明確每一個時期的中心任務和工作重點。

Why（why to do）——為什麼做？即原因。明確計劃工作的宗旨、目標和戰略，並論證可行性。實踐表明，計劃工作人員對組織和企業的宗旨、目標和戰略瞭解得越清

楚，就越有助於他們在計劃工作中發揮主動性和創造性。正如通常所說的，「要我做」和「我要做」的結果是大不一樣的。

Who（who to do）——誰去做？即人員。計劃不僅要明確規定目標、任務、地點和進度，還應規定由哪個部門負責。

When（when to do）——何時做？即時間。規定計劃中各項工作的開始和完成的進度，以便進行有效的控製和對能力及資源進行平衡。

Where（where to do）——何地做？即地點。規定計劃的實施地點或場所，瞭解計劃實施的環境條件和限制，以便合理安排計劃實施的空間組織和佈局。

How（how to do）——怎樣做？即手段。制定實現計劃的措施，以及相應的政策和規則，對資源進行合理分配和集中使用，對人力、生產力進行平衡，對各種派生計劃進行綜合平衡等。

實際上，一個完整的計劃還應包括控製標準和考核指標的制定，也就是告訴實施計劃的部門或人員，做成什麼樣、達到什麼標準才算是完成了計劃。

3.1.2 計劃的類型

計劃是對未來行動的事先安排。計劃的種類很多，可以按照不同的標準進行分類。不同的分類方法有助於我們全面地瞭解計劃的內涵。在實踐中，由於一些主管人員認識不到計劃的多樣性，他們在編制計劃時常常忽視某些很重要的方面，因而降低了計劃的有效性。

3.1.2.1 按計劃的形式分類

（1）宗旨（使命）。企業必然存在一定的使命或宗旨。宗旨（使命）是企業存在的根本原因，也可以是企業的發展意向。企業宗旨反映的是企業的價值觀念、經營理念和管理哲學等根本性問題。

（2）目標。目標是計劃所要達到的結果，它是一切企業活動所指向的最終目的。確定目標本身也是計劃工作，其方法與制訂其他形式的計劃類似。從確定目標起，到分解目標，直至形成一個目標網路，不但本身是一個嚴密的計劃過程，而且構成組織全部計劃的基礎。

（3）政策。政策是組織在決策時或處理問題時用來指導和溝通思想與行動方針的明文規定。政策有助於將一些問題確定下來，避免重複分析，並給其他派生的計劃一個全局性的概貌，從而使主管人員能夠控製住全局。

（4）程序。程序是指導如何採取行動，而不是指導如何去思考問題。程序的實質是對所要進行的活動規定時間順序，因此，程序也是一種工作步驟。

（5）規則。規則是一種最簡單的計劃。它是對具體場合和具體情況下，允許或不允許採取某種特定行動的規定。

（6）規劃。規劃是為了實施既定方針所必需的目標、政策、程序、規則，以及對任務分配、執行步驟、使用的資源等而制訂的綜合性計劃。

（7）預算。預算是以數字表示預期結果的一種報告書，也稱為「數字化的計劃」。

3.1.2.2　按計劃的期限分類

按計劃的期限，計劃可分為長期計劃、中期計劃和短期計劃。一般來說，5年以上的計劃為長期計劃，1年以內的計劃為短期計劃，介於兩者之間的計劃為中期計劃。

（1）長期計劃。長期計劃只規定組織的目標和達到目標的總的方法，而一般不規定具體的做法。長期計劃越來越受到企業的重視，日本松下公司甚至已經制訂了到2050年的發展計劃。

（2）中期計劃。比長期計劃更為具體和詳細，主要起銜接長期計劃和短期計劃的作用，以時間為中心，具體說明各年度應達到的階段目標。中期計劃既被賦予了長期計劃的具體內容，又為短期計劃指明了方向。

（3）短期計劃。比中期計劃更為具體和詳盡，更具有可操作性，主要規定具體的要求，能夠直接指導各項活動的開展。

由此可見，長期計劃為組織指明方向，中期計劃為組織指明路徑，而短期計劃則為組織規定行進的步伐。

3.1.2.3　按計劃的層次分類

（1）戰略計劃。一般由高層管理者制訂，時間跨度大，內容也比較抽象概括；其目的在於使本企業資源的使用與外界環境的機會相適應。它對戰術計劃和作業計劃起指導作用。

（2）戰術計劃。戰術計劃是由中層管理者制訂的，涉及企業生產經營、資源分配和利用的計劃。戰術計劃解決的主要是局部的、短期的以及保證戰略計劃實現的問題等。

（3）作業計劃。作業計劃是由基層管理者制訂的。作業計劃根據戰術計劃確定計劃期間的預算、利潤、銷售量、產量以及其他更為具體的目標，確定工作流程，劃分合理的工作單位，分派任務和資源，以及確定權力和責任。

3.1.2.4　按計劃的明確性分類

（1）指導性計劃。指導性計劃是指規定一些重大方針，指出重點但不規定具體的目標或特定的行動方案。

（2）具體性計劃。具體性計劃明確規定了目標，並提供了一套明確的行動步驟和方案，與指導性計劃相比，具體性計劃更容易執行和控製。

3.1.3　計劃的作用

組織管理的好壞，能否達到預期的目標，有了正確的決策之後，主要取決於計劃職能的完善與否。計劃職能對於任何組織都是至關重要的。所以，建立和加強組織的計劃管理，對於實現組織目標、滿足市場需要、提高企業的經濟效益，都具有重要的意義和作用。

計劃對組織管理的作用主要表現在以下幾個方面：

(1) 指明方向，協調工作

管理學家孔茨說:「計劃工作是一座橋樑，它把我們所處的此岸和要去的彼岸連接起來，以克服這一天塹。」這說明，計劃起到了作為目標與現實位置之間的橋樑的作用，計劃工作使組織全體成員有了明確的努力方向，並在未來不確定的和變化的環境中把注意力始終集中在既定目標上，同時，各部門之間相互協調，有序地展開活動。

儘管實際工作結果往往會偏離預期目標，但是計劃會給管理者以明確的方向，從而使偏離比沒有計劃時要小得多。另外，不管結果如何，計劃工作能迫使管理者認真思考工作本身和工作方式，弄清這兩個問題就是計劃工作價值的體現之一。

(2) 預測變化，降低風險

計劃是指向未來的，未來常常會有我們無法準確預知的事情發生，對計劃產生衝擊，因而未來具有一定的不確定性和風險。而對未來的不可控因素，計劃促進組織採用科學的預測，提出預案，早做安排，多手準備，變不利為有利，減少變化帶來的衝擊，從而把風險降到最低限度。

但是不要誤認為「計劃可以消除變化」。變化總會有的，計劃並不能消除變化，但計劃可以預測變化並制定應對措施。

(3) 減少浪費，提高效益

一個嚴密細緻的計劃，可以減少未來活動中的隨意性，能夠消除不必要的重複所帶來的浪費，同時，還可以在最短的時間內完成工作，減少非正常工作時間帶來的損失，有利於組織實行更經濟的管理。

(4) 提供標準，便於控製

計劃是控製的基礎，控製中幾乎所有的標準都來自於計劃，如果沒有既定的目標和指標作為衡量尺度，管理人員就無法檢查目標的實現情況以及糾正偏差，也就無法控製。

針對計劃有一種誤解，認為計劃一旦制定，就意味著所有工作必須一成不變地嚴格按照計劃執行，即計劃降低靈活性。事實上，在一個變化的環境中，計劃需要不斷地制定和修訂，以適應變化。另外，計劃並不是沒有任何餘地死的規章制度，制定的計劃內容可以根據不同情況留有一定的彈性空間。

3.2 計劃的編制過程及方法

3.2.1 計劃編制的原則

(1) 可行性與創造性相結合的原則

在編制計劃過程中，必須考慮組織現有的人力、物力和財力，超越組織現有資源約束條件的計劃必然會失敗。組織可以對未來環境做合理的預測與分析，在合理分析未來環境可能變化的基礎上編制的計劃才是合理的。

(2) 短期計劃與長期計劃相結合的原則

長期計劃由於時間長可能會產生較大的不確定性，面臨較大的風險，因此，實際指導組織行為的計劃期限不能太長，其長短應以能實現或者有足夠的可能性實現其所承諾的任務為準繩。如果組織僅僅注重短期計劃而忽視長期計劃，可能使組織喪失發展機會。因此，短期計劃與長期計劃的有機結合既能使組織一步一個腳印地向前邁進，又能使組織適應未來的變化，把握機會。

(3) 靈活性與穩定性相結合的原則

由於計劃是在對未來組織環境假定基礎上的一種安排，而組織實際環境總是在不斷變化的，因此，計劃必須體現一定的靈活性，從而將環境變化給組織帶來的影響降到最低程度。不過，保持計劃的靈活性是有限度的。首先，不能總是以推遲決策來保持決策的正確性；其次，不能過分追求靈活性而不考慮代價的大小；最後，往往存在著一些使計劃根本無法具有靈活性的情況。

(4) 必要時重新確定使命和目標的原則

組織的計劃工作必須有助於組織使命的完成和目標的實現，但這不是組織的最終目的。如果原有的使命和目標在大的方面不能與環境保持協調，或者為了使組織能夠更好地服務於社會並實現自身價值，在必要的時候，可以重新確定使命和目標。

3.2.2 計劃編制的步驟

計劃職能是管理的基本職能。為使集體的努力有效，人們就必須知道在一定時期內應該去做什麼，這就是計劃的職能。由於管理的環境是動態的，管理活動也在不斷地變化和發展，計劃是作為行動之前的安排，因此計劃工作是一種連續不斷的循環。良好的計劃必須有充分的彈性，計劃——再計劃，不斷循環，不斷提高。

(1) 估量機會

估量機會是在實際的計劃工作開始之前就著手進行的，是對將來可能出現的機會加以估計，並在全面地瞭解這些機會的基礎上，進行初步的探討。組織的管理者要充分認識到自身的優勢、劣勢，分析面臨的機會和威脅，做到心中有數，知己知彼，才能真正擺正自己的位置，明確組織希望去解決什麼問題，為什麼要解決這些問題，我們期望得到什麼，等等。在估量機會的基礎上，確定可行性目標。

(2) 確定目標

計劃工作的目標是指組織在一定時期內所要達到的效果。目標是存在的依據，是組織的靈魂，是組織期望達到的最終結果。

(3) 確定前提條件

確定前提條件，就是要對組織未來的內外部環境和所具備的條件進行分析和預測，弄清計劃執行過程中可能存在的有利條件和不利條件。確定計劃的前提條件主要靠預測，但未來環境的內容多種多樣，錯綜複雜，影響的因素很多，這些因素分為可控、部分可控和不可控三種。一般來說，不可控因素越多，預測工作的難度就越大，對管理者的素質要求就越高。

(4) 確定備選方案

在計劃的前提條件明確以後，就要著手去尋找實現目標的方案和途徑。完成某項任務總會有很多方法，即每一項行動都有異途存在，這就是「異途原理」。方案不是越多越好，我們要做的工作是將許多備選方案的數量逐步地減少，對一些最有希望的方案進行分析。

(5) 評價備選方案

評價備選方案就是要根據計劃目標和前提來權衡各種因素，比較各個方案的優點和缺點，對各個方案進行評價。各種備選方案一般都各有其優缺點，這就要求管理者根據組織的目標做到定性分析和定量分析相結合，才能選出一個最合適的方案。

(6) 選擇可行方案

選擇可行方案就是選擇行為過程，正式通過方案。選擇方案是計劃工作最關鍵的一步，也是抉擇的實質性階段。可以先確定一個較滿意的方案作為計劃方案，而把其他幾個方案作為備選方案。這樣可以加大計劃工作的彈性，一旦計劃實施的條件有變化，管理者也能夠從容應對，迅速適應變化的環境。

(7) 擬訂派生計劃

派生計劃就是總計劃下的分計劃。其作用是支持總計劃的貫徹落實。一個基本計劃總是需要若干個派生計劃來支持，只有在完成派生計劃的基礎上，才可能完成基本計劃。

(8) 編制預算

計劃工作的最后一步就是編制預算，使計劃數字化，即將選定的方案用數字更加具體地表現出來。通過編制預算，對組織各類計劃進行匯總和綜合平衡，控製計劃的完成進度，才能保證計劃目標的實現。

3.2.3 計劃編制的方法

3.2.3.1 滾動計劃法

(1) 滾動計劃及其特點

所謂滾動計劃，是指根據客觀環境的變化，定期對上期計劃進行修正，連續不斷地編制新計劃的一種方法。

滾動計劃法的特點：一是近細遠粗，近期計劃細緻具體，遠期計劃較為粗糙，執行遠期計劃時，再由粗變細。二是保持各期計劃的靈活性，每執行完一期計劃，都要根據變化的情況，對下期和以后各期計劃進行調整。三是保持各期計劃之間的連續性。滾動計劃示意圖如圖 3.1 所示。

(2) 計劃修正因素的主要內容

編制滾動計劃的關鍵在於科學地確定計劃修正因素，即要搞清楚未來時期企業內外部條件變化的情況。因為只有如此，才能使新編制的計劃符合實際情況，適應變化了的內外部環境。計劃修正因素主要有以下幾項內容：

①差異分析。差異是指第一個執行期的計劃和實際之間的差距。第一個執行期結

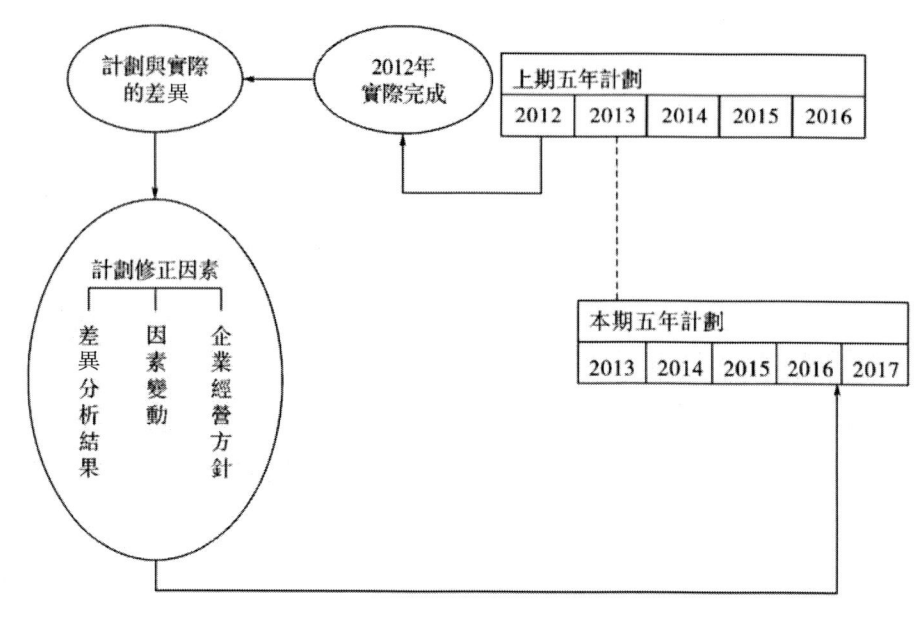

圖 3.1　滾動計劃示意圖

束時，無論是超額完成了計劃或是沒有完成計劃，都應對差異產生的原因進行定性或定量分析。因為分析結果對新計劃的編制有著直接的影響。

②環境變化。環境是指企業周圍的境況，它由多種因素構成。對企業直接發生影響的因素主要有：國家的方針與政策；社會道德與風尚；科學與技術；社會給企業提供的條件；社會對產品的需求；本企業產品在市場上的競爭力等。

由於企業的生存和發展是以外部環境為條件的，而且外部環境又是不斷發生變化的，因此，企業必須重視調查收集和研究分析來自外部環境的各種信息，並據此編制計劃，使計劃更具有適應性。

③經營方針調整。經營方針是指為實現經營目標，根據企業的經營思想，所確定的企業總體或某項重要經營活動所應遵循的原則。它是針對某一時期生產經營活動所要解決的主要問題提出來的。由於企業外部環境和內部條件在不斷發生變化，因而不同企業或同一企業在不同時期，其經營方針是不相同的。這就要求企業必須根據變化了的情況，調整其經營方針，以使外部環境、內部條件和經營目標三者實現動態平衡。

3.2.3.2　網路計劃技術

網路計劃技術是指用於工程項目的計劃與控制的一項管理技術。它是 20 世紀 50 年代末發展起來的，按照其起源有關鍵路徑法（CPM）與計劃評審法（PERT）之分。1956 年，美國杜邦公司在制定企業不同業務部門的系統規劃時，制訂了第一套網路計劃。這種計劃借助於網路表示各項工作與所需要的時間，以及各項工作的相互關係。通過網路分析研究工程費用與工期的相互關係，找出在編制計劃及執行計劃過程中的關鍵路線。這種方法稱為關鍵路線法（CPM）。1958 年美國海軍武器部，在制訂研製「北極星」導彈計劃時，應用了網路分析方法與網路計劃，但它注重於對各項工作安排

的評價和審查，這種計劃稱計劃評審法（PERT）。鑒於這兩種方法的差別，CPM 主要被應用於以往在類似工程中已取得一定經驗的承包工程，PERT 更多地被應用於研究與開發項目。

網路計劃技術的基本原理是：利用網路圖表達計劃任務的進度安排及各項活動（或工作）間的相互關係；在此基礎上進行網路分析，計算網路時間參數，找出關鍵活動和關鍵線路；並利用時差不斷改善網路計劃，求得工期、資源與費用的優化方案。在計劃執行過程中，通過信息反饋進行監督與控製，以保證達到制定的計劃目標。

(1) 網路計劃技術內容

網路計劃技術包括以下基本內容：

①網路圖。網路圖是指網路計劃技術的圖解模型，反映整個工程任務的分解和合成。分解是指對工程任務的劃分；合成是指解決各項工作的協作與配合。繪制網路圖是網路計劃技術的基礎工作。

②時間參數。在實現整個工程任務過程中，包括人、事、物的運動狀態，這種運動狀態都是通過轉化為時間參數來反映的。反映人、事、物運動狀態的時間參數包括：各項工作的作業時間、開工與完工的時間、工作之間的銜接時間、完成任務的機動時間及工程範圍和總工期等。

③關鍵路線。通過計算網路圖中的時間參數，求出工程工期並找出關鍵路線。在關鍵路線上的作業稱為關鍵作業，這些作業完成的快慢直接影響著整個計劃的工期。在計劃執行過程中關鍵作業是管理的重點，在時間和費用方面則要嚴格控制。

④網路優化。網路優化，是指根據關鍵路線法，利用時差，不斷改善網路計劃的初始方案，在一定的約束條件下，尋求管理目標達到最優化的計劃方案。網路優化是網路計劃技術的主要內容之一，也是較其他計劃方法優越的主要方面。

(2) 網路計劃技術的應用步驟

網路計劃技術的應用主要按照以下幾個步驟：

①確定目標。確定目標，是指決定將網路計劃技術應用於哪一個工程項目，並提出對工程項目和有關技術經濟指標的具體要求。如在工期方面、成本費用方面要達到什麼要求。依據企業現有的管理基礎，掌握各方面的信息和情況，利用網路計劃技術，為實現工程項目尋求最合適的方案。

②項目分解，列作業明細。一個工程項目是由許多作業組成的，在繪制網路圖前就要將工程項目分解成各項作業。作業項目劃分的粗細程度視工程內容以及不同單位要求而定，通常情況下，作業所包含的內容多，範圍大多可分得粗些，反之細些。作業項目分得細，網路圖的結點和箭線就多。對於上層領導機關，網路圖可繪制得粗些，主要是通觀全局、分析矛盾、掌握關鍵、協調工作、進行決策；對於基層單位，網路圖就可繪制得細些，以便具體組織和指導工作。

在工程項目分解成作業的基礎上，還要進行作業分析，以便明確先行作業（緊前作業）、平行作業和后續作業（緊后作業）。即在該作業開始前，哪些作業必須先期完成，哪些作業可以同時平行地進行，哪些作業必須后期完成，或者在該作業進行的過程中，哪些作業可以與之平行交叉的進行。

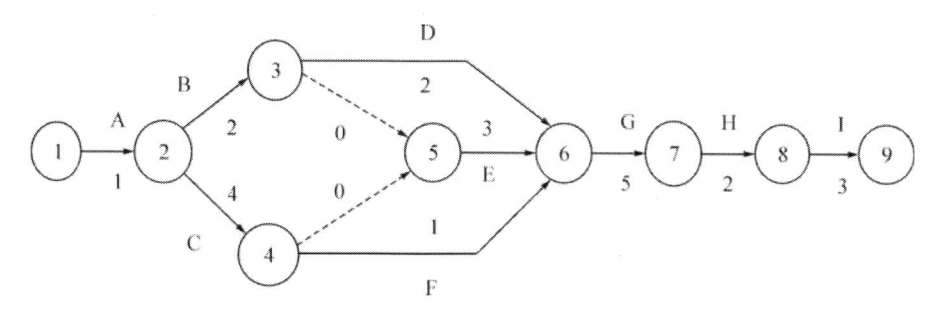

圖 3.2　繪網路圖

③繪製網路圖，進行結點編號。根據作業的時間明細表，可繪製網路圖。網路圖的繪製方法有順推法和逆推法。

順推法，即從始點時間開始根據每項作業的直接緊後作業，順序依次繪出各項作業的箭線，直至終點事件為止。

逆推法，即從終點事件開始，根據每項作業的緊前作業逆箭頭前進方向逐一繪出各項作業的箭線，直至始點事件為止。

同一項任務，用上述兩種方法畫出的網路圖是相同的。一般習慣按反工藝順序安排計劃的企業，如機器製造企業，採用逆推較方便，而建築安裝等企業，則大多採用順推法。按照各項作業之間的關係繪製網路圖后，要進行結點的編號。

④計算網路時間，確定關鍵路線。根據網路圖和各項活動的作業時間，就可以計算出全部網路時間和時差，並確定關鍵線路。具體計算網路時間並不太難，但比較繁瑣。在實際工作中影響計劃的因素很多，要耗費很多的人力和時間。因此，只有採用電子計算機才能對計劃進行局部或全部調整，這也為應用推廣網路計劃技術提出了新內容和新要求。

⑤進行網路計劃方案的優化。找出關鍵路徑，也就初步確定了完成整個計劃任務所需要的工期。這個總工期，是否符合合同或計劃規定的時間要求，是否與計劃期的勞動力、物資供應、成本費用等計劃指標相適應，需要進一步綜合平衡，通過優化，選取最優方案。然后正式繪製網路圖，編制各種進度表，以及工程預算等各種計劃文件。

網路計劃的優化方法根據資源限制條件不同，可分為時間優化、時間—費用優化和時間—資源優化三種類型。

時間優化。時間優化是指在人力、物力、財力等條件基本有保證的前提下，尋求縮短工程週期的措施，使工程週期符合目標工期的要求。時間優化主要包括壓縮活動時間、進行活動分解和利用時間差三個途徑。

時間—費用優化。時間—費用優化是指找出一個縮短項目工期的方案，使得項目完成所需總費用最低，並遵循關鍵線路上的活動優先，直接費用變化率小的活動優先，逐次壓縮活動的作業時間以不超過趕工時間的三個基本原則。

時間—資源優化。時間—資源優化分為兩種情況：第一，資源一定的條件下尋求最短工期；第二，工期一定的條件下，尋求工期與資源的最佳組合。

⑥網路計劃的貫徹執行。編制網路計劃僅僅是計劃工作的開始。計劃工作不僅要正確地編制計劃，更重要的是組織計劃的實施。網路計劃的貫徹執行，要發動員工討論計劃，加強生產管理工作，採取切實有效的措施，保證計劃任務的完成。在應用電子計算機的情況下，可以利用計算機對網路計劃的執行進行監督、控製和調整，只要將網路計劃及執行情況輸入計算機，它就能自動運算、調整，並輸出結果，以指導生產。

3.3 目標管理

3.3.1 目標管理的概述

目標管理是由彼德‧德魯克提出，並由其他一些學者發展，逐步成為西方國家所普遍採用的一種系統制定目標、管理目標的有效方法。

3.3.1.1 目標管理的內涵

根據德魯克和一些「目標管理」理論家的觀點，概括地說，目標管理是一種綜合的以工作為中心的管理方法，是一個組織中，上級管理人員同下級管理人員以及職工共同制訂的組織目標，同組織內每個人的責任和成果相互聯繫，明確地規定了每個人的職責範圍，並用這些措施來進行管理，評價和決定對每個成員貢獻的獎勵和報酬等。因此，目標管理就是一個組織的上、下級管理人員和組織內的所有成員共同制定目標、實施目標的一種管理方法。從目標管理的體系中，我們可以看到目標管理是從組織的最高領導層開始的，最高管理層的目標應體現整個組織的目標。

目標管理的基本內容是：年（期）初，企業首先確定企業本年（期）的工作總目標，然后圍繞實現總目標，自上而下將總目標分解成為部門、車間、班組和個人目標，並層層落實為實現這些目標應採取的措施，開展一系列組織、激勵、控製等活動。年（期）末，對完成目標的情況進行考核，並給予相應的獎懲，在實現預測目標的基礎上，企業開始制訂新的目標，進行新的循環。

目標管理體現了系統論和控製論的思想，目標管理中所說的目標，是把企業目標作為一個「系統」看待，從整體考慮問題，也就是說，在確定企業總目標時，就充分注意企業內部各分目標的確定和落實，從上到下構成一個有機的企業目標體系。這就把企業內部的各個部分、各個環節、企業內部與外部的各種因素，都與完成企業目標緊密地聯繫在一起，從這些聯繫中，企業可以通盤考慮，準確、有效、完整地掌握完成企業總體目標的進程。

简而言之，目標管理（Management By Objectives，MBO）是一種具有活力的系統管理方法，在高層管理人員的引導下，下級管理者或員工通過一系列分析、判斷、研究的過程設置自身的工作目標來承擔自己在組織中應承擔的義務，並以此為準，創造性地開展工作。目標管理實際上可以看作是一種允諾管理。

3.3.1.2 目標管理的性質

目標管理的目的在於讓組織內的每個人對目標的制訂和實施都有發言權，使每個

人都瞭解自己在規定的時間內應完成的工作任務以及可能得到的報酬和獎勵。

(1) 目的性

企業實行目標管理，使企業在一定的時間內各項活動的目的都非常簡單、明了，它是以企業目標的形式表現的。目標管理中所制訂的企業目標都非常具體、明確，包括質量目標和數量目標，如使產品質量達到國家標準，使利潤增長率達到一定水平，使費用率降低到一定水平，等等。目標管理的目的性還反映在企業目標的制訂上，在社會主義條件下，制定目標要體現社會主義基本經濟規律的要求，適應市場的變化，保證企業的生產目的與社會主義基本經濟規律的要求一致。

(2) 整體性

現代化的大企業要求精細的勞動分工和嚴密的協作，以適應生產過程中機器運轉體系的要求和高度社會化的要求，而且生產過程具有高度的比例性和連續性，以及適應外界條件變化的應變性。在這樣的情況下，局部與整體的利益並不總是一致的。有些工作，從局部看是有利的，但是從整體上看，並不一定理想。目標管理對企業生產經營活動的全過程實行全面的綜合性管理。企業管理通過確定和落實目標，建立縱橫交錯、全面完整的目標體系，這個體系使企業上下的每個層次、每個環節都互相關聯，融為一體，每個職工的目光都集中到企業的總目標上，每個分目標都是企業總目標的組成部分，每個人的工作都與企業的總目標緊密相連。因此，目標管理對企業生產經營活動的全局，具有決定性的影響。

(3) 層次性

企業目標能否按期、按質、按量地實現，很大程度上取決於能否分清層次。目標管理系統中研究的層次性，主要是研究和解決目標管理中上下級之間的領導關係和領導方法問題。

隨著企業總目標的逐層分解、展開，也要逐層下放目標管理的自主權。這時，企業內部承擔目標的車間（部門）之間的橫向聯繫，就可以由各單位自己進行。只有在他們不協調或發生矛盾時，才需要上一層次的領導出面解決。這樣才能更大程度地發揮下層次人員的積極性和主動性。企業領導在目標管理中只抓兩項工作：一是根據企業總目標向下一層次發出指令性信息，最後考核指令的執行結果；二是解決下一層次各單位間的不協調關係，對有爭議的問題做出裁決，使目標管理的層次清晰，各層次的任務明確。

(4) 民主性

目標管理是組織職工群眾的意見和要求，上級與下級共同協商、共同討論、共同決定。在實施目標時，職工不是依靠上級攤派任務，而是上下結合，自覺地對照自己的工作目標，對目標的要求與進度負責，有效地實行自我控製，自覺地最大限度地發揮自己的積極性，盡最大的可能把工作做好。

3.3.1.3 目標設立的原則

(1) 目標應盡量地定量化，便於考核。根據目標值，依據嚴格規定的定量分析的各項指標，客觀地進行評價。這樣，一方面使每個職工都對自己的工作目標，做到心

中有數，另一方面，也有利於企業對職工根據其完成目標的情況，進行考核。

（2）目標要適中，不宜太多、太高。目標太多或太高，都會給職工在實施目標的過程中，施加過多的壓力，不利於調動職工的積極性，也不利於企業提高經濟效益。

（3）目標要具體落實到部門和人。這樣有利於各部門、全體員工在工作中對照目標進行調整，以及時發現、修正偏離目標的做法。目標管理的基本要求是：根據每個崗位的工作目標或職工的個人工作目標定責任，使每個崗位、每個人都明確自己在實現企業目標過程中所應擔負的責任，明確崗位責任。

明確目標責任也應從上到下，上下結合，按層次要求層層落實。在不同的層次上，由於人員的不同，對目標責任的具體要求也有所不同。企業領導的主要責任是負責各項經濟技術指標的完成，做好整體的管理工作，包括計劃決策的組織指揮、監督控製、統籌協調等；職能科室的領導及管理人員主要負責分管的有關經濟技術指標或專業指標的完成，做好部門的管理工作，基層服務與對外協作等；車間（商品部）領導主要負責直接指揮生產經營，完成本車間（商品部）所承擔的各項指標，做好車間（商品部）的各項基礎管理工作；班（櫃）組領導主要負責執行車間（商品部）計劃，做好班（櫃）組日常生產經營活動，保質保量地按時完成各項生產經營任務。

3.3.2 目標管理的步驟

（1）制定目標

目標管理的第一步是要確定組織的總體目標和各部門的分目標。總目標是組織在未來要達到的狀況和水平，其實現有賴於全體成員的共同努力。為了協調這些成員的工作，各個部門、各個成員都要在充分領會總目標的前提下考慮分目標的制訂。這樣就形成了一個以組織目標為中心的一貫到底的目標體系。在制訂每個部門和每個成員的目標時，上級要向下級提出自己的方針和建議，下級根據上級的方針和建議制訂自己的目標方案，在此基礎上由雙方協調決定。在這個階段要注意，簡單地將下級的目標匯總，不是目標管理，而是放棄管理；將預定的目標視為不可改變的，強迫下級接受上級的想法與規劃也不是目標管理，而是集權式的管理。

（2）執行目標

組織中各層次、各部門的成員為達成分目標，必須從事一定的活動，而活動中必須利用一定的資源。為了保證他們有條件組織目標活動，必須授予相應的權力，使之有能力調動和利用必要的資源。有了目標，組織成員便會明確努力的方向；有了權力，他們便會產生強烈的與權力使用相應的責任心，從而能充分發揮他們的判斷能力和創造能力，使目標執行活動有效地進行。

（3）評價成果

成果評價既是實行獎懲的依據，也是上下左右溝通的機會，同時還是自我控製和自我激勵的手段。成果評價既包括上級對下級的評價，也包括下級對上級、同級部門之間以及各層次自我評價。上、下級之間的相互評價，有利於信息、意見的溝通，從而進行組織活動的控製；橫向的關係部門相互之間的評價，有利於保證不同環節的活動協調進行；而各層次組織成員的自我評價，則有利於促進他們的自我激勵、自我控

製以及自我完善。

（4）實行獎懲

組織對不同成員的獎懲，是以上述各種評價的結果為依據的。獎懲可以是物質的，也可以是精神的。公平合理的獎懲有利於維持和調動組織成員飽滿的工作熱情和積極性；獎懲有失公正，則會影響這些成員行為的改善。

（5）制定新目標並開始新的目標管理循環

成果評價與成員行為獎懲，既是對某一階段組織活動效果以及組織成員貢獻的總結，也為下一階段的工作提供借鑑。在此基礎上，為組織及其各個層次、部門的活動制訂新的目標並組織實施，以便展開目標管理的新一輪循環。如果目標沒有完成，應分析原因、總結教訓，但切忌相互指責。上級應主動承擔責任，並啓發下級作自我批評，以維持相互信任的氣氛，為下一循環打好基礎。

3.3.3 對目標管理的評價

在美國，相當多的企業如杜邦和通用汽車公司等都採用了目標管理。根據美國《幸福》雜誌的最新調查，在美國500家大型工業企業公司中有40%的公司採用了目標管理。當然，進行目標管理有許多優點，但也有不少的缺點。

（1）目標管理的優點

採用目標管理最突出的優點在於能調動廣大管理人員和職工的積極性。由於在目標管理的整個過程中能較好地聽取大家的意見，吸收職工參與管理，職工對自己的職責比較明確，又有一個較好的報酬獎勵制度，這就形成了一個調動大家積極性的良好環境。

目標管理還有以下優點：在目標的制訂和實施過程中都注意了相互的聯繫和合作；對每個人工作表現的評價也更為具體、更為合理；有利於管理人員發揮自己的管理才能；有利於每個人發揮自己的創造性和積極性，形成了一個完整的組織管理系統，使這個系統能有效地運轉。

目標管理也有利於各級領導對下屬進行管理。在目標實施過程中，大家都能進行自我管理、自我控制，又有定期的檢查總結，能及時發現問題、及時進行調整，這樣就有利於整個組織向著組織長期目標的實現邁進。

（2）目標管理的缺點

不少人對目標管理所存在的缺點進行了批評。目標管理的主要缺點是缺乏組織內最高級領導人的支持。總目標、總戰略雖然由最高管理層做出，但是他們常常把任務交給較低級的管理人員去負責執行，這樣一些高層領導人實際上就沒有為此承擔起自己的真正責任，其積極性自然也就沒有得到發揮，這就必然會影響到目標管理的效果。

另一個缺點是有些採用目標管理的公司過分強調了數量目標，要求的報表和總結過多。以至於有些管理人員忙於寫總結、忙於編報表，對下級只是分派任務和提提建議，很少坐下來與下級共同研究問題，結果就造成了個別人員的工作流於形式，缺乏主動性。

總而言之，目標管理是管理體系中一種極為有用的方法，它有助於闡明組織內各

單位和個人的職責，有利於調動其積極性，更有利於進行總結和評價。然而，要使目標管理獲得更佳的效果，管理者也必須注意克服上面所提到的一些缺點。

思考題

1. 計劃的含義和作用是什麼？
2. 簡述計劃編制的步驟。
3. 簡述計劃編制需要遵循的原則。
4. 簡述目標管理的內涵及如何進行目標管理。

4 組織

4.1 組織概述

4.1.1 組織的含義

從詞源上講，管理學中組織的概念可從不同的角度去解釋和理解。

在中國古漢語中，組織的原始意義是編織的意思，即將絲麻織成布帛。唐朝著名國學大師孔穎達首先將組織這個詞引申到社會行政管理中，他說：「又有文德能治民，如御馬之執矣，使之有文章如組織矣。」《辭海》對組織的定義為：「按照一定的目的、任務和形式加以編制。」組織是有目的、有系統、有秩序地結合起來，按照一定的宗旨和系統建立的集體。

在西方，英文中的組織一詞源於醫學中的「器官」，因為器官是自成體系的、具有特定功能的細胞結構。牛津大學辭典中的定義是：「為特定目的所做的，有系統的安排。」人類為了生存，在與大自然博弈的過程中結成了群體。只要有群體的活動，就需要管理，同時也就產生了組織。

「組織」作為名詞，就是指兩個或者兩個以上的個體為了實現共同目標而結合起來協調行動的社會團體；作為動詞，組織是管理功能之一，是指通過分配任務、協調組織成員與資源、建立組織結構來完成共同的目標。換言之，組織就是通過設計組織內部結構和維持個體之間的關係，使組織成員能為實現組織的目標而有效、協調地工作的過程。作為管理的基本職能之一，組織曾一度被看成管理的同義詞，可見在管理過程中組織工作的重要性。

組織職能的本質就是如何合理而有效地進行分工與合作。為了使組織能持續而有效地運作，管理者必須安排成員有意識、有計劃地開展分工、合作以及協調。

4.1.2 組織的特點

一般來說，組織具有四大特點。

（1）整體性。組織是人們為了實現某些特定的目標，各自分擔明確的權力、任務和責任，扮演不同的角色，並制定各種規章制度約束其成員的行為，以保持組織的一致性和保證組織目標的實現。所以，組織本身是一個綜合的機構，是一個集體實現目標的工具，是提供工作環境，決定目標，分配工作，完成目的的整體性的人群體系。

（2）實用性。由於科學技術的進步，生產的社會化程度越來越高，要取得任何一

項成就都必須借助於組織的力量，依靠組織功能的發揮。例如，由於科學的分化，重大科學研究活動早已不是個人所能獨立完成的，必須通過科研團體，甚至通過國際合作才能完成。這表明，組織既是社會化生產的必然產物，又具有實用性。

（3）複雜性。一般來說，組織是由若干個集體和個體組成的，在集體和集體之間、個體與個體之間都存在著差異，如智力、能力、經驗、人格等差異。這些差異既是團體與個體之間、團體與團體之間、個體與個體之間衝突的因素，也是人類社會需要合作的主要原因之一，是社會進步的因素。組織中的領導者如何運用這些條件，處理這些差異，建立一個合作的、有較高效率的集體，則取決於領導的本領。組織要實現目標，還必須協調組織中所有的單位（團體）為實現組織目標而產生的各種聯繫；組織要發揮其作用，還需要有一個權力層次體系，並有嚴格的規章制度等。這些工作都是十分複雜的，決定了組織的複雜性這一特徵。

（4）協作性。從組織活動的角度來看，組織本質上是組織成員之間的相互協作關係。協作的原因在於單個的人在社會生產和社會活動中不能獨立完成任務和工作，必須通過人與人之間的相互協作來獲得幫助。組織的協作性，突出體現在組織中職位的明確規定性和相互協調性，體現在組織成員在工作中的合作性與配合性。各方面的協調和配合，使組織表現出靈活的應變能力、整體的協作功能，使組織目標得以實現。

4.2 組織結構

4.2.1 組織結構的特徵

組織結構是描述組織的框架體系，是對完成組織目標的人員、工作、技術和信息所做的制度性安排，具有複雜性、正規化和集權化等基本特性。

（1）複雜性

複雜性是指組織內部結構的分化程度。一個組織分工越細、組織層次越多、管理幅度越大，組織的複雜性就越高；組織的部門越多，組織單位的地理分佈越分散，協調人員及其活動就越困難。

（2）正規化

正規化是指組織依靠制定的工作程序、規章制度引導員工行為的程度。有些組織以很少的規範準則運作；另一些組織儘管規模較小，卻具有各種規定，指示員工可以做什麼和不可以做什麼。一個組織使用的規章、條例越多，其組織結構就越正規化。

（3）集權化

集權化是指組織在決策時正式權力在組織層次集中的程度。如果決策權高度集中在組織高層，由他們選擇合適的行動方案，組織的集權化程度就較高；反之，如果組織授予下層人員更多的決策權力，組織的集權化程度就較低，這時就稱為分權化。

4.2.2 正式組織與非正式組織

4.2.2.1 正式組織

正式組織是指為實現一定目標並按照一定程序建立起來的有明確職責結構的組織。正式組織是組織設計工作的結果，是由管理者通過正式的籌劃，並借助組織結構圖和職務說明書等文件予以明確規定的。正式組織有明確的目標、任務、結構、職能以及由此形成的成員間的權責關係，因此對成員行為具有相當程度的強制力。正式組織的基本特徵是：

（1）目的性。正式組織是為了實現組織目標而有意識建立的，因此，正式組織要採取什麼樣的結構形態，從本質上說應該服從於實現組織目標、落實戰略計劃的需要。這種目的性決定了組織工作通常是在計劃工作之後進行的。

（2）正規性。正式組織中所有成員的職責範圍和相互關係通常都在書面文件中加以明文的、正式的規定，以確保行為的合法性和可靠性。

（3）穩定性。正式組織一經建立，通常會維持一段時間相對不變，只有在內外環境條件發生了較大變化而使原有組織形式顯露出不適應時，才提出進行組織重組和變革的要求。

合理、健康的正式組織無疑為提高組織活動的效率提供了基本的保障。

4.2.2.2 非正式組織

組織中的一個現實是：在正式組織運作中常常會存在一個甚至多個非正式組織。非正式組織是指未經正式籌劃而由人們在交往中自發形成的一種個人關係和社會關係的網路。機關裡午休時間的撲克會、工餘間的球友會等，都是非正式組織的例子。在非正式組織中，成員之間的關係是一種自然的人際關係，他們不是經由刻意的安排，而是由於日常接觸、感情交融、情趣相投或價值取向相近而發生聯繫。

非正式組織的基本特徵是：

（1）很強的凝聚力。在非正式組織裡，共同的情感是維繫群體的紐帶，人們彼此的情感較密切、互相依賴、互相信任，有時甚至出現不講原則的現象。非正式組織的凝聚力往往超過正式組織的凝聚力。

（2）心理的協調性。由於有自願的結合基礎，非正式組織成員對某些問題的看法基本一致，因而情緒共振、感情融洽、行為協調、行動一致、歸屬感強。

（3）信息溝通靈活。非正式組織成員之間感情密切、交往頻繁、知無不言，信息傳播迅速，成員對信息反應往往具有很大的相似性。

（4）自然形成「領導」人物。非正式組織不是由於組織的決定而成立的，沒有上級任命的領導，但實際上每個非正式組織都有自己的「領導」。非正式組織內「領導」的形成，是在發展過程中自然湧現出來的，成員的擁戴程度比正式組織高，其號召力更強。

非正式組織與正式組織相互交錯地同時並存於一個單位、機構或組織之中，這是一種不可避免的現象。有些場合下，利用非正式組織能夠取得意想不到的益處，而有

些情況下非正式組織則有可能會對正式組織的活動產生不利影響。

非正式組織對正式組織的積極的、正面的作用表現在：它可以滿足成員心理上的需求，鼓舞成員的士氣，創造一種特殊的人際關係氛圍，促進正式組織的穩定；彌補成員之間在能力和成就方面的差異，促進工作任務的順利完成；此外，還可以用來作為改善正式組織信息溝通的工具。

非正式組織對正式組織的消極作用表現在：它可能在有些時候會和正式組織產生衝突，影響組織成員間的團結和協作，妨礙組織目標的實現。因此，正式組織的領導者應善於因勢利導，最大限度地發揮非正式組織的積極作用，克服其消極作用。

4.2.2.3 正式組織與非正式組織的關係

管理者既不能創建非正式組織，也不能廢除非正式組織。但管理者應學會與之共處並對之施加影響。因此，管理者應該做到以下幾點：

（1）非正式組織的成員同時也是正式組織的成員，他們在根本利益上是一致的。正式組織的管理者應該正確處理組織內的人際關係，善於聽取組織成員的意見，公平待人，關心成員的疾苦，使正式組織團結和諧，滿足其成員在感情歸屬、人格尊重等方面的需要。

（2）非正式組織的「領導」是自然形成的，他們或是在專業知識方面或是在個人品質方面得到人們的欽佩，因而在群眾中有較高的威信，這些得到人們欽佩的素質大致包括聰明、能幹、知識豐富、業務熟練、待人熱忱、公正、心地善良等。正式組織的管理者也應當努力具備這些素質，並注意在不降低幹部條件的前提下提拔和使用非正式組織的領導。

（3）由於非正式組織不能離開正式組織而獨立存在，所以當非正式組織嚴重妨礙組織目標的順利實現時，應當及時調整或改組非正式組織，以達到削弱或限制非正式組織的目的。

（4）正式組織的管理者需要通過建立、宣傳正確的組織文化，以影響與改變非正式組織的行為規範，從而更好地引導非正式組織做出積極的貢獻。

（5）盡可能將非正式組織的利益與正式組織的利益結合在一起。二者的利益在很多時候是一致的，例如一個項目的完成，作為正式組織關心的是會給自己帶來利潤，而非正式組織的成員會想到項目的順利完成，會帶來獎金的收入、成就感的滿足。他們儘管動機不同，但同樣希望項目早日完成。管理者將二者的利益有機地結合在一起既是一種手段也是一門藝術，管理者不一定要打入小團體，但是不妨偶爾參加小團體的活動，與其中的重要成員維繫良好的關係從而影響這些小團體，將小團體轉化成組織裡面的一股力量，協助組織目標達成。

4.2.3 組織結構的類型

組織結構是指組織內部各級各類職務職位的權責範圍、聯繫方式和分工協作關係的整體框架，是組織得以持續運轉，完成經營管理任務的體制基礎。組織就是在這個基礎上，通過各組織要素的互動，最終實現組織目標。金剛石與石墨、部隊與老百姓

的不同主要是結構不同，所以作用與功能就大不相同。

4.2.3.1 直線制組織結構

(1) 特點

直線制是最早使用的，也是最為簡單的一種組織結構，又稱單線制結構或軍隊式結構。直線制組織結構的主要特點是組織中各種職位按垂直系統直線排列，各級主管負責人進行統一指揮，不設專門的職能機構，如圖4.1所示。組織中各種職務按垂直系統直線排列，各級管理人員對所屬下級擁有直接的管理職權，組織中每一個下屬只能向一個直接上級報告。

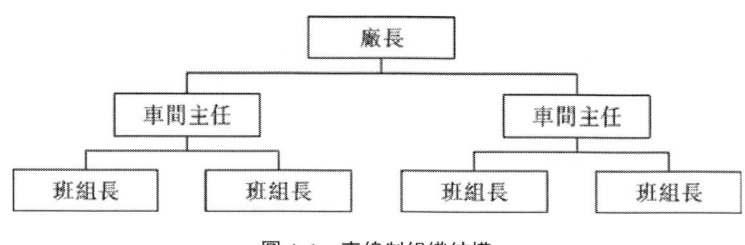

圖4.1 直線制組織結構

(2) 優缺點

直線制組織結構的優點：結構比較簡單，權力集中，責任分明，命令統一，溝通簡捷，比較容易維護紀律和秩序。

直線制組織結構的缺點：缺乏彈性，易導致專制，不利於組織總體管理水平的提高；同時，在組織規模較大的情況下，所有的管理職能都集中由一人承擔，往往由於個人的知識及能力有限而感到難於應付、顧此失彼，可能會發生較多失誤；此外每個部門基本關心的是本部門的工作，因而各部門之間的協調性比較差，難以在組織內部培養出全能型管理人才。

(3) 適應性

直線制組織結構一般只適用於初創階段的組織或生產規模較小、產品單一、管理簡單、業務性質單純，沒有必要按職能實行專業化管理的小型組織或現場的作業管理。

4.2.3.2 職能制組織結構

(1) 特點

職能制組織結構的主要特點是：按照專業分工設置相應的職能部門，實行專業分工管理，各職能部門在自己的業務範圍內都有權向下級下達命令和指示，即下級除了要服從上級管理人員的直接領導和指揮以外，還要受上級各職能部門的管理。職能制組織結構形式如圖4.2所示。

(2) 優缺點

職能制組織結構的優點：可以在很大程度上實現職能專業化的作用，能夠發揮專家的作用，減輕上層管理人員的負擔。

職能制組織結構的缺點：違背了組織設計的統一指揮原則，容易導致多頭領導，

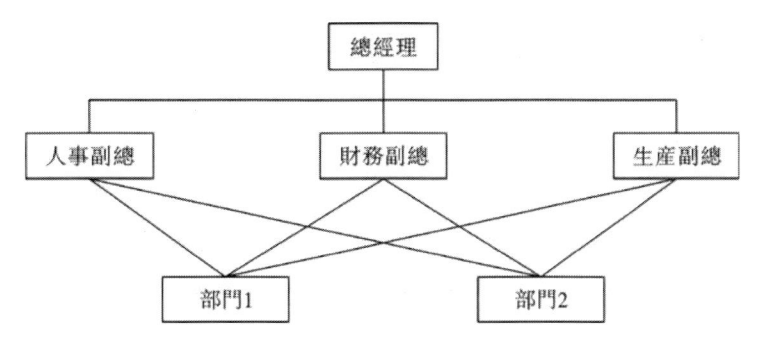

圖 4.2　職能制組織結構

造成管理混亂。組織中常常會因為追求職能目標而看不到全局。

（3）注意

在該組織結構中，由於視野狹小，沒有一項職能部門對最終結果負全部責任。每一職能部門之間相互隔離，很少瞭解其他職能部門在幹些什麼，只有高層管理者能看到全局，所以它得擔當起協調的角色。不同職能部門間利益和視野的不同會導致職能部門間不斷地發生衝突，各自極力強調自己的重要性。因此，實際生活中沒有純粹的職能制組織結構。

4.2.3.3　直線職能組織結構

（1）特點

這是一種集直線制和職能制兩種類型組織形式的優點為一體，而形成的一種組織結構形式。其特點在於直線管理者將一部分直線職權授予參謀部門或人員，使其成為擁有職能職權的職能部門，因而形成直線部門與職能部門共存的組織結構。它將直線指揮的統一化思想和職能分工的專業化思想相結合，在組織中設置縱向的直線指揮系統和橫向的職能管理系統。它與直線制的區別就在於設置了職能機構，與職能制的區別在於職能機構只是作為直線管理者的參謀和助手，它們不具有對下面直接進行指揮的權力。這種組織結構形式如圖4.3所示。

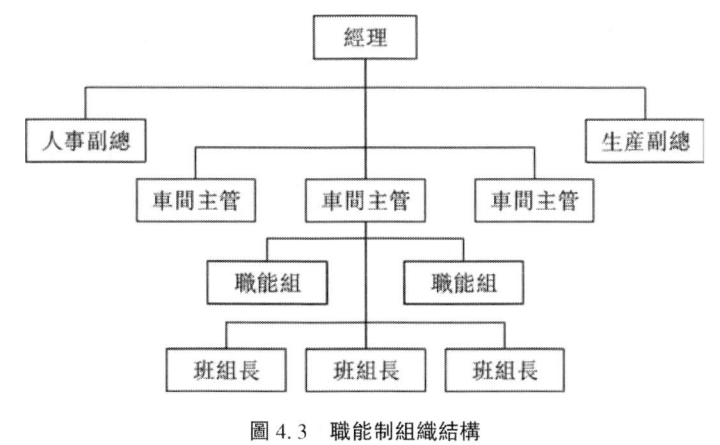

圖 4.3　職能制組織結構

(2) 優缺點

直線職能制組織結構的優點：直線職能制組織形式既保持了直線制集中統一指揮的優點，又具有職能制充分發揮專業化分工的長處，整個組織具有較高的穩定性。

直線職能制組織結構的缺點：這種類型的組織形式使各職能部門之間的橫向聯繫較差，信息傳遞路線較長，缺乏彈性，對環境的應變性不強，下級部門的主動性與積極性會受到限制。當職能參謀部門與直線部門意見不一致時，容易產生矛盾，致使上級管理人員的協調工作量加大。

(3) 適應性

直線職能制組織結構形式，一般在企業規模比較小、產品品種比較簡單、工藝比較穩定、市場銷售情況比較容易掌握的情況下採用。目前中國大多數組織採用的就是這種組織結構形式。

4.2.3.4 事業部制組織結構

(1) 特點

事業部制組織結構，亦稱 M 型結構。事業部制組織結構是於 1924 年由美國通用汽車公司（前）總裁斯隆首創，所以又稱「斯隆模型」。事業部是企業以產品、地區或顧客為依據，由相關的職能部門結合而成的相對獨立的單位，是一個利潤中心。其特點是每個事業部都有自己的產品和市場，按照「統一政策，分散經營」的原則，實行分權化管理，各事業部實行獨立核算、自負盈虧，彼此之間的經濟往來要遵循等價交換原則。其組織結構形式如圖 4.4 所示。

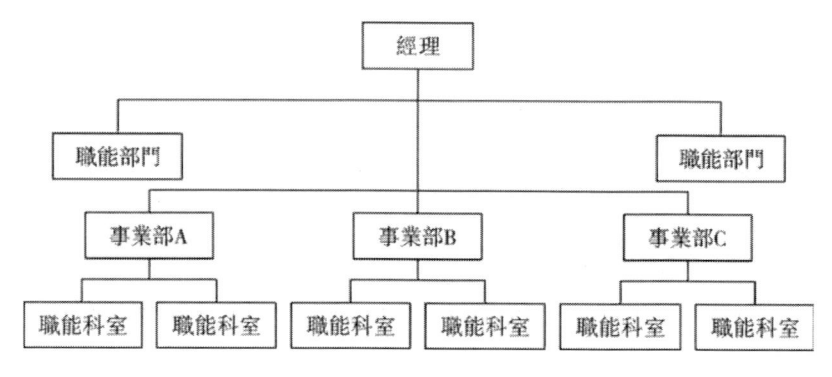

圖 4.4 事業部制組織結構

(2) 優缺點

事業部制組織結構有利於發揮各事業部的積極性和主動性，有利於總部管理人員擺脫繁瑣的日常營運管理事務，從而能夠關注公司長遠的戰略規劃；每個事業部都是利潤中心，有利於培養高級經理人員，各事業部經理們容易獲得廣泛的管理經驗，從而提高管理技能。

事業部制的主要缺點是活動和資源出現重複配置。例如：每一個事業部都可能有一個市場營銷部門，其成本花費很高，甚至效率下降；每一個事業部只關心自身的經營活動，易產生本位主義，導致高層管理人員協調難度加大。

（3）適應性

事業部制組織結構主要適用於規模大、產品或服務種類繁多、分支機構分佈區域廣的現代大型企業。目前中國許多成功的企業（如海爾、聯想、清華同方等）均是採用事業部制的組織結構。

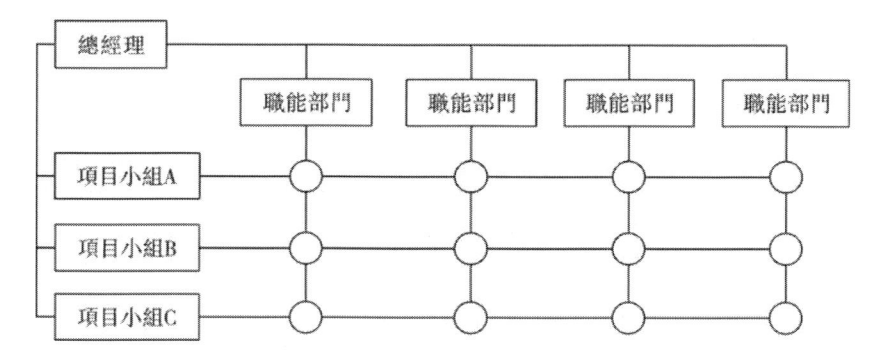

4.2.3.5 矩陣制組織結構

（1）特點

矩陣制組織結構由職能部門和產品項目縱橫兩套管理系統疊加在一起而形成。矩陣制創造了雙重指揮鏈，使用職能部門來獲得專業化經濟，同時配置了一些對組織中的具體產品、項目和規劃負責的經理人員，其可為自己負責的項目從各職能部門中抽調有關人員。這樣在橫向的職能部門基礎上增加縱向產品或項目的結果，就將職能部門化和項目部門化的因素交織在了一起，因此稱之為矩陣。如圖4.5所示。

圖 4.5 矩陣制組織結構

（2）優缺點

矩陣制組織結構的主要優點：發揮了職能部門化和產品部門化兩方面的優勢，促進專業資源在各項目中的共享，便於一些複雜而獨立的項目之間的協調與合作，具有很大的靈活性。

矩陣制組織結構的主要缺點：放棄了統一指揮原則，形成雙重領導，造成一定程度上的混亂。因此，需要管理者妥善地權衡這些利弊。

（3）適應性

矩陣制組織結構形式適用於經營涉及面廣、產品品種多、臨時性的、複雜的重大工程項目組織。

4.2.3.6 多維組織結構

（1）特點

多維組織結構是事業部結構與矩陣結構相結合的產物，企業中同時存在著多個交叉的管理系統。

通常一個員工或企業同時受到三個或三個以上的管理系統的管理。其內容主要包括：①按產品或服務項目劃分的部門；②按職能劃分的參謀機構；③按地區劃分的管

理機構（如圖 4.6 所示）。

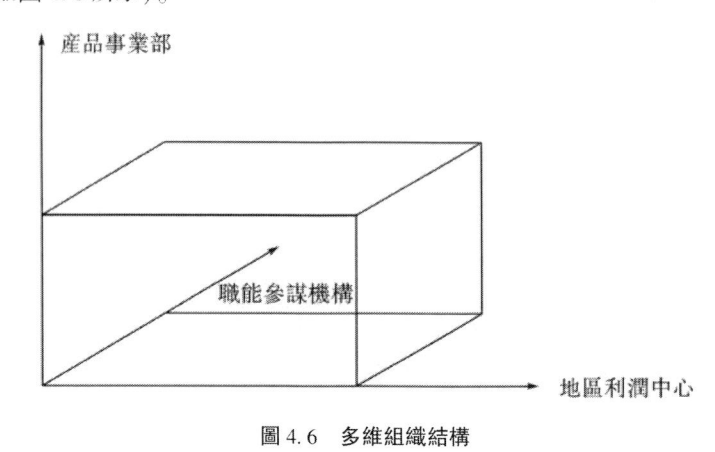

圖 4.6　多維組織結構

（2）優缺點

多維組織結構的優點：

①各方面力量協調配合，有利於組織整體目標的實現；

②公司和事業部目標獲得更好的一致性；

③獲得公司產品線內和產品線之間的協調。

多維組織結構的缺點：

①管理費用較高；

②可能導致事業部和公司部門之間的不協調。

4.2.3.7　網路型組織結構

（1）特點

網路型組織結構是利用現代信息技術手段，適應與發展起來的一種新型的組織結構。網路型組織結構是一種結構很精干的中心機構，以契約關係的建立和維持為基礎，依靠外部機構進行製造、銷售或其他重要業務經營活動的組織結構形式。被聯結在這一結構中的各經營單位之間並沒有正式的資本所有關係和行政隸屬關係，只是通過相對鬆散的契約或正式的協議契約為紐帶，通過一種互惠互利、相互協作、相互信任和支持機制來進行密切的合作。

採用網路結構的組織，所做的就是通過公司內聯網和公司外互聯網，創設一個物理和契約「關係」網路，與獨立的製造商、銷售代理商及其他機構達成長期的協作協議，使他們按照契約要求執行相應的生產經營功能。由於網路型企業組織的大部分活動都是外包、外協的，因此，公司的管理機構就只是一個精干的經理班子，負責監管公司內部開展的活動，同時協調和控製與外部協作機構之間的關係（虛擬企業），如圖4.7所示。

（2）優缺點

網路型組織結構的優點：網路型組織結構極大地促進了企業經濟效益實現質的飛躍。具體表現為：一是降低管理成本，提高管理效益；二是實現了企業全世界範圍內

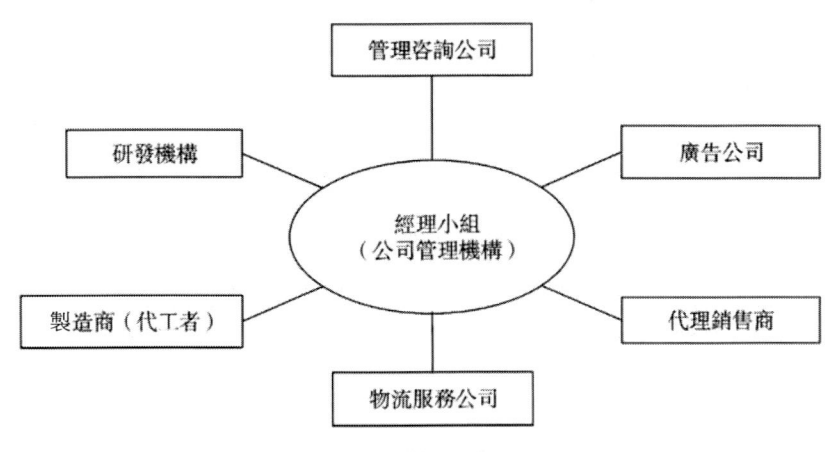

圖 4.7　網路型組織結構

供應鏈與銷售環節的整合；三是簡化了機構和管理層次，實現了企業充分授權式的管理。

網路型組織結構的缺點：可控性太差。這種組織的有效運作是通過與獨立的供應商廣泛而密切的合作來實現的，面臨著道德風險和逆向選擇性風險。

4.2.3.8　當代組織結構發展新趨勢

隨著新的管理思想和組織理論的出現，一些組織（尤其是企業）的組織結構形式逐漸呈現出網路化、扁平化、靈活化、多元化、全球化等趨勢。伴隨著這種趨勢，柔性組織、網路組織和虛擬組織等新型組織結構類型也不斷湧現出來。

（1）柔性組織結構

柔性組織（有機式組織）能夠適應各種變化，可以及時根據變化迅速來平衡「控製權」與「自主權」，協調「集權」與「分權」，從而提高組織的靈活性。柔性組織結構是一種多極化、多元化的組織結構，核心機構負責公司總體戰略和整體事務；各分支機構在地位上與核心機構相互平等，相互依賴及相互補充。因此，柔性組織結構是集權與分權的有機統一。為了彌補柔性的不足，實現柔性與穩定性的和諧並存，有的公司成立了臨時性的項目組或多功能團隊來集中處理關鍵問題。在現代企業，尤其是現代高科技企業中，迫切需要創建柔性組織系統。

（2）虛擬組織結構

虛擬組織結構是柔性組織結構的高級形式，其最大特點是組織決策集中程度很高，但部門化程度很低，或者根本不存在實體的部門。虛擬組織結構的靈活性很強，如果認為其他公司在生產、銷售、服務等某一方面具有更強的優勢，就與這些公司聯合，或是將自己相對的劣勢的部門轉讓出去。虛擬組織結構的形式包括產品聯盟、技術聯盟、知識聯盟及戰略聯盟等。

4.3 組織設計

4.3.1 管理幅度和管理層次

(1) 管理幅度

組織的管理者,由於受知識、經驗、時間、精力等各方面的限制,能夠有效地、直接地領導下級的人數總是有限的,超過了一定的限度,管理的效率就會降低。因此,管理幅度所要研究的問題就是一名管理者到底直接領導多少人才能保證管理是有效的,即管理幅度問題。所謂管理幅度是指一個主管能夠直接有效地指揮下屬成員的數目。

傳統的管理學派對管理幅度問題的見解以法國管理學家 A. V. 格丘納斯的意見為代表,主張管理幅度不能過寬。他認為,管理幅度的數量以數學級數增長時,管理者和下屬人員間潛在的相互影響的數量就以幾何級數增加。如格丘納斯解釋的那樣,管理者可以直接和每個下屬聯繫(直接單獨聯繫),或和每個可能組成的下屬人員的小組聯繫(直接小組聯繫),而且下屬之間還可能互相聯繫(交叉聯繫)。

這種關係可用下式表達:

$$C = n[2^{n+1} + (n+1)]$$

管理幅度適度是組織設計中的一個重要問題,過大或過小都是不恰當的。關於管理幅度的形式或大小,眾多研究者給出了不同結論:管理幅度研究的首創者法約爾指出,不管領導處於哪個級別,他從來只能直接指揮極少的部下,一般上級指揮的人數少於6人。當工序比較簡單時,工長有時指揮20個或30個。英國著名的顧問林德爾·厄威克發現:「對所有的上層管理人員來說,理想的下屬人數是4人。在組織的最低層次,下屬人員的數目可以是8~12人。」美國管理協會對100家大公司所做的調查表明,向總裁匯報工作的下屬人員人數為1~24人不等,其中只有26位總裁有6個或不足6個下屬,一般的是9個。在被調查的41家小公司中,25位總裁有7個以上的下屬,最常見的是8個。而后續的研究者又各自提出不同的人數。一般來講,研究者發現,高層管理人員的管理幅度通常是4~8人,較低層次的管理人員其管理幅度則為8~15人。

(2) 管理層次

管理層次是指一個組織設立的行政等級的數目。一個組織集中著眾多的員工,作為組織主管,不可能面對每一個員工直接進行指揮和管理,這就需要設置管理層次,逐級地進行指揮和管理。

一個組織中,其管理層次的多少,一般是根據組織的工作量的大小和組織規模的大小來確定的。工作量較大且組織規模較大的組織,其管理層次可多些,反之管理層次就比較少。一般來說,管理層次可分為上層、中層和下層三個層次,也稱戰略規劃層、戰術計劃層和運行管理層。美國斯隆管理學院研究組織管理的層次結構問題時,提出了「安東尼結構」,並對組織中三個層次的主要功能做了分析,見表4-1。對於上層來講,其主要職能是從整體利益出發,對組織實行統一指揮和綜合管理,制定組織

目標、大政方針和實施組織目標的計劃,故又稱戰略決策層或最高經營管理層;中層的主要職能是為達到組織總的目標,制定並實施各部門具體的管理目標,擬訂和選擇計劃的實施方案、步驟和程序,按部門分配資源,協調各部門之間的關係,評價生產經營成果和制定糾正偏離目標的措施等,故又稱經營管理層;下層又稱執行管理層或操作層,其主要職能是按照規定的計劃和程序,協調基層組織的各項工作和實施生產作業。

表 4.1　　　　　　　　　　　　管理層次及其職能

問題如何考慮 管理層次	戰略管理層	戰術計劃層	運行管理層
主要關心問題	是否上馬,什麼時候上馬	怎樣上馬	怎樣干好
時間幅度	3~5 年	0.5~2 年	周、月
視野	寬廣	中等	狹窄
訊息來源	外部為主,內部為輔	內部為主,外部為輔	內部
訊息特徵	高度綜合	中等匯總	詳盡
不確定和冒險程度	高	中	低

4.3.2　組織設計的依據

　　組織設計的目的在於設置出一種或幾種合理的架構,按照這種架構運行時,組織能夠做到發揮效能、節約資源、抵禦風險、創造良好文化、承擔責任等。那麼,要明確如何達到這些目的,需要在進行組織設計時參照一定的依據,才能使組織設計過程有理可依,不致脫離其內外部狀況而成為無源之水。一般情況下,組織設計工作中所應參照的依據主要有:

　　(1) 組織戰略

　　組織當前所採取的戰略對組織結構的影響是非常大的。可以想見,不同戰略對組織的業務要求、發展方向、人員培養與儲備、組織文化建設等方面均可能存在不同的影響。在這種情況下,組織結構不得不聽從於組織戰略的安排。一方面,戰略的制定必須考慮組織結構的實現;另一方面,組織戰略一旦形成,組織應調整成適應戰略要求的結構。適應戰略要求的組織結構,能夠為戰略的實施提供必要的組織保證。組織戰略的不同,會在兩個方面影響組織的結構:不同的戰略要求開展不同的業務活動,這會影響管理職務的設計,戰略重點的改變,會引起組織的工作重點從而引起各部門在組織中重要程度的改變,因此要求對各管理職務以及部門之間關係做相應的調整。

　　(2) 組織所處的環境

　　環境對組織的影響反映在組織的方方面面,這是因為任何組織都在與其周圍的環境時時刻刻發生聯繫。組織結構設計也不能例外。組織外部環境對組織內部結構產生的影響體現在三個不同的層次上:職務與部門設計、各部門關係、組織結構總體特徵。首先,在社會系統中,本組織與其他社會子系統之間也存在分工問題。社會分工方式

的不同決定了組織內部的工作內容，從而所需完成的任務、設立的部門不一樣。其次，由於環境變化可能引起組織的戰略重點發生轉移和調整，也可能使原來沒有很多業務聯繫的部門變得往來頻繁。另外，外部環境是否穩定，對組織結構的要求也是不一樣的：穩定環境中管理部門與人員的職責界限分明、工作內容和程序有仔細的規定、各部門的權責關係固定、等級結構嚴密，而多變的環境則要求組織結構靈活、各部門的權責關係和工作內容需要經常做適應性的調整、等級關係不甚嚴密。組織設計中強調的是部門間的橫向溝通而不是縱向的等級控製，因此，外部環境也會對組織總體結構特徵產生影響。

(3) 現有技術水平與技術發展前景

在業務活動中，組織需要利用一定的技術手段來進行。此處所講的技術並不是單純指科學技術，還包含現有組織成員所具有的技能水平。技術水平不僅影響組織活動的效果和效率，而且會作用於組織工作的各個方面，尤其會對工作人員的素質提出要求。顯然，高技術的引入使得管理者的管理幅度加寬、組織的層次減少、從「高聳結構」轉變為「扁平結構」成為可能的同時，可能在技術推廣和培訓上耗費管理者更多的時間。

(4) 組織規模與所處的發展階段

組織的規模及其發展階段是影響組織結構的一個不容忽視的因素。而組織的規模往往與組織的發展階段相聯繫。隨著組織的發展，組織活動的內容會日趨複雜和增加，人數也會逐步增多，規模會越來越大，成長因素和戰略重點都會有所改變。因此，組織的結構也需隨之調整。

4.3.3 組織設計的原則

在長期的企業組織變革實踐活動中，西方管理學家曾提出過一些組織設計基本原則，如管理學家厄威克曾比較系統地歸納了古典管理學派泰勒、法約爾、馬克斯·韋伯等人的觀點，提出八條指導原則，即：目標原則、相符原則、職責原則、組織階層原則、管理幅度原則、專業化原則、協調原則和明確性原則。美國管理學家孔茨等人在繼承古典管理學派理論的基礎上，提出了健全組織工作的十五條基本原則，即：目標一致原則、效率原則、管理幅度原則、分級原則、授權原則、職責的絕對性原則、職權和職責對等原則、統一指揮原則、職權等級原則、分工原則、職能明確性原則、檢查職務與業務部門分設原則、平衡原則、靈活性原則和便於領導原則。結合前人的研究成果，本書概括了組織設計的五條基本原則。

(1) 目標統一原則

目標統一原則是指在建立組織結構時，要有明確的目標，並使各部門、員工的目標與組織的總體目標相一致。這首先要求組織有明確的目標體系；其次，組織結構的總體框架應該建立在這一目標體系的基礎之上。

(2) 專業分工和協作原則

專業分工和協作原則是指組織結構應能反映為實現組織目標所必需的各項任務和工作分工，以及這些任務和工作之間的協調，在合理分工的基礎上，各專業部門只有

加強協作與配合，才能保證各項專業管理的順利開展，實現組織的整體目標。貫徹這一原則，在組織設計中要十分重視橫向協調問題，主要措施有：①實行系統管理，把職能性質相近或工作關係密切的部門歸類，組成各個管理子系統；②設立一些必要的委員會及會議來實現協調；③創造協調的環境，增強管理人員的全局觀念，增加相互間的溝通。

（3）有效管理幅度原則

管理幅度又稱管理寬度或管理跨度，是指一個主管人員直接有效指揮下屬人員的數量。有效管理幅度原則是指組織中的主管人員直接管轄下屬的人數應是適當的，這樣才能保證組織的有效運行。

受到個人精力、知識、經驗條件的限制，一名領導人能夠有效領導的直屬下級人數是有一定限度的。有效管理幅度不是一個固定值，它受職務的性質、人員的素質、職能機構健全度等因素的影響。這一原則要求在進行組織設計時，領導人的管理幅度應控製在一定水平，以保證管理工作的有效性。由於管理幅度的大小與管理層次的多少呈負相關關係，因此這一原則要求在確定企業的管理層次時，必須考慮到有效管理幅度的制約。有效管理幅度也是決定企業管理層次的一個基本因素。管理層次是組織結構中縱向管理系統所劃分的等級數量。管理最少層次原則是指在保證組織合理有效運轉的前提下，應盡量減少管理層次。

（4）集權與分權相結合原則

設計企業組織時，既要有必要的權力集中，又要有必要的權力分散，兩者不可偏頗。集權是大生產的客觀要求，它有利於保證企業的統一領導和指揮，有利於人力、物力、財力的合理分配和使用，集權應以不妨礙下屬履行職責、有利於調動積極性為宜；而分權是調動下級積極性、主動性的必要組織條件，分權應以下級能夠正常履行職責，上級對下級的管理不致失控為準。合理分權有利於基層根據實際情況迅速而正確地做出決策，也有利於上層領導擺脫日常事務，集中精力抓重大問題。因此，集權與分權是相輔相成的，是矛盾的統一。沒有絕對的集權，也沒有絕對的分權。企業在確定內部上下級管理權力分工時應考慮的因素主要有：企業規模的大小，企業生產技術的特點，各項專業工作的性質、各單位的管理水平和人員的素質等。

（5）穩定性和適應性相結合原則

設計企業組織時，既要保證組織在外部環境和企業任務發生變化時能夠繼續有序地正常運轉，保證組織結構有一定的穩定性，又要保證組織在運轉過程中能夠根據變化了的情況做出相應的變更，保證組織具有一定的彈性和適應性。為此，既需要在組織中建立明確的指揮系統、責權關係及規章制度，又要求選擇一些具有較好適應性的組織形式和措施，使組織在變動的環境中具有一種內在的自動調節機制。

4.4 組織文化

4.4.1 組織文化的含義與特徵

4.4.1.1 組織文化的含義

組織文化（Organizational Culture）是一個組織經過長時間的發展而形成的具有本組織特徵的文化現象。組織文化可以從廣義和狹義兩個方面來理解。廣義的組織文化是指企業在建設和發展中形成的物質文化和精神文化的總和，包括組織管理中的硬件和軟件，可分為外顯文化和內隱文化兩部分。狹義的組織文化是指組織在長期的生存和發展中形成的，為組織所特有的，且為組織多數成員共同遵循的價值標準、基本信念和行為規範等的總和及其在組織中的反映。

概括地說，組織文化是組織全體成員共同接受的價值觀念、行為準則、團隊意識、思維方式、工作作風、心理預期和團體歸屬感等群體意識的總稱。

4.4.1.2 組織文化的特徵

（1）意識性

大多數情況下，組織文化是一種抽象的意識範疇，它作為組織內部的一種資源，屬於組織的無形資產。它是組織內一種群體的意識現象，是一種意念性的行為取向和精神觀念，但這種文化的意識性特徵並不否認它總是可以被概括性地表述出來。

（2）系統性

組織文化是由共享價值觀、團隊精神、行為規範等一系列內容構成的一個系統，各要素之間相互依存、相互聯繫，因此，組織文化具有系統性。同時，組織文化總是以一定的社會環境為基礎的，是社會文化影響滲透的結果，並隨著社會文化的進步和發展而不斷調整。

（3）凝聚性

組織文化可以向人們展示某種信仰與態度，它影響著組織成員的處世哲學和世界觀，也影響著人們的思維方式。因此，在某一特定的組織內，人們總是為自己所信奉的哲學所驅使，它起到了「黏合劑」的作用。良好的組織文化同時意味著良好的組織氣氛，它能夠激發組織成員的士氣，有助於增強組織的凝聚力。

（4）導向性

組織文化規定了人們的行為準則和價值取向，對人們的行為有著最持久、最深刻的影響力。因此，組織文化具有導向性。英雄人物往往是組織價值觀的人格化和組織力量的集中表現，他可以昭示組織內提倡什麼樣的行為，反對什麼樣的行為，使員工的行為與組織目標的要求相匹配。

（5）可塑性

組織文化並不是與生俱來的，而是在組織生存和發展的過程中逐漸總結、培育和

累積的。組織文化可以通過人為的后天努力加以培育和塑造，已形成的組織文化也並非一成不變，而是會隨著組織內外環境的變化而不斷發展。

(6) 長期性

組織文化的塑造和重塑過程需要相當長的時間，而且是一個極其複雜的過程。組織的共享價值觀、共同精神取向和群體意識的形成不可能在短期內完成，而是需要一個長期的過程。在這一過程中，涉及必需組織與其外部環境相適應的問題，而且組織內部的各個成員之間必需達成共識。

4.4.2 組織文化的功能

組織文化的功能是指組織文化發生作用的能力，也就是組織這一系統在組織文化導向下進行生產、經營、管理的能力。但是任何事物都有兩面性，組織文化也不例外，這種負效應對組織的功能可以分為正功能和負功能。組織文化的正功能在於提高組織承諾，影響組織成員，有利於提高組織效能。同時，不能忽視的是潛在的負效應，它對於組織是有害無益的，這也可以看作組織文化的負功能。

4.4.2.1 組織文化的正功能

(1) 組織文化的導向功能。組織文化的導向功能，是指組織文化能對組織整體和組織中每個成員的價值取向及行為取向起引導作用，使之符合組織所確定的目標。組織文化只是一種柔性的理性約束，通過組織的共同價值觀不斷地向個人價值觀滲透和內化使組織自動生成一套自我調控機制，以一種適應性文化引導著組織的行為和活動。

(2) 組織文化的約束功能。組織文化的約束功能，是指組織文化對每個組織成員的思想、心理和行為具有約束和規範的作用。組織文化的約束不是制度式的硬約束，而是一種軟約束，這種軟約束相當於組織中彌漫的組織文化氛圍、群體行為準則和道德規範。

(3) 組織文化的凝聚功能。組織文化的凝聚功能，是指當一種價值觀被該組織成員共同認可之後，就會成為一種黏合劑，從各個方面將其成員團結起來，從而產生一種巨大的向心力和凝聚力。而這正是組織獲得成功的主要原因。有共同的目標和願景的員工凝聚在一起，能推動組織不斷向前發展。

(4) 組織文化的激勵功能。組織文化的激勵功能，是指組織文化具有使組織成員從內心產生一種高昂情緒和發奮進取精神的功能，它能夠最大限度地激發員工的積極性和創新精神。它對人的激勵不是一種外在的推動，而是一種內在引導，它不是被動消極地滿足人們對實現自身價值的心理需求，而是通過組織文化的塑造，形成使每個組織成員從內心深處為組織拼搏的獻身精神。

(5) 組織文化的輻射功能。組織文化的輻射功能，是指組織文化一旦形成，不僅會在組織內發揮作用，對本組織成員產生影響，而且會通過各種渠道對社會產生影響。組織文化向社會輻射的渠道很多，主要可分為利用各種宣傳手段和個人交往兩大類。一方面，組織文化的傳播對樹立組織在公眾中的形象有幫助；另一方面，組織文化對社會文化的發展有很大的影響。

(6) 組織文化的調適功能。組織文化的調適功能，是指組織文化可以幫助新任職成員盡快適應組織，使自己的價值觀和組織相匹配。在組織變革的時候，組織文化也可以幫助組織成員盡快適應變革后的局面，減少由變革帶來的壓力和不適應。

4.4.2.2 組織文化的負功能

儘管組織文化具備上述種種正功能，但應該看到的是，組織文化對組織也有潛在的負面影響。

(1) 變革的障礙。當組織的共同價值觀與進一步提高組織效率的要求不相符時，它就成了組織的束縛，這是在組織環境處於動態變化的情況下最有可能出現的情況。當組織環境經歷迅速的變革時，根深蒂固的組織文化可能就不合時宜了。因此，當組織面對穩定的環境時，行為的一致性對組織而言很有價值，但組織文化作為一種與制度相對的軟約束，更加深入人心，極易形成思維定式，這樣，組織有可能難以應對變化莫測的環境。當問題累積到一定程度，這種障礙可能對組織形成致命打擊。

(2) 多樣化的障礙。由於種族、性別、道德觀等差異的存在，新聘員工與組織中大多數成員不一樣，就會產生矛盾。管理人員希望新成員能夠接受組織的核心價值觀，否則，這些新成員就難以適應或難以被組織所接受。但是組織決策需要成員思維和方案的多樣化，一個強勢文化的組織要求成員和組織的價值觀一致，這就必然導致決策的單調性，抹殺多樣化帶來的優勢。因此，組織文化就會成為組織多樣化的障礙。

(3) 兼併和收購的障礙。以前，管理人員在進行兼併或收購決策時，所考慮的關鍵因素是融資優勢和產品協同性。近年來，除了考慮產品線的協同性和融資方面的因素外，更多的則是考慮文化方面的兼容性。如果兩個組織無法成功地整合，那麼組織將出現大量的衝突、矛盾乃至對抗。所以，在決定兼併和收購時，很多經理人往往會分析雙方文化的相容性，如果兩者差異極大，為了降低風險則寧可放棄兼併和收購行動。

4.4.3 組織文化的作用

由於組織文化涉及分享期望、價值觀念和態度，因此它對個體、群體及組織都有影響。組織文化除了提供組織的身分感之外，還提供穩定感。具體地說，組織文化有以下幾個方面的作用：

(1) 整合作用

組織文化是從根本上改變員工的舊有價值觀念，建立起新的價值觀念，使之適應組織正常實踐活動的需要。一旦組織文化所提倡的價值觀念和行為規範被接受和認同，成員就會做出符合組織要求的行為選擇；倘若違反了組織規範，成員就會感到內疚、不安或者自責，會自動修正自己的行為。從這個意義上說，組織文化具有很強的整合作用。

(2) 提升績效作用

管理學大師彼得·德魯克說過，企業的本質，即決定企業性質的最重要的原則，是經濟績效。如果組織文化不能對企業績效產生影響，就顯示不出它的重要性了。瑞

士洛桑國際管理學院（IMD）對企業國際競爭力的研究顯示，組織文化與企業管理競爭力的相關係數最高，為 0.946,0。

科特和赫斯科特（1992）經過研究認為，組織文化具有提升績效的作用，主要表現在以下幾個方面：

①組織文化對企業長期經營業績有著重大的作用；

②組織文化在下一個 10 年內很可能成為決定企業興衰的關鍵因素；

③對企業良好的長期經營業績存在負面影響的組織文化並不罕見，這些組織文化容易產生並蔓延，即便在那些匯集了許多知識程度較高的人才的企業中也是如此；

④組織文化雖然不易改變，但完全可以轉化為有利於企業經營業績增長的組織文化。

（3）完善組織作用

組織在不斷發展的過程中所形成的文化積澱，通過無數次的輻射、反饋和強化，會隨著實踐的發展而不斷更新和優化，推動組織文化從一個高度向另一個高度邁進。也就是說，組織文化的不斷深化和完善一旦形成良性循環，就會持續地推動組織本身的上升發展，反過來，組織的進步和提高又會促進組織文化的豐富、完善和昇華。國內外成功組織和企業的發展歷程表明，組織的興旺發達總是與組織文化的自我完善分不開的。

（4）塑造產品作用

組織文化作為一種人類的創造物，最好的表現形態就是企業的產品。當企業的產品都浸潤了組織文化時，其產品的生命力將是其他任何企業所無法比擬的。組織文化對於塑造企業產品有極為重要的作用，企業依據組織文化進行產品設計、生產和銷售，只有符合企業文化的產品才能在市場上站穩腳跟。反過來，企業產品的暢銷會使消費者進一步瞭解企業的組織文化，兩者是一種相互促進和發展的關係。

4.5　組織變革

4.5.1　組織變革概述

4.5.1.1　組織變革的含義

企業的發展離不開組織變革，內外部環境的變化、企業資源的不斷整合與變動，都給企業帶來了機遇與挑戰，這就要求企業關注組織變革。

組織變革（Organizational Change）是指運用行為科學和相關管理方法，對組織的權力結構、經營規模、溝通渠道、角色設定、組織與其他組織之間的關係，以及組織成員的觀念、態度和行為，成員之間的合作精神等進行有目的的、系統的調整和革新，以適應組織所處的內外環境、技術特徵和組織任務等方面的變化，提高組織效能。

4.5.1.2　組織結構變革的原因

一般來說，組織結構變革的原因主要有以下幾點：

（1）企業經營環境的變化

這裡包括國民經濟增長速度的變化、產業結構的調整、政府經濟政策的調整、科學技術的發展引起產品和工藝的變革等。企業組織結構是實現企業戰略目標的手段，企業外部環境的變化必然要求企業組織結構做出適應性的調整。

（2）企業內部條件的變化

①技術條件的變化。如企業實行技術改造，引進新的設備要求技術服務部門的加強以及技術、生產、營銷等部門的調整。

②人員條件的變化。如人員結構和人員素質的提高等。

③管理條件的變化。如實行計算機輔助管理，實行優化組合等。

（3）企業本身成長的要求

企業在不同的生命週期，對組織結構的要求也各不相同，如小企業成長為中型或大型企業，單一品種企業成長為多品種企業，單廠企業成長為企業集團等，都要求組織結構進行相應的調整。

4.5.1.3 組織變革的徵兆

一般來說，企業中的組織變革是一項「軟任務」，即有時候組織結構不改變，企業似乎也能運轉下去，但如果等到企業無法運轉時再進行組織結構的變革則為時已晚。因此，企業管理者必須抓住組織需要變革的徵兆，及時進行組織變革。

組織結構需要變革的徵兆有：

（1）企業經營績效下降，如市場佔有率下降、產品質量下降、消耗和浪費嚴重、企業資金週轉不靈等。

（2）企業生產經營缺乏創新，如企業缺乏新的戰略和適應性措施，缺乏新的產品和技術更新，沒有新的管理辦法或新的管理辦法推行起來困難等。

（3）組織機構本身病症的顯露，如決策遲緩、指揮不靈、信息交流不暢、機構臃腫、職責重疊、管理幅度過大、扯皮增多、人事糾紛增多、管理效率下降等。

（4）員工士氣低落，不滿情緒增加，如管理人員離職率上升，員工曠工率、病事假率上升等。

當一個企業出現以上徵兆時，應及時進行組織診斷，以判定企業組織結構是否有進行變革的必要。

4.5.1.4 組織變革的阻力及管理

（1）變革阻力的來源

組織變革可能會遇到來自各方面的阻力，主要有：

①個人阻力。包括利益上的和心理上的阻力。

②團體阻力。包括組織結構變動的影響、人際關係調整的影響等。也可能出現抵制組織變革的現象，比如銷售量和經濟效益持續下降，消極怠工、辦事拖拉、等待、離職人數增加、發生爭吵與敵對行為、人事糾紛增多、提出許多似是而非的反對變革的理由等。

組織變革阻力產生的原因在於人們害怕變革的風險，認為變革不符合公司的最佳

利益或者擔心變革給自己的利益帶來衝擊。因此，有必要做好應對變革阻力的準備。

（2）變革阻力的管理

應對組織變革阻力的基本策略是：

第一，做好宣傳，與員工溝通，廣泛聽取員工的意見。

第二，讓員工參與組織變革的決策。

第三，大力推行與組織變革相適應的人才培訓計劃，大膽起用具有開拓創新精神的人才。

第四，採取優惠政策，妥善安排被精簡人員的工作、生活和出路。

第五，在必要的時候顯示變革的果敢決心，並採取強硬措施。在消除組織變革阻力方面，先要客觀分析變革推動力以及阻力的強弱，然后創新組織文化，創新組織變革的策略方法和手段。

4.5.2 組織變革的過程與程序

4.5.2.1 組織變革的過程

組織變革的過程主要包括解凍、變革、再凍結三個階段。

（1）解凍階段

這是改革前的心理準備階段。一般來說，成功的變革必須對組織的現狀進行解凍，然后通過變革使組織進入一個新階段，同時對新變革予以再凍結。組織在解凍期間的中心任務是改變員工原有的觀念和態度，組織必須通過積極的引導，激勵員工更新觀念、接受改革並參與其中。

（2）變革階段

這是變革過程中的行為轉換階段。進入到這一階段，組織上下已經對變革做好了充分的準備，變革措施就此開始。組織要把激發起來的改革熱情轉化為改革的行為，關鍵是要能運用一些策略和技巧減少對變革的抵制，進一步調動員工參與變革的積極性，使變革成為全體員工的共同事業。

（3）再解凍階段

這是變革后的行為強化階段，其目的是通過對變革驅動力和約束力的平衡，使新的組織狀態保持相對的穩定。由於人們的傳統習慣、價值觀念、行為模式、心理特徵等都是在長期的社會生活中逐漸形成的，並非一次變革所能徹底改變的，因此，改革措施順利的時候，還應採取種種手段對員工的心理狀態、行為規範和行為方式等進行不斷的鞏固和強化。否則，稍遇挫折，便會反覆，使改革的成果無法鞏固。

4.5.2.2 組織變革的程序

組織變革的程序包括通過組織診斷，發現變革徵兆；分析變革因素，制定改革方案；選擇正確方案，實施變革計劃；評價變革效果，及時進行反饋。

（1）通過組織診斷，發現變革徵兆

組織變革的第一步就是要對現有的組織進行全面的診斷。這種診斷必須有針對性，要通過收集資料，對組織的職能系統、工作流程系統、決策系統以及內在關係等進行

全面的診斷。組織除了要從外部信息中發現對自己有利或不利的因素之外，更主要的是能夠從各種內在徵兆中找出導致組織或部門績效差的具體原因，並確立需要進行整改的具體部門和人員。

（2）分析變革因素，制定改革方案

組織診斷任務完成之後，就要對組織變革的具體因素進行分析，如職能設置是否合理、決策中的分權程度如何、員工參與改革的積極性怎樣、流程中的業務銜接是否緊密、各管理層級間或職能機構間的關係是否易於協調等。在此基礎上制定幾個可行的改革方案，以供選擇。

（3）選擇正確方案，實施變革計劃

制定改革方案的任務完成之後，組織需要選擇正確的實施方案，然后制定具體的改革計劃並貫徹實施。推進改革的方式有多種，組織在選擇具體方案時要充分考慮到改革的深度和難度、改革的影響程度、改革速度以及員工的可接受度和參與程度等，做到有計劃、有步驟、有控製地進行。當改革出現某些偏差時，要有備用的糾偏措施及時糾正。

（4）評價變革效果，及時進行反饋

組織變革是一個包括眾多複雜變量的轉換過程，再好的改革計劃也不能保證取得理想的效果。因此，變革結束之後，管理者必須對改革的結果進行總結和評價，及時反饋新信息。對於沒有取得理想效果的改革措施，應當予以必要的分析和評價，然後再做出取捨。

4.5.3 企業組織變革的模式

對於企業組織變革的必要性有這樣一種流行的認識：企業要麼實施變革，要麼就會滅亡。然而事實並非總是如此，有些企業進行了變革，反而加快了滅亡。這就關係到組織變革模式的選擇問題。這裡將比較兩種典型的組織變革模式：激進式變革和漸進式變革。

（1）激進式變革

激進式變革力求在短時間內對企業組織進行大幅度的全面調整，以求徹底打破初態組織模式，並迅速建立目的態組織模式。

激進式變革的關鍵是建立新的吸引因子，如新的經營目標、新的市場定位、新的激勵約束機制等。如果打破原有組織的穩定性之後，不能盡快建立新的吸引因子，那麼組織將陷於混亂甚至毀滅。管理者應當意識到變革只是手段，提高組織效能才是目的。如果為變革而變革，就會影響組織功能的正常發揮。

（2）漸進式變革

漸進式變革則是通過對組織進行小幅度的局部調整，力求通過一個漸進的過程，實現初態組織模式向目的態組織模式的轉變。也就是說，漸進式變革是通過局部的修補和調整來實現目的的。這種方式的變革對組織產生的震動較小，而且可以經常性地、局部地進行調整，直至達到目的態。這種變革方式的不利之處在於容易產生路徑依賴，導致企業組織長期不能擺脫舊機制的束縛。

（3）激進式變革和漸進式變革的比較

以上兩種模式是企業組織變革的典型模式，企業在實踐中應當加以綜合利用。激進式變革能夠以較快的速度達到目的態，因為這種變革模式對組織進行的調整是大幅度的、全面的，可謂超調量大，所以變革過程會較快；與此同時，超調量大會導致組織的平穩性差，嚴重時甚至會導致組織崩潰。這就是為什麼許多企業的組織變革反而加速了企業滅亡的原因。與之相反，漸進式變革依靠持續的、小幅度的變革來達到目的態，即超調量小，但次數多，變革持續的時間長，這樣有利於維持組織的穩定性。兩種模式各有利弊，也都有著豐富的實踐，企業應當根據組織的承受能力來選擇變革模式。例如，在內外部環境發生重大變化時，企業有必要採取激進式組織變革以適應環境的變化，但是激進式變革不宜過於頻繁，否則會影響企業組織的穩定性，甚至導致組織的毀滅；在兩次激進式變革之間，甚至在更長的時間裡，組織應當進行漸進式變革。

4.5.4 組織變革的幾種常用模式

4.5.4.1 庫爾特・盧因的三階段變革模型

組織變革模型中最具影響力的要數庫爾特・盧因（Kurt Lewin）變革模型。盧因（1951）提出了一個包含解凍、變革、再凍結等內容的有計劃的組織變革三階段模型，用以解釋和指導如何發動、管理和穩定變革過程。

（1）解凍。這一階段的焦點在於創設變革的動機。鼓勵員工改變原有的行為模式和工作態度，採取新的適應組織戰略發展的行為與態度。為了做到這一點，一方面，需要對舊的行為與態度加以否定；另一方面，要使組織中的領導和員工認識到變革的緊迫性。可以採用比較評估的辦法，把本單位的總體情況、經營指標和業績水平與其他優秀單位或競爭對手一一比較，找出差距和解凍的依據，幫助組織中的領導和員工「解凍」現有態度和行為，使他們迫切要求變革，願意接受新的工作模式。此外，應注意創造一種開放的氛圍和心理上的安全感，減少變革的心理障礙，提高變革成功的信心。

（2）變革。變革是一個學習過程，需要給組織中的領導和員工提供新的信息、新的行為模式和新的視角，指明變革方向，實施變革，進而形成新的行為和態度。在這一階段中，應該注意借助角色模範、導師指導、專家演講、群體培訓等多種途徑，為新的工作態度和行為樹立榜樣。盧因認為，變革是一個認知的過程，它通過獲得新的概念和信息來完成。

（3）再凍結。在再凍結階段，利用必要的強化手段使新的態度與行為固定下來，使組織變革處於穩定狀態。為了確保組織變革的穩定性，需要注意使組織中的領導和員工有機會嘗試和檢驗新的態度與行為，並及時給予正面的強化；同時，加強群體變革行為的穩定性，促使形成穩定持久的群體行為規範。

4.5.4.2 系統變革模型

系統變革模型能夠在更大的範圍內解釋組織變革過程中各種變量之間的相互聯繫

和相互影響關係。該模型包括輸入、變革元素和輸出三個部分。

（1）輸入。輸入部分包括內部的強項和弱項、外部的機會和威脅。其基本構架則是組織的使命、願景和相應的戰略規劃。使命表示企業組織存在的理由；願景是描述組織所追求的長遠目標；戰略規劃則是為企業實現長遠目標而制訂的計劃變革的行動方案。

（2）變革元素。變革元素包括目標、人員、社會因素、方法和組織體制等。這些元素相互制約，相互影響，組織需要根據戰略規劃，組合相應的變革元素，實現變革的目標。

（3）輸出。輸出部分包括變革的結果。根據組織戰略規劃，從組織、部門群體、個體三個層面，增強組織整體效能。

4.5.4.3 科特的組織變革模式

哈佛大學領導研究與變革管理專家約翰·科特（John P. Kotter）認為，組織變革失敗往往是由於高層管理部門犯了以下錯誤：沒有建立變革需求的緊迫感；沒有創設負責變革過程管理的有力指導小組；沒有確立指導變革過程的願景，並開展有效的溝通；沒有系統計劃，只注重短期利益；沒有對組織文化變革加以明確定位等。為此，科特提出了指導組織變革規範發展的八個步驟：建立緊迫感、創設指導小組、開發願景與戰略、溝通變革願景、實施授權行動、鞏固短期利益、推動組織變革、定位文化途徑等。科特的研究表明，成功的組織變革有70%~90%是由於領導取得的成效，還有10%~30%是由於管理部門的努力。

4.5.4.4 巴斯的觀點和本尼斯的模式

管理心理學家巴斯（Frank M. Bass）認為，僅按傳統方式以生產率或利潤等指標來評價組織是不夠的，組織效能必須反映組織對於成員的價值和組織對於社會的價值。他認為評價一個組織應該有三個方面的要求：①生產效益、所獲利潤和自我維持的程度；②對於組織成員有價值的程度；③組織及其成員對社會有價值的程度。

沃倫·本尼斯（Warren G. Bennis）則指出，有關組織效能的判斷標準應該是組織對變革的適應能力。當今組織面臨的主要挑戰是，能否對變化中的環境條件做出迅速反應和積極適應外界的競爭壓力。組織成功的關鍵是能夠在變革環境中適應和生存，而要做到這一點，必須有一種科學的精神和態度。由此可見，適應能力、問題分析能力和實踐檢驗能力，是反映組織效能的主要內容。在此基礎上，本尼斯提出了有效與健康組織的標準，即具備以下各種能力：

（1）環境適應能力。解決問題和靈活應對環境變化的能力。

（2）自我識別能力。組織真正瞭解自身的能力，包括組織性質、組織目標、組織成員對目標理解和擁護的程度、目標程序等。

（3）現實檢驗能力。準確覺察和解釋現實環境的能力，尤其是敏銳而正確地掌握與組織功能密切相關的因素的能力。

（4）協調整合能力。協調組織內各部門工作和解決部門衝突的能力，以及整合組織目標與個人需求的能力。

4.5.4.5 卡斯特的組織變革過程模式

弗里蒙特·卡斯特（Fremont E. Kast）提出了組織變革過程的六個步驟：
（1）審視狀態，即對組織內外環境狀態進行回顧、反省、評價、研究。
（2）覺察問題，即識別組織中存在的問題，確定組織變革的需要。
（3）辨明差距，即找出現狀與所希望狀態之間的差距，分析存在的問題。
（4）設計方法，即提出和評定多種備選方法，經過討論和績效測量，做出選擇。
（5）實行變革，即根據所選方法及行動方案，實施變革行動。
（6）反饋效果，即評價效果，實行反饋。若有問題，再次循環此過程。

4.5.4.6 施恩的適應循環模式

埃德加·施恩（Edgar Schein）認為組織變革是一個適應循環的過程，一般分為以下六個步驟：
（1）洞察內部環境及外部環境中產生的變化；
（2）向組織中有關部門提供有關變革的確切信息；
（3）根據輸入的情報資料改變組織內部的生產過程；
（4）減少或控制因變革而產生的負面影響；
（5）輸出變革形成的新產品及新成果等；
（6）經過反饋，進一步觀察外部環境狀態與內部環境的一致程度，評定變革的結果。

上述步驟和方法與卡斯特主張的步驟和方法比較相似，所不同的是，施恩比較重視管理信息的傳遞過程，並給出瞭解決每個步驟出現的困難的方法。

思考題

1. 簡述組織設計的內容和任務。
2. 分析說明各種組織結構形式的優缺點及其適用範圍。
3. 什麼是集權與分權，影響集權與分權的因素有哪些？
4. 影響管理幅度的因素有哪些？
5. 企業應該如何建設組織文化？

5 領導

5.1 領導概述

5.1.1 領導的內涵

從管理學意義上來講，領導的定義可概括為：領導是指管理者依靠其影響力，通過激勵、溝通、指揮等手段，帶領被領導者或追隨者，去實現組織目標的活動過程。其基本含義可以從以下幾個方面理解：

(1) 領導包含領導者和被領導者兩個方面。領導者是指能夠影響他人並擁有管理的職位權力、承擔領導職責、開展領導工作的人。領導者一定要有領導的對象，如果沒有被領導者，領導者將變成「光杆司令」，領導工作就失去了意義，領導職能也就不復存在。在領導過程中，下屬都甘願追隨領導者並接受領導者的指導。

(2) 領導是一種活動，是引導人們行為的過程，是領導者帶領、引導和鼓舞下屬去完成工作、實現目標的過程，是管理的一項重要職能。

(3) 領導的基礎是領導者的影響力。領導者擁有影響被領導者的能力或力量，它既包括由組織賦予的職位權力，也包括領導者個人所具有的影響力。一個領導者如果一味地行使職權而忽視社會和情緒因素的影響力，就會使被領導者產生逃避或抵觸行為。當一個領導者不能使下屬跟隨自己時，領導工作便是無效的。

(4) 領導施加影響力的方式或手段主要有激勵、溝通和指揮。

①激勵是指管理者通過各種形式作用於下屬來激發其動機、推動其行為的過程。激勵的具體形式包括能滿足人的需要，特別是心理需要的種種手段。激勵具有自覺自願性、間接性和作用持久性等特點。激勵是管理者調動下屬積極性、增強群體凝聚力的基本手段。

②溝通是指管理者為有效開展工作而交換信息、交流感情、協調關係的過程。具體形式式包括：信息的傳輸、交換與反饋，人際交往與關係融通，說服與促進態度(行為)的改變等。這是管理者保證管理系統有效運轉、提高整體管理效應的經常性手段。

③指揮是指管理者憑藉權力，直接命令或指導下屬行事的行為。指揮的形式有：部署、命令、指示、要求、指導、幫助等。指揮具有強制性、權威性、統一性等特點。指揮是管理者最經常使用的領導手段，其前提和條件是權力。

(5) 領導的目的是為了實現組織的目標。不能為了領導而領導，不能為了體現領

導的權威而領導。領導的根本目的在於影響下屬為實現組織的目標而努力。

5.1.2 領導的作用

從上述關於領導職能的定義中不難看出，領導的本質是一種影響力，這種影響力的作用主要表現為以下四個方面：

（1）指揮作用。有人將領導者比作樂隊指揮，一個樂隊指揮的作用是促使演奏家通過共同努力形成一種和諧的聲調和正確的節奏。由於樂隊指揮的才能不同，樂隊也會做出不同的反應。領導者不是站在群體的后面去推動群體中的人們，而是站在群體的前面去促使人們前進並鼓舞人們去實現目標。

（2）激勵作用。領導者為了使組織內的所有人都最大限度地發揮其才能，以實現組織的既定目標，就必須關心下屬，激勵和鼓舞下屬的鬥志，發掘、充實和加強人們積極進取的動力。

（3）協調作用。在組織實現其既定目標的過程中，人與人之間、部門與部門之間發生各種矛盾和衝突及在行動上出現偏離目標的情況是不可避免的。因此，領導者的任務之一就是協調各方面的關係和活動，保證各個方面都朝著既定的目標前進。

（4）溝通作用。領導者是組織的各級首腦和聯絡者，在信息傳遞方面發揮著重要作用，是信息的傳播者、監聽者、發言人和談判者，在管理的各層次中起到上情下達、下情上達的作用，以保證管理決策和管理活動的順利進行。

5.1.3 領導的類型

（1）按權力控製程度劃分

按權力控製程度劃分，可分為集權型領導、分權型領導和均權型領導。

集權型領導是指工作任務、方針、政策及方法，都由領導者決定，然後布置給下屬執行。

分權型領導是指領導者只決定目標、政策、任務的方向，對下屬在完成任務各個階段上的日常活動不加干預。領導者只問效果，不問過程與細節。

均權型領導是指領導者與工作人員的職責權限明確劃分。工作人員在職權範圍內有自主權。這種領導方式主張分工負責、分層負責，以提高工作效率，更好地達成目標。

（2）按領導重心所向劃分

按領導重心所向劃分，可以分為「以事為中心」的領導、「以人為中心」的領導、「人事並重式」的領導。

「以事為中心」的領導者認為，領導以工作為中心，強調工作效率，以最經濟的手段取得最大工作成果，以工作的數量與質量及達成目標的程度作為評價成績的指標。

「以人為中心」的領導者認為，只有下屬是愉快的、願意工作的，才會產生最高的效率、最好的效果。因此，領導者尊重下屬的人格，不濫施懲罰，注重積極的鼓勵和獎賞，注意發揮下屬的主動性和積極性，注意改善工作環境，注意給予下屬合理的物質待遇，從而保持其身心健康和精神愉快。

「人事並重式」的領導者認為，既要重視人，也要重視工作，兩者不可偏廢。既要充分發揮主觀能動性，也要改善工作的客觀條件，使下屬既有飽滿的工作熱情，又有主動負責的精神。領導者對工作要求嚴格，必須按時保質保量地完成工作，創造出最佳成果。

（3）按領導者的態度劃分

按領導者的態度劃分，可分為體諒型領導和嚴厲型領導。

體諒型領導對下屬十分體諒，關心其生活困難，注意建立互相依賴、互相支持的友好關係，注意讚賞下屬的工作成績，提高其工作水平。

嚴厲型領導對下屬要求十分嚴厲，重組織、輕個人，要求下屬犧牲個人利益服從組織利益，明確每個人的責任，執行嚴格的紀律，重視監督和考核。

（4）按決策權力大小劃分

按決策權力大小劃分，可分為專斷型領導、民主型領導和自由型領導。

專斷型領導是指領導者把決策權集於個人手中。這種領導方式是以行政權威推動工作，下屬無權參與決策，沒有自主權，完全處於被動的地位；重視行政手段，嚴格規章制度，缺乏靈活彈性。這種領導方式在決策錯誤或客觀條件變化以及貫徹執行發生困難時，容易發生不查明原因，即歸罪於下級的情況。同時，對下級獎懲一般缺乏客觀標準，只是按個人的好惡決定。

民主型領導是一種權力集中在集體，重大決策和政策均由集體成員參與討論決定，共同執行的領導方式。領導者同下屬互相尊重，彼此信任。領導者通過交談、會議等方式同下屬交流思想，商討決策，注意按職授權，注重使下屬能自主發揮應有的才能。獎懲按客觀標準，不以個人好惡行事。

自由型領導是一種自由放任、各行其是、各自為政的一種領導方式。這種領導方式是領導者對工作關心不多，任其自然，所以，又稱放任型領導方式。領導者有意分散領導權，給下屬以極大的自由度。

5.2　領導過程

5.2.1　領導過程的內涵

領導過程是由處於社會中心的關鍵力量即領導力量發揮作用、釋放能量、致使領導客體的遵從權力權威運作過程，是匯集並消耗大量領導資源、團結和發揮相關力量去完成群體或組織乃至整個社會的共同事業的社會過程和歷史過程。

從領導的本質看，領導過程就是占主導地位的社會系統（如階級或階層）的代表人為其所代表的一方服務並具有明確價值取向的特定活動。它事關領導活動或領導現象的性質、影響及后果，直接關係到大量領導資源開發利用的方向、成果和效率，更直接造成領導主體的功過毀譽和領導客體的福禍興衰。另外，從領導原理上看，領導過程是領導科學和領導藝術產生、存在和作用的現實活動過程，其中自然包含了許多

原理規律。因而，把握了領導過程，就是把握了活生生的領導科學、領導藝術以及其中的原理規律，也就等於掌握了關於領導成敗的理論鑰匙。

決策、用人、動員、指揮、組織、溝通、協調、團結、控製和反饋等就是領導過程的各個具體行為方面。因此可知，就是這些領導行為構成了具體的領導過程，亦即構成了領導，它們就是領導的真實內容和本來面目。其實，它們也就是領導職能系列中的運行性職能。在這一點上，運行性領導職能也就是構成領導過程的實際依據和具體因素，領導過程就是這些職能的動態表現，兩者根通脈連，本質上是同一事物的兩個方面。

綜上所述，領導過程就是領導者在開展活動中，在不同階段和不同環節，依據領導情境和目標的變化而採取一系列措施以實現有效領導的過程，是領導者確立計劃、制定決策、實施決策和實現目標的過程。

5.2.2 領導過程的特徵

領導過程具有以下三個方面的特徵：

（1）週期性

領導活動的順利開展和延續是一系列具體的領導過程累加的結果。某一次具體領導過程的結束並不意味著領導過程的結束，而只是完成了領導過程中的一個週期，接下去還有第二次、第三次、第四次等周而復始的具體的領導過程。可以說，只要有領導者存在，就會有領導活動的開展。同樣，只要有領導活動存在，就會有領導過程存在。在周而復始的過程之中，前後的領導過程之間是相互影響的，前面的領導過程能為之後的領導過程提供經驗或教訓，而后面的領導過程則可以在前面領導過程的基礎上，探索新方法、新思路，推進領導活動更好地開展。

（2）層級性

對處於不同層級的被領導者有與之相對應的不同級別的領導者對其實施領導。因此，領導過程具有層級性，並且處於不同層次的領導過程是有差別的。比如對於越靠近高層的被領導者，與之相對應的領導者級別越高，且在領導過程中涉及的工作越具有宏觀指導性；而越靠近基層的被領導者，與之相應的領導者級別相應要低，在領導過程中涉及的工作則越具有具體指導性。此外，對於不同層級的領導過程，對領導者的能力素質要求不同，領導過程中適用的具體方法也有所不同。

（3）系統性

領導過程是一個動態的系統性過程，在這個過程中領導者、被領導者、領導情境、領導方法等要素都至關重要，同時，這些因素之間有很大的關聯性，它們相互作用、相互聯繫、相互影響、密不可分。因此，要抓住領導過程的系統性規律，根據領導的規律建立科學的領導體系，以實現領導者與被領導者之間的協調，領導活動與領導情境之間的協調，從而共同推動領導目標的實現。在這個系統中，某一因素的變化會引起其他因素的變化，甚至可能延緩整個過程的進程。

5.2.3　領導過程的階段

（1）調查研究階段

組織的有效進行，有賴於領導制訂出明確的目標和正確的決策。為此，領導要做的首要工作就是調查研究、掌握情況，做到胸中有數。毛澤東早就說過：你對於那個問題不能解決嗎？那麼，你應當去調查那個問題的現狀和它的歷史吧！你完全調查明白了，你對那個問題就有瞭解決的辦法了。陳雲也指出：領導機關制訂政策，要用百分之九十以上的時間作調查研究工作。現代社會是信息社會，各種新情況、新問題、新矛盾層出不窮，不注意調查研究，就會在不斷發展著的新形勢面前茫然不知所措。只有堅持調查研究，並利用新技術、新手段及時地、大量地獲得各種信息，才能做出正確的決策。

（2）決策階段

通過調查研究，在瞭解大量信息的基礎上，領導應重點做好兩方面的工作。一是對所獲得的信息進行加工處理，即進行篩選，去粗取精，去偽存真，由此及彼，由表及裡，提高信息的質量。二是在對信息進行加工處理的基礎上，經過認真地思考，提取出對組織最有意義的信息，並以此確定組織的總目標並做出科學決策。確定目標、做出決策，是領導的最基本的職責，也是領導過程中的關鍵階段和中心環節。

（3）製作方案階段

決策做出以後，就要根據決策所規定的組織總目標和具體目標，制定實施方案。方案的制定是一個具體的、細緻的過程，必須考慮到實現組織目標中可能出現的問題和困難，在方案中對這些問題和困難應有所防範並有相應的對策。

制定方案的過程實際上也是方案的選擇過程。作為領導應充分發揚民主、廣開言路，讓組織成員提出各種不同方案，從中加以比較、分析，並最終選擇出最佳方案。

方案的選擇和形成過程，實際上也是進行可行性研究的過程。也就是說，對每個成員選擇的方案，要逐一進行可行性研究，從多方面探討每一種方案實現的可能性，分析每種方案實現過程中所需的各種主客觀條件，使最終選擇出來的方案是一種經濟的、可行的和科學的方案。

（4）施行方案階段

領導在制定方案以後，就要把方案付諸行動，從而使領導過程進入執行階段。領導為實施方案，在這個過程中，既有解釋方案的工作，又有思想教育工作。在實施方案過程中，領導還必須進行具體的、個別的指導，及時組織經驗交流；還要及時進行獎懲，使整個方案在實施過程中不會出現大的問題。

（5）檢查和總結階段

在方案的實施過程中，不僅要分階段、分部門地進行檢查，還要對單項工作進行檢查和總結。加強總結可以瞭解工作進行的情況，把握實施過程中的經驗，以便及時推廣，及時地解決在實施過程中碰到的問題，補充、完善實施方案並適當地修正組織目標等。

在實際的領導工作中，領導過程的階段性呈現出許多特殊性。但就一般的領導過

程來說，都必須經歷以上幾個階段。每個階段，互相聯結、環環緊扣，構成一個連續不斷的動態過程。領導者要做好領導工作，不僅要掌握領導過程的一般規律，更重要的是要確定在各項實際工作中具體過程的特殊規律。做到具體問題具體分析，用不同的領導方法去解決不同的問題。

5.3 領導方法

5.3.1 領導方法的含義和特徵

領導方法，就是領導者為達到一定的領導目的，按照領導活動的規律而採取的各種方式、辦法、手段、措施、步驟等的總和。因為領導工作是認識活動和實踐活動的統一，因此，簡單地說，領導方法就是領導者從事領導活動所運用的方式和手段。作為實現領導目標的手段和方法，領導方法有其自身的規定性，在領導實踐中，領導者對這些規定性的認識、把握和運用的能力和技巧會影響領導行為達到預期目標的程度。

（1）客觀性

領導方法的客觀性是領導方法的所有規定性之中最為首要的。因為客觀事物和方法自身的客觀性是不可改變的，但是領導活動中的主體卻是領導者，最終實現領導目標的程度取決於領導自身對待和運用領導方法的態度和技巧，因此領導方法的客觀性在領導實踐當中主要落實在領導者的主觀態度的客觀性方面。

（2）動態性

領導系統的不斷發展變化，會自然地影響領導者對領導方法的選擇和應變，即「隨時而變，因俗而動」，不斷適應變化了的新的時空條件下的領導系統。就是在同一個領導系統發展過程中的不同階段，也要及時採用不同的領導方法。這就是領導方法的動態性。

領導方法的動態性使領導活動協調和諧，最大限度地、最有效地實現領導目標。缺乏動態性的領導方法，會最終失去對環境的應變能力，導致領導活動的失效。當然，領導方法的動態性並不排斥它在某些方面、環節和特定歷史階段的相對穩定性。它要求領導者通過動態的領導方法來實現領導活動的穩步進行。領導者對這種動態性的把握以及運用的感悟能力體現了領導科學同個人魅力與風格融合之后的藝術性質。

（3）條件性

領導方法的條件性是指領導方法的產生與使用要受一定條件的影響和制約，如：領導者本身的特點，被領導者的狀況，客觀物質條件，環境因素等。一個知識內容豐富、知識結構合理、領導經驗廣博的領導者與一個知識貧乏、結構失衡、經驗不多的領導者，共同面對一個對象，使用相同的領導方法，其效果是大不一樣的。

領導方法的條件性，表明有些方法所作用的對象相似時，它們之間可以通用，或稍加改造而相互適用。這種條件性，要求領導者不能生搬硬套，要具體問題具體分析，靈活變通，綜合運用。

(4) 目的性

領導方法要為一定的領導目標服務,要達到一定的目的。這就是領導方法的目的性。領導方法的選擇取決於領導目的。具體表現為領導者使用某種領導方法的自覺性;很少有人不知所以然地使用某種方法。在相同的條件下,領導者選用這種而不是那種方法,表明領導方法的目的性通過人們使用它的自覺性體現出來。但是,要注意,領導方法一般都是綜合運用或幾種方法相互配合使用。因此,實現同一目標可以有多種方法,同一方法可以實現多種目標。這也說明不存在一種十全十美的萬能的領導方法。

(5) 時效性

如果用經濟學上的術語來說,這是指一種領導方法的邊際效益。新的方法的採用往往會在最初的實施過程中取得較大的成果,但是這種效果會隨著時間的推移呈下降的趨勢。例如在領導方法中,經常會採用獎酬激勵的方法來激發下屬人員的積極性。最初實施這種獎酬的時候,人們會產生一定的積極性,工作的熱情和業績也自然會提高。但是當這成為一種常規時,就逐漸失去了對人們的激勵作用。並且,在獎酬數量不斷增加的情況下,人們所提升的熱情和取得的工作業績與獎酬的提升呈反比。這就是說,領導方法往往存在時間上的「保鮮期」,因此「方法供給」在領導活動中也是一個至關重要的因素。

5.3.2 領導方法的重要性

方法是完成任務的手段。在任何工作的過程中,要完成一項任務,辦好一件事情,都必須採用一定的方法。毛澤東曾經用過河要有橋或船的生動形象的比喻,深刻說明了領導方法的極端重要性。他指出:「我們不但要提出任務,而且要解決完成任務的方法問題。我們的任務是過河,但是沒有橋或沒有船就不能過。不解決橋或船,過河就是句空話。不解決方法問題,任務也只是瞎說一頓。」無數實踐證實,凡屬正確領導,總是同運用正確的工作方法相聯繫。從一定意義上說,能不能實施正確有效的領導,取決於領導者有沒有運用正確的工作方法。

在領導工作中,領導者無不自覺或不自覺地運用這樣那樣的方法去解決問題,只不過有的領導方法好,有的不好,有的是科學的,有的是不科學的罷了。領導方法不同,其工作效果就不同。方法不對頭,事與願違;方法得當,事半功倍。

5.3.3 領導方法的基本原理

5.3.3.1 領導特性理論

特性理論是最古老的領導理論。管理學家長期地進行了對領導者特性的研究。他們關注領導者個人性格,並試圖確定能夠造就偉大管理者的共同特性。這實質上是對管理者素質進行的早期研究。

管理學家的研究主要集中在三個方面:第一,身體特徵,如領導者的身高、體重、體格健壯程度、容貌和儀表等;第二,個性特徵,如領導者的魅力、自信心和心理素質等;第三,才智特徵,如領導者的判斷力、語言表達才能和聰慧程度等。

儘管一些傑出的領導者的特性差異很大，很難確定幾條完全統一的公認特性，但到20世紀90年代，特性理論研究者還是提出了一些反映有效領導者特性的個性特點：

第一，努力進取。成功的領導者必須具有對成功的強烈欲望，勇於進取，奮鬥不息。

第二，領導動機。有強烈的權力欲望，在領導他人取得成功的過程中獲得滿足和自我激勵。

第三，正直。領導者必須胸懷正義，言行一致，誠實可信。

第四，自信。面對挑戰與困境，領導者都能充滿自信，並能堅定其下屬的信心。

第五，業務知識。高水平的領導必須有很高的業務素質。

第六，感知別人的需要與目標，並具備善於有針對性的調整自己領導方式的能力。

5.3.3.2 領導行為理論

領導行為理論認為，領導者最重要的方面不是領導者個人的性格特徵，而是領導者實際在做什麼。主要的理論有坦南鮑姆和施米特的領導行為連續統一體理論、利克特的四種管理模式、美國俄亥俄州立大學的研究人員的領導行為四分圖理論、布萊克和穆頓的管理方格理論、PM型領導行為理論（P、M分別是 Performance-Directed 與 Maintenance-Directed 的首寫字母，代表兩種典型的領導方式）等。下面主要介紹領導行為連續統一體理論和管理方格理論。

(1) 領導行為連續統一體理論

該理論是由坦南鮑姆和施米特提出來的。這一理論認為，領導方式是一個連續變量，從「獨裁式」的領導方式到極度民主化的「放任式」領導方式之間存在著多種領導方式，不能抽象地講某一種領導方式好而另一種不好。好與不好只是相對而言的，具體要取決於各種客觀的因素。這一理論從「獨裁式」的領導方式到極度民主化的「放任式」領導方式之間列舉出了七種有代表性的模式，分別是：經理做出決定並宣布；經理說服下級接受決定；經理提出計劃，但徵求意見；經理提出初步的決策方案，同下級交換意見；經理提出問題，徵求意見，然后做出決定；經理規定界限，請小組做決定；經理允許下級在上級規定的界限內行使職權。

上述這些模式不能簡單抽象地認準哪一種模式好或不好，而應根據具體情況來選用。

(2) 管理方格理論

該理論是由布萊克和穆頓提出來的。這一理論採用兩種因素的不同組合來表示領導者的行為。這兩種因素分別是對生產的關心程度和對人的關心程度。將這兩種因素用二維坐標來表示，橫坐標表示對生產的關心程度，縱坐標表示對人的關心程度，作圖后就形成了管理方格圖。這張方格圖有81種領導方式，其中最具代表性的有五種。具體見圖5.1。

①1.1型，放任式領導。這種領導方式對生產和人的關心程度都很小，領導僅僅扮演一個「信使」的角色，即把上級的信息單純地傳達給下級。

②9.1型，任務式領導。這種領導方式對生產和工作的完成情況很關心，但是很少

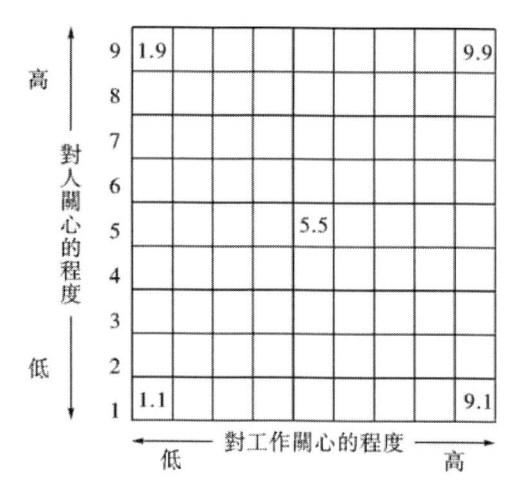

圖 5.1　管理方格理論

重視下屬的心理、情緒和發展狀況。

③1.9 型，關係式領導。這種領導方式只注重去創造一種良好的人際關係環境，讓組織中的每一個人都感到輕鬆、友好和快樂，很少去關心其工作和任務的完成情況及存在的問題。

④5.5 型，中庸式領導。這種領導方式對人和生產都有中等程度的關心，其目的是維持正常的生產效率和人際關係。

⑤9.9 型，集體式領導。這種領導方式無論對於人員還是生產都表現出最大可能的獻身精神，通過協調、綜合等活動來提高生產和組織士氣。布萊克和穆頓認為，只有這種領導才是真正的「集體的管理者」，他們能夠把企業的生產需要同個人的需要緊密地結合起來。

5.3.3.3　權變理論

權變理論又稱情景理論，是在特性理論與行為理論的基礎上發展起來的，反映了現代管理理論發展的重要趨勢。權變理論認為，世界上不存在一種普遍適用、唯一正確的領導方式，只有結合具體環境，採取因時、因地、因事、因人制宜的領導方式，才是有效的領導方式。有影響力的權變領導理論主要有：菲德勒的隨機制宜領導理論、羅伯特·豪斯的途徑—目標理論、阿吉利斯的不成熟—成熟理論、科曼的領導生命週期理論、赫塞和布蘭查德的情景領導理論。下面主要介紹菲德勒的隨機制宜領導理論。

菲德勒的隨機制宜領導理論認為各種領導方式都可能在一定環境內有效，這種環境是多種外部與內部因素的綜合作用的結果。

菲德勒將權變理論具體化為三個方面，即職位權力、任務結構和上下級關係。所謂職位權力是指領導者所處的職位具有的權力的大小，或者說領導的法定權、強制權、獎勵權的大小。權力越大，群體成員遵從指導的程度越高，領導的環境也就越好；反之，則越差。任務結構是指任務的明確程度和部下對這些任務的負責程度。如果這些任務越明確，而且部下責任心越強，則領導環境越好；反之，則越差。上下級關係是

指下屬樂於追隨的程度。如果下級對上級越尊重，並且樂於追隨，則上下級關係越好，領導環境也越好；反之，則越差。

菲德勒認為環境的好壞對領導的目標有重大影響。對低 LPC（Least-Preferred Co-Worker，最難共事者）型領導來說，比較重視工作任務的完成。如果環境很差，他將首先保證完成任務；當環境較好時，任務能夠完成，這時他的目標將是搞好人際關係。對於高 LPC 型領導來說，比較重視人際關係。如果環境較差時，他將把人際關係放在首位；如果環境較好時，人際關係也比較融洽，這時他將追求完成工作任務。

菲德勒模型認為，領導者的風格是不能改變的，一旦領導風格與情景發生衝突，可以採取的措施是：更換領導者或改變情景以適應領導者。

某一領導風格，不能簡單地區分優劣，因為在不同條件下都可能取得好的領導績效。換言之，在不同情況下，應採取不同的領導方式。

5.3.4　現代科學方法在領導方法中的運用

（1）系統論方法

系統論是研究系統的模式、原則和規律，並對其功能進行數學描述的一門科學。系統論方法是在唯物辯證法指導下，把領導工作看作由多個要素相互作用相互影響而組成的一個系統。領導者做工作要從整體出發，從整體與要素、要素與要素的相互聯繫、相互作用中系統地思考；要考慮系統內外各種相關因素的影響，系統內部結構、功能變化的規律與特點。系統論方法的基本原則是整體性原則、相關性原則、有序性原則和動態性原則。領導者要辯證地、靈活地將這些原則運用於領導工作之中，才能應對各種複雜局面，處理各種複雜問題。

（2）信息論方法

信息論是研究信息的本質並用數學方法研究信息的計量、傳遞、變換、儲存和利用的一門學科。信息論認為，信息是普遍存在的，是事物存在和表現的一種普遍形式。任何系統都處在自身及其與外界的信息交換中，沒有信息和能量的交換，系統就不能獲得發展。信息論方法，就是運用信息論的觀點，把系統看作借助於信息的獲取、傳遞、加工處理和反饋而實現其有目的運動的一種研究方法和工作方法。

信息論方法為做好領導工作提供了重要基礎和先進手段。一般來說，信息論方法包括如下幾個相互聯繫的環節：信息輸入、信息加工、信息輸出、信息反饋。領導者運用信息論方法時，要注意信息工作的基本要求，即敏銳、迅速、準確、及時、有用。同時，要建立並逐步完善信息工作系統，重視信息在領導工作中的地位，充分發揮其基礎作用。

（3）控製論方法

控製論方法，就是把人的行為、目的以及生理基礎即大腦與神經的活動同電子、機械運動聯繫起來，在信息和信息反饋原理的基礎上，解決控制與被控制的矛盾，使事物的發展按照事先規定的功能目標得以穩定地進行。控製論方法的主要依據是信息反饋原理，就是指由控制系統輸送出去的信息，作用於被控對象以後，將產生的結果再輸送回來，並對信息的再輸出發生影響。在領導工作中運用控製論方法，要求領導

者從領導對象發展的各種可能性中選擇某種狀態作為目標，並通過對領導對象施加主動的、積極的影響，使領導對象不斷克服偏離目標的運動，沿著既定的或更新的目標發展。

(4) 現代定量分析方法

由於客觀事物的運動和變化以及它們之間的相互關係反映為各種數量特徵與數量關係，所以要運用定量分析的方法，較為精確地研究事物內部結構和事物之間相互聯繫的複雜關係，給人們提供認識客觀事物的可靠數據，做到胸中有「數」。

在現代市場經濟條件下，由於社會生活和經濟活動比以往的時代更加發達、更加複雜，簡單的統計計量已不能滿足實際需要，所以許多新的精確化和非精確化定量分析方法不斷出現。例如：線性規劃、動態規劃、多目標規劃、對等論、排隊論、網路方法、決策模型、模擬決策方法、概率統計、抽樣調查等。

(5) 危機領導法

危機領導法就是領導者如何處理例外事件或突發事件的方法。

所謂突發事件，必須同時具備以下三個條件：一是突發性，即這一事件必須是突然發生、難以預料的；二是關鍵性，即這一事件包含的問題非常重要，關係組織的安危，必須及時處理；三是首發性，即這一事件必須是首次發生，無章可循。這三個條件缺一不可。美國著名經濟學和決策科學家西蒙把處理突發事件的實質體現為非程序化的決策。但是，正是這種無章可循的突發性事件，對領導者加強自己的權威基礎提供了具有挑戰性的機遇，而領導者處理突發性事件的方法也就被稱為危機領導法。

領導者如何化危機為安全，使危機成為重塑領導者和組織形象的積極力量呢？

第一，從領導者的心態上說，絕對不能逃避危機事件。領導者應該勇於面對突發事件，處變不驚，把突如其來的危機視為創造和展現形象的契機。這樣才有利於增強領導者處理突發事件和危機的自信心。

第二，領導者要準確判斷危機事件的影響程度，並找到危機的癥結所在。

第三，注重打破常規，勇於決策。首先採取應急措施控制組織內部以及外部民眾的心理。其次是付出一定代價以換取組織內外的支持。再次是將克服危機的積極措施通過各種渠道傳播，以重塑組織和領導者的積極形象。最後是切斷產生危機的根源，標本兼治。

(6) 運籌領導法

組織動員下屬去實施決策絕非易事，並非一聲令下就能奏效，更非領導者自己親臨現場、衝鋒陷陣、事必躬親就能解決問題。領導者需要全面系統地運籌，對涉及實施決策的種種複雜因素，如內外因素、現實因素、潛在因素、精神因素、物資因素等，即人、財、物、信息和時間等資源進行科學運籌，對內外部資源進行有效整合，讓每種資源都能相互作用，成為實現組織戰略目標的有效資源。

領導運籌的基本原理包括以下幾點：

第一是系統原理。領導運籌活動中的每一個對象，都不是孤立的，它既在自己系統之內，又與其他各系統發生聯繫。因此，為了實現目標，必須運用系統理論對領導活動進行系統分析。領導者的最大作用就是整合組織內外資源，使資源產生最佳效益。

對於領導運籌來說，必須堅持整體性的原則，而不能頭痛醫頭、腳痛醫腳，更不能拆東牆、補西牆。

第二是整分合原理。在決策實施過程中，最重要的是落實任務，把總任務變為幾十人、幾百人甚至成千上萬人的協同行動。這一從整體到部分，再到整體的過程，就是領導運籌中的整分合原理。這一原理要求領導者：一是對任務要有一個整體的瞭解，從整體上把握組織目標。二是對任務進行分解。領導者把總任務層層分解，變成各個部門、各個層次以及個人在不同階段的具體任務。三是進行強有力的組織管理。領導者將任務分解之後，必須進行強有力的組織管理，使各個環節同步協調，使人、財、物、時間、信息得到有效合理的利用。

第三是反饋原理。反饋就是由控製系統把信息輸出去，又把其作用和結果返送回來，並對信息的再輸出發生影響，起著控製的作用。有效的領導絕不是一個封閉的流程，而是一個從不間斷的信息交流過程，其中反饋控製是極為重要的。

第四是能級原理。能級原理要求領導者應根據每一個單元能量的大小使其處於恰當的地位，以此來保證結果的穩定性和有效性。現代領導的一個重要任務就是建立一個合理的能級。

首先，能級的確定必須保證領導結構具有最大的穩定性。最高層次是決策層，它確定組織系統的發展方向和大政方針；其次是管理層，它運用各種管理技術來實現組織決策目標；再次是執行層，它貫徹執行命令，直接調動組織的人、財、物、信息和時間等資源；最低層次是操作層，它從事操作以完成各項任務。任何組織內部都包含著這種能級化的等級結構。

其次，不同能級應有不同的權利、物質利益和精神榮譽。能級原理不僅將人或機構能級合理組織起來，而且還規定了不同能級的不同目標。下一能級的目標就是達到上一能級目標的手段，只有下一能級圓滿達到自己的目標，才能保證上一能級順利達到自身的目標，從而保證整體目標的實現。因此，上一能級對下一能級有一定的要求和一定的制約，而下一能級對上一能級也就負有一定的責任。簡言之，能級原理要求領導者在運籌過程中，要保證每個人能在其位、謀其政、行其權、盡其責、取其酬、獲其榮、懲其誤。

(7) 目標領導法

目標是領導活動的一個基本要素。確定目標是實施引導功能、推動組織發展的先決條件。能否確定正確的發展目標，實現組織發展的恰當定位，是考察領導者預測能力高低和分析能力強弱的重要指標。確定目標是領導活動的起點，它為決策的制定和實施提供了重要的依據。目標錯，勢必鑄成大錯，「目標定得好，領導工作就成功了一半」。

領導者如何實行目標領導法？

首先，要保持目標的導向功能。領導者要善於將「目標」貫穿到整個領導層次努力的方向，使組織目標與個人價值相結合，把個人理性和集體理性統一到組織目標之中，以保持最高目標的導向功能，這是目標領導法的核心。

其次，「縱向到底、橫向到邊」的目標分解。所謂「縱向到底」，就是從總目標開

始，一級一級從上向下，從組織總目標到次級組織目標，再到更次一級的組織目標，最后是組織成員個人要達到的目標。這一層層展開的過程，是以延伸到每一個人作為終點的。所謂「橫向到邊」，是指在目標的橫向分解中，每一個相關的職能部門都要相應地設立自己的目標，不能出現「盲區」和「失控點」。

　　使下屬接受組織目標並將其轉化為自己的目標是領導活動成功開展的關鍵。從目標領導法的角度看，領導者如何使組織目標轉化為下屬自己的目標呢？一是要讓下屬參與目標的制定。目標領導法的精髓就在於實現了組織目標與個人目標的完美結合，而其中最關鍵的一環就是請下屬參與目標的制定。因為在共同制定目標的過程中，領導者可以洞察到目標的確立應遵循的原則，有效防止領導者所提出的目標高高在上，「不合民意」或「有悖於民意」，不為下屬所認同。同時在下屬參與目標確定的過程中，正確的意見可得到闡述，偏執的意見也會得到修正，這實質是一種有效的教育、說服和動員下屬的過程。

思考題

1. 領導類型按風格不同可分為哪幾類？
2. 領導的作用主要有哪幾種？
3. 領導過程可分為哪幾個階段？
4. 領導方法有哪幾個特點？
5. 運用到領導方法中的現代科學方法主要有哪些？

6 激勵

6.1 激勵概述

6.1.1 激勵的內涵

6.1.1.1 激勵的定義

激勵是內心受到鼓舞的活動狀態。它有激發動機，推動並引導人們的行為，使其發揮內在潛力，朝著組織預定目標邁進的作用。通常認為，激勵的本質是激發動機。而動機是引起、維持並引導某種行為去實現一定目標的主觀原因。心理學家一般認為，人的一切行為都是由動機支配的，動機是由需要引起的，行為的方向是尋求目標、滿足需要。動機的根源是人內心的緊張感，這種緊張感是因人的一項或多項需求沒有得到滿足而引起的。動機驅使人們向滿足需求的目標前進，以消除或減輕內心的緊張感。

在組織中，管理者所做出的決策，最終要通過組織執行者來執行，管理者首先要讓執行者按照確定的工作目標去開展工作，還要保證在執行者選擇了正確的工作目標以後，以一個積極的態度去開展工作。我們都知道，一個人全身心地對待一項工作的效率，和以消極怠工的態度對待工作所取得的效率的差異是巨大的。這就是激勵要解決的基本問題。

激勵過程就是一個由需要開始，到需要得到滿足為止的連鎖反應。當人產生需要而未得到滿足時，會產生一種緊張不安的心理狀態，在遇到能夠滿足需要的目標時，這種緊張不安的心理就轉化為動機，並在動機的驅動下向目標努力。目標達到後，需要得到滿足，緊張不安的心理狀態就會消除。隨後，又會產生新的需要，引起新的動機和行為。這就是激勵的過程。可見，激勵實質上是以未滿足的需要為基礎，利用各種目標激發產生動機，驅使和誘導行為，促使實現目標、滿足需要的連續心理和行為過程。

人們滿足需要的目標，並非每次都能實現。在需要沒有得到滿足、目標沒有實現的情況下，人會產生挫折感。所謂挫折，是指人們在通向目標的道路上所遇到的障礙。對挫折的反應是因人而異的。根據心理學家的研究，當一個人遇到挫折時，他可能會採取一種積極適應的態度，也可能會採取一種消極防範的態度。一般來講，最常見的防範態度有：撤退、攻擊、取代、補償、抑制、退化、投射、文飾、反向、表同、固執等。總之，人們在遇到挫折時，心理上和生理上的緊張狀態是不能持續下去的，自身會採取某種防範措施，以緩解或減輕這種緊張狀態。激勵在一定程度上，就是要鼓

勵他人走出挫折，產生一種正向推動，改變人的消極情緒，調整他人的心理狀況，激發其積極性。

組織中的每一個人都需要自我激勵，同時也需要得到來自同事、組織方面的激勵。激勵可以表現為將外界施加的吸引力和推動力激發成自身的推動力，使組織目標變為個人目標，從而產生一種自動力，由消極的「要我做」轉化成積極的「我要做」。

6.1.1.2 激勵的類型

激勵的類型是指對不同激勵方式的分類，從激勵內容的角度可以將激勵分為物質激勵和精神激勵，從激勵作用的角度可分為正向激勵和負向激勵，從激勵對象的角度可分為他人激勵和自我激勵，從激勵產生的原因的角度可以分為外附激勵和內滋激勵。

（1）物質激勵和精神激勵

物質激勵和精神激勵有不同的內涵，可以滿足人們不同的需要及不同人的需要，如獎金可以滿足人們的物質需要，但不能滿足人們的榮譽感，而職位晉升可以滿足人們的成就感，但不能滿足人們的物質需要。

（2）正向激勵和負向激勵

正向激勵是一種通過強化積極意義的動機而進行的激勵，負向激勵是通過採取措施抑制或改變某種動機。負向激勵也是一種激勵，是通過影響人們的動機來影響人們的行為，使人們從想做某種事轉變為不想做某種事。

（3）他人激勵和自我激勵

他人激勵是調整他人動機。自我激勵是對自己進行激勵，是調整自己的動機。自我激勵也應從需要、目標著手，通過分析自己的需要，選擇合理的目標並實現這些目標。

在大多數激勵過程中，被激勵者是受到外在力量控製的，即必須接受他人的控製或鼓勵。很顯然，在這樣的情況下，要使受激勵者能產生持續的積極性，就應該不斷地施加激勵舉措。然而，這種靠不斷激勵而產生的積極性，與更高的目標和實現目標的自覺性相比較，無疑會有它的局限性。實際上，真正的動力絕不是來自外力，而是依靠自身，即自我激勵。因為，「人是不可能真正地被其他人激勵的」，人的行為是由他們自己控製的，「他們需要在能使他們自我激勵、自我評價和自信的環境中工作，而不是外界的激勵」。

（4）外附激勵和內滋激勵

美國管理學家道格拉斯·麥克雷戈把激勵分為外附激勵和內滋激勵兩類。外附激勵是指掌握在管理者手中，由經理運用，對被激勵者來說是外附的一種激勵。以下幾種外附激勵的方式是行之有效的：①贊許。這是一種常用的激勵方式，當面稱贊、當眾誇獎、通報表揚等都屬於贊許，即客觀上對受贊許者的行為給予肯定，因而有強化其動機的作用。②獎賞。獎賞也是一種贊許和鼓勵，但它的激勵作用要大得多。獎賞既可以是物質的，也可以是精神的，還可以物質獎賞和精神獎賞同時並用。③競賽。一般人都有好勝的心理，特別是有高度成就感的人，其好勝的心理更為強烈。因此，競賽有激勵上進的作用。但必須注意競賽要事先公布評比的標準，使大家明白爭奪的

目標以及勝敗的后果，標準要具有可比性，競賽的結果要公布，許諾的獎勵要兌現。
④考試。對職工的錄用、選拔、晉升等採用考試的辦法，有較好的激勵作用，而且可以在一定程度上避免拉關係、走后門的弊端；評定職稱、學位、職銜以及其他技術職稱的授予，已經成為一種國際現象，相當多的人正在為之奮鬥。如果引導得法，評定合理，可以產生重要的激勵作用。

內滋激勵，是指被激勵對象自身產生的發自內心的一種激勵力量，包括學習新知識和技能、責任感、光榮感、成就感等。內滋激勵有助於員工「開發自己」，使自己始終保持「一種良好的舞臺激情」。主要表現在以下兩個方面：認同感，一個人對組織目標有了認同感以後，就會產生一種肯定性的感情和積極態度，從而迸發出一種為實現組織目標而奮鬥的驅動力。義務感，這是人們的一種內在要求。人們往往把自己願意承擔的種種義務，看成是「應該做的」，因此義務感就能對自己的行為產生一種自覺的精神力量。

6.1.2 激勵的作用

激勵作為一種內在的心理活動過程或狀態，雖不具有可以直接觀察的外部形態，但可以通過行為的表現及效果對激勵的程度加以推斷和測定。人們的行為表現和行為效果很大程度上取決於他們所受到的激勵程度，激勵程度越高，人們的行為表現越積極，行為效果也就越大。

現代管理高度重視激勵問題。一個管理者如果不懂得激勵員工，是無法勝任其工作的。激勵在組織管理中具有十分重要的作用。

（1）有利於激發和調動職工的積極性。

激勵的核心在於調動人的積極性。積極性是職工在工作時一種能動的、自覺的心理和行為狀態。這種狀態可以促使職工的能力得到充分發揮，並產生積極主動的行為，如提高勞動效率、超額完成任務、良好的服務態度等。

（2）有助於將職工的個人目標與組織目標統一起來，提高其工作的主動性、自覺性和創造性。

動機能使個體的行為指向某一目標，是人的行為的驅動力，個人目標及個人利益是職工行為的基本動力。它們與組織的目標有時是一致的，有時是不一致的。當二者發生背離時，個人目標往往會干擾組織目標的實現。激勵的功能就以個人利益和個人需要的滿足為前提，引導職工把個人目標統一於組織的整體目標，提高其主人翁意識，激發和推動職工為完成組織目標做出貢獻，從而促使個人目標與組織整體目標的共同實現，使成員的自覺性及主動性、創造性得到充分發揮。

（3）有助於增強組織的凝聚力，促進內部各組成部分的協調統一。

任何組織內部都有各種個體、工作群體及非正式群體存在。為保證組織整體能夠有效、協調地運轉，除了必需的良好的組織結構和嚴格的規章制度外，還要通過運用激勵的方法，分別滿足他們的物質、精神等多方面的理性需要，以鼓舞員工士氣、協調人際關係，進而增強組織的凝聚力和向心力，促進各部門、各單位之間的密切協作。

(4) 有助於開發人力資源潛力。

受到激勵的人力資源團隊，會充分發揮其潛在才能，不斷提高其工作效率，創造新的工作業績。從心理學的角度講，一個人的潛力是巨大的。美國哈佛大學的心理學家威廉‧詹姆士在對職工的研究中發現，按時計酬的職工其能力僅能發揮 20%–30%；而受到激勵的職工，由於思想和情緒處於高度激發狀態，其能力可發揮 80%–90%。這 50%–60% 的差異是激勵產生的。也就是說，同樣一個人在通過充分激勵後所發揮的作用相當於激勵前的三四倍。

6.2　激勵理論

自 20 世紀二三十年代以來，國外許多管理學家、心理學家和社會學家從不同的角度對怎樣激勵人的問題進行了研究，並提出了相應的激勵理論。通常我們把這些理論分為三大類，即內容型激勵理論、過程型激勵理論和行為改造型激勵理論。

6.2.1　內容型激勵理論

動機是推動人的行為的原因。內容型激勵理論著重研究需要的內容、結構及如何推動人們行為的理論。它是激勵的起點和基礎，研究從需要開始，通過滿足需要進行激勵，其中有代表性的理論有：需要層次理論、雙因素層次理論和成就需求激勵理論等。

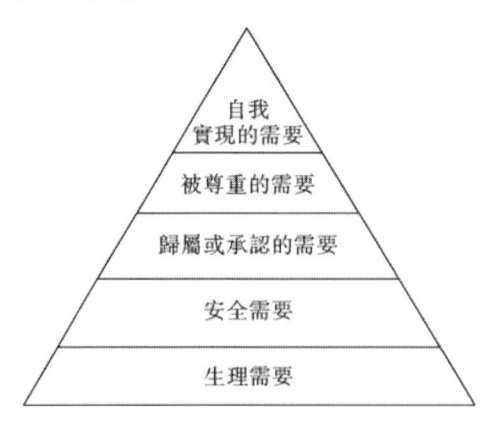

6.2.1.1　需要層次理論

需要層次理論是美國著名心理學家和行為學家亞伯拉罕‧馬斯洛提出來的。他認為，人是有需要的「動物」，需要是激勵人們工作的因素。馬斯洛把人類的需要歸為五大類。這些需要之間相互緊密聯繫。需要層次理論按照需要的重要性及其先後順序排列成需要層次圖，如圖 6.1 所示。

圖 6.1　需要層次理論

從圖中可以看出：馬斯洛把人的需要從低至高劃分為五個層次，即：生理需要、安全需要、歸屬或承認的需要、被尊重的需要和自我實現需要。

第一層次的需要是生理需要。這是維持人類自身生命的基本需要，如食物、水、衣著、居住和睡眠等。馬斯洛認為，在這些需要還沒有達到維持生命之前，其他的需要都不能讓人受到激勵。

第二層次的需要是安全的需要。這是有關人類避免危險、減少侵害的需要。如生活要得到基本安全保障，避免人身傷害，有秩序的環境和相對穩定的職業，不會失業，生病和年老時有保障等。

第三層次的需要是歸屬或承認的需要，又叫社交需要。當生理及安全需要得到一定程度的滿足後，歸屬或承認方面的需要便開始占據主要地位。因為人是有感情、有社會活動的動物，願意與別人交往，希望與同事保持良好的關係，希望得到別人的友愛，以使自己在感情上有所寄託和歸屬。總之，人們希望歸屬於一個團隊以得到關心、愛護、支持、友誼和忠誠，並為達到這個目的而積極努力。雖然友愛和歸屬的需要比前兩種需要更難滿足，但對大多數人來說，這是一種更為強烈的需要。

第四層次的需要是被尊重的需要。根據馬斯洛的理論，人們一旦滿足了歸屬的需要，就會產生新的需要，即自尊和受到別人的尊重。自尊意味著「在現實環境中希望有實力、有成就、能勝任和有信心，以及要求獨立和自由」；受人尊重是指「要求有名譽或威望，並把它看成別人對自己的承認、賞識、關心、重視或高度評價」。一般情況下，被尊重的需要的滿足會使人產生一種自信，覺得自己在這個世界上有價值、有實力、有能力。而這些需要得不到滿足，就會使人產生自卑感、軟弱感、無能感。

第五層次的需要是自我實現的需要。馬斯洛認為，在他的需要層次理論中，這是最高層次的需要。它具體指一個人需要從事自己最適宜的工作，發揮最大的潛力，成就自己所希望實現的目標等。它是一個人的人生信念及價值觀的充分表達，是想做一些有益於社會的事情的一種需要。如科學家、藝術家等往往把自己的工作當作是一種創造性的勞動，竭盡全力去做好它，為社會做出貢獻，並從中體現個人價值。

馬斯洛認為，一般的人都是按照這個層次從低級到高級，一層一層地去追求並使自己的需要得到滿足的。不同層次的需要不可能在同一層次內同時發揮激勵作用，在某一特定的時期內，總有某一層次的需要在起著主導的激勵作用。處於第一層級需要的人們，基本的吃、穿、住是激勵他們的最主要的因素。這一層次的需要得到滿足後，它就不再是人們工作的主要動力和激勵因素，人們就會追求更高一層次的需要。這時，如果管理者能根據各自的需要層次，善於抓住有利時機，用人們正在追求的那級層次的需要來激勵他們，將會取得極好的激勵效果。

6.2.1.2　雙因素理論

激勵因素—保健因素理論是美國的行為科學家弗雷德里克·赫茨伯格提出來的，又稱雙因素理論。赫茨伯格曾獲得紐約市立學院的學士學位和匹茲堡大學的博士學位，在美國和其他30多個國家從事管理教育和管理諮詢工作，是猶他大學的特級管理教授。他的主要著作有：《工作的激勵因素》（1959，與伯納德·莫斯納、巴巴拉·斯奈

德曼合著)、《工作與人性》(1966)、《管理的選擇:是更有效還是更有人性》(1976)。雙因素理論是他最主要的成就,在工作豐富化方面,他也進行了開創性的研究。

20世紀50年代末期,赫茨伯格和他的助手們在美國匹茲堡地區對200名工程師、會計師進行了調查訪問。訪問主要圍繞兩個問題:在工作中,哪些事項是讓他們感到滿意的,並估計這種積極情緒持續多長時間;又有哪些事項是讓他們感到不滿意的,並估計這種消極情緒持續多長時間。赫茨伯格以對這些問題的回答為材料,著手去研究哪些事情使人們在工作中感到快樂和滿足,哪些事情造成不愉快和不滿足。通過調查發現,對本組織的政策、管理、監督系統、人際關係、薪金、地位和職業安定以及個人生活所需等,如果得不到基本的滿足會導致人們的不滿,如果得到滿足則沒有不滿。赫茨伯格把這類和工作環境或工作條件相關的因素,或者說與人的不滿情緒相關的因素稱為保健因素。而將與工作愉快、成就、賞識、艱鉅的工作以及工作內容緊密相連的因素,或者說與人們的滿意情緒有關的因素稱為激勵因素。赫茨伯格認為,保健因素不能直接起到激勵人的作用,但能防止人們產生不滿情緒。作為管理者,首先必須確保滿足職工保健因素方面的需要。要給職工提供適當的工資和安全保障,要改善他們的工作環境和條件;對職工的監督要能為他們所接受,否則,就會引起職工的不滿。但是,即使滿足了上述條件,也不能產生激勵效果,因此,管理者必須充分利用激勵方面的因素,為職工創造工作條件和機會,豐富其工作內容,增強職工的責任心,使其在工作中取得成就,得到上級的賞識,這樣才能促使其不斷進步和發展。

保健因素的滿足對職工產生的效果類似於衛生保健對身體健康所起的作用。保健能消除有害於健康的事物,它不能直接提高健康水平,但有預防疾病的效果;它不是治療性的,而是預防性的。保健因素包括公司政策、管理措施、人際關係、物質工作條件、工資、福利等。當這些因素惡化到人們可以接受的水平以下時,就會使人們產生對工作的不滿意。但是,當人們認為這些因素很好時,它只是消除了不滿意,並不會導致積極的態度,這就形成了某種既不是滿意、又不是不滿意的中性狀態。

那些能帶來積極態度、滿意和激勵作用的因素就叫作激勵因素,這是那些能滿足個人自我實現需要的因素,包括:成就、賞識、挑戰性的工作、增加的工作責任以及成長和發展的機會。如果這些因素具備了,就能對人們產生更大的激勵。從這個意義出發,赫茨伯格認為傳統的激勵假設,如工資刺激、人際關係的改善、提供良好的工作條件等,都不會產生更大的激勵;它們能消除不滿意,防止產生問題。這些傳統的激勵因素即使達到最佳程度,也不會產生積極的激勵。按照赫茨伯格的意見,管理當局應該認識到保健因素是必需的,不過它達到一定的程度后,就不能產生更積極的效果。只有激勵因素才能使人們有更好的工作成績。

赫茨伯格及其同事以後又對各種專業性和非專業性的工業組織進行了多次調查,他們發現,由於調查對象和條件的不同,各種因素的歸屬有些差別,但總的來看,激勵因素基本上都是屬於工作本身或工作內容的,保健因素基本都是屬於工作環境和工作關係的。但是,赫茨伯格注意到,激勵因素和保健因素有若干重疊現象,如賞識屬於激勵因素,基本上能起到積極作用;但當沒有受到賞識時,又可能起到消極作用,這時又表現為保健因素。工資是保健因素,但有時也能產生激勵職工的結果。

赫茨伯格的雙因素理論同馬斯洛的需要層次論有相似之處。他提出的保健因素相當於馬斯洛提出的生理需要、安全需要、歸屬或承認需要等較低級的需要；激勵因素則相當於受人尊敬的需要、自我實現的需要等較高級的需要。當然，他們的具體分析和解釋是不同的。但是，這兩種理論都沒有把「個人需要的滿足」同「組織目標的達到」這兩點聯繫起來。

有些西方行為科學家對赫茨伯格的雙因素理論的正確性表示懷疑。有人做了許多試驗，也未能證實這個理論。赫茨伯格及其同事所做的試驗，被有的行為科學家批評為是他們所採用方法本身的產物：人們總是把好的結果歸結於自己的努力而把不好的結果歸罪於客觀條件或他人身上，問卷沒有考慮這種一般的心理狀態。另外，被調查對象的代表性也被質疑，事實上，不同職業和不同階層的人，對激勵因素和保健因素的反應是各不相同的。實踐還證明，高度的工作滿足不一定就產生高度的激勵。許多行為科學家認為，不論是有關工作環境的因素還是有關工作內容的因素，都可能產生激勵作用，而不僅是使職工感到滿足，這取決於環境和職工心理方面的許多條件。

但是，雙因素理論促使企業管理人員注意工作內容方面的因素的重要性，特別是它們同工作豐富化和工作滿足的關係，因此是有積極意義的。赫茨伯格告訴我們，滿足各種需要所引起的激勵深度和效果是不一樣的。物質需求的滿足是必要的，沒有它會導致不滿，但是即使獲得滿足，它的作用往往是很有限的、不能持久的。要調動人的積極性，不僅要注意物質利益和工作條件等外部因素，更重要的是要注意工作的安排，量才錄用，各得其所，注意對人進行精神鼓勵，給予表揚和認可，注意給人以成長、發展、晉升的機會。隨著溫飽問題的解決，這種內在激勵的重要性越來越明顯。

6.2.1.3 成就需要激勵理論

自 20 世紀 50 年代以來，美國哈佛大學心理學家戴維·麥克利蘭對成就需要這一因素做了大量的調查研究，提出了「成就需要激勵理論」。它主要研究生理需要得到基本滿足以後，人還有哪些需要。麥克利蘭認為，人們在生理需要得到滿足以後，還有三種基本的激勵需要，即：

（1）對權力的需要。這是影響或控制他人且不受他人控制的欲望。具有較高權力欲望的人對施加影響和控製表現出極大的關心。這樣的人一般尋求領導者的地位，健談、好爭辯、直率、頭腦冷靜、善於提出要求、喜歡演講、愛教訓人。

（2）對社交的需要。這是建立友好親密的人際關係的願望。喜歡社交的人能從人際交往中得到快樂和滿足。作為個人，他往往喜歡保持一種融洽的社會關係，享受親密無間和相互諒解的樂趣，隨時準備安慰和幫助困難中的夥伴，並喜歡與他人保持友善的關係。

（3）對成就的需要。這是達到標準、爭取成功的願望。有成就需要的人對工作的勝任和成功有強烈的要求。他們樂於接受挑戰，往往為自己樹立有一定難度但又不是高不可攀的目標。對風險有準備，不怕承擔責任。對正在進行的工作情況，希望得到明確而又迅速的反饋。他們一般喜歡表現自己。

麥克利蘭的研究表明，對主管人員來說，成就需要比較強烈。因此，這一理論常

常應用於對主管人員的激勵。同時，成就需要可以通過培養來提高。他指出，一個組織的成敗，與其所具有高成就需要的人的數量有一定關係。

6.2.2 過程型激勵理論

過程型激勵理論著重研究人們選擇其所要進行的行為的過程。即研究人們的行為是怎樣產生的，是怎樣向一定方向發展的，如何能使這個行為保持下去，以及怎樣結束這個行為。它主要包括弗魯姆的期望理論和亞當斯的公平理論。

6.2.2.1 期望理論

期望理論是美國心理學家弗魯姆於1964年在《工作與激勵》一書中提出來的。它是通過考察人們的努力行為與其所獲得的最終獎酬之間的因果關係，來說明激勵過程的。這種理論認為，當人們有需要，又有實現目標的可能時，其積極性才會高。即員工工作的積極性取決於個體對完成工作任務及接受預期獎賞的能力的期望。

期望理論認為：激勵水平（激勵 M）取決於期望值（E）和效價（V）的乘積。即：

$$M = EV$$

激勵水平的高低，表明動機的強烈程度、被激發的工作動機的大小，也就是為達到高績效而努力的程度。

期望值是指職工對自己的行為能否取得想得到的績效和目標（獎酬）的主觀概率，即主觀上估計達到目標、得到獎酬的可能性。

效價是指職工對某一目標（獎酬）的重視程度與評價高低，即職工在主觀上，認為這獎酬的價值大小。

這個公式的直觀解釋是：當一個人面對一項具體工作時，其工作積極性與他對工作可能給他帶來的回報的重視程度及他對完成任務的可能性的估計成正比。效價越高，期望值越大，激勵水平也就越高。如果一個人對達到某一目標漠不關心，那麼效價是零。而當一個人不想要達到這一目標時，那麼效價為負，激勵水平當然為零或負值。同樣，期望值如果為零或負值時，一個人也就無任何動力去達到某一目標。組織中員工對待工作的態度顯然與努力實現目標的可能性、達到工作績效獲得獎賞的可能性及獎賞對員工的重要性有聯繫。因此，為了激勵員工，管理者應當一方面提高職工對某一成果的偏好程度，另一方面幫助職工實現其期望值。

6.2.2.2 公平理論

公平理論是美國心理學家亞當斯在1965年首先提出來的，又稱社會比較理論。亞當斯認為，激勵中的一個重要因素是個人認為報酬是否公平。一個人對所得到的報酬是否滿意是通過公平理論來說明的。生活中個人總是主觀地將自己的投入（包括諸如努力、經濟、教育等許多因素）同別人的相比，看自己的報酬是否公平或公正。公平理論可用公式來說明：

$$\frac{個人所得的報酬}{個人的貢獻} = \frac{（作為比較的）另一個人所得的報酬}{（作為比較的）另一個人的貢獻}$$

在一個組織裡，大多數人往往喜歡與他人進行比較，並對公平與否做出判斷。從某種意義上說，工作動機激發的過程，實際上就是人與人之間進行比較、判斷並據以指導行動的過程。如果人們覺得自己所獲得的報酬不公平，就可能產生不滿，降低工作的積極性，或者離開這個組織；如果人們覺得報酬是公平的，他們可能繼續保持同樣的工作積極性；如果人們認為個人的報酬比別人的報酬要大，他們可能更加努力地工作。值得指出的是，職工的某些不公平感可以忍耐一時，但是時間長了，一樁明顯的小事也會引起強烈的反應。

公平理論的不足之處在於員工本身對公平的判斷是極其主觀的，這種行為對管理者施加了比較大的壓力。因為人們總是傾向於過高估計自我的付出，而過低估計自己所得到的報酬，對他人的估計則剛好相反。因此管理者在應用此理論時，應當注意實際工作績效與報酬之間的合理性，並注意對組織的知識吸收和累積有特別貢獻的個別員工的心理平衡。

6.2.3 強化激勵理論

強化理論是由美國心理學家斯金納首先提出來的。該理論認為，人的行為因外部環境的刺激而調節，也因外部環境的刺激而控制，改變外界刺激就能改變行為。所謂強化是指通過不斷改變環境的刺激因素來達到增強、減弱或消除某種行為的過程。人類的行為可以用過去的經驗來解釋，人們會通過對過去行為和行為結果的學習，來影響將來的行為。人們會憑藉以往的經驗來「趨利避害」，這就是強化。

6.2.3.1 強化行為的種類

（1）積極強化（正強化）。在積極行為發生後，管理者立即用物質上或精神上的鼓勵來肯定這種行為。在這種刺激作用下，個體感到對自己很有利，從而增加行為反應的頻率，這叫積極強化。通常積極強化的措施有表揚、讚賞、增加工資、獎金及獎品，分配有意義的工作等。

（2）懲罰。當員工出現那些不符合組織目標的行為時，採取懲罰的辦法，可以迫使這些行為少發生或不再發生。與正強化鼓勵所希望的行為更多地出現並維持下去不同，懲罰是力圖使所不希望的行為逐漸削減，甚至完全消失。懲罰的手段包括經濟方面的，如減薪、扣獎金或處以罰款，以及非經濟方面的，如批評、處分、降級、撤職或免除其他可能得到的好處等。根據所發生行為的性質及嚴重程度不同，懲罰可以間隔地或者連續地進行。連續性懲罰是每次發生不希望的行為時都及時給予懲罰處理，這樣可以消除人們的僥幸心理，減少直至完全消除這種行為重複出現的可能性。

（3）消極強化（負強化），又稱逃避性學習。對那些不符合組織目標的行為進行懲罰，以使這些行為被避免、削弱甚至消失。消極強化的措施可以是扣發獎金、批評、開除等。一個特定的能夠避免產生個人所不希望的結果的強化，叫作消極強化。在消極行為發生以後，管理者採取適當的懲罰措施，以減少或消除這種行為，就叫作懲罰。當某種管理者不希望看到的行為發生後，管理者視而不見，聽而不聞，既不進行積極強化，也不給當事者以懲罰。那麼，職工可能會感到自己的行為得不到承認，慢慢地

這個行為也就消失了。

（4）忽視，也就是自然消退。就是對原先可接受的某種行為強化的撤銷，由於在一段時間內不再予以強化，行為就會必然下降並逐漸消退，因此在管理上就是對已出現的行為「冷處理」，達到「無為而治」的效果。

6.2.3.2 強化理論的原則

強化理論討論環境與行為的關係，因此有以下原則應用於管理實踐中：

（1）經過強化的行為趨向於重複發生。強化就是通過肯定或稱贊某種行為的后果，使某種行為在將來重複發生的可能性增加的一種行為方式。例如，當某種行為的后果受人稱贊時，受稱贊的人就會重複這種行為。

（2）應該依照強化對象的不同而採取不同的強化措施。人們的年齡、性別、職業、學歷、經歷不同，需要就不同，強化方式也應該不一樣。比如，有的人重視物質獎勵，有的人重視精神獎勵，因此，在管理實踐中應區分情況，採用不同的強化措施。

（3）分階段設立目標，並對目標予以明確規定和表述。按照強化理論，對人的激勵首先要設立一個明確的、鼓舞人心而又切實可行的目標，只有目標明確而具體時，才能進行衡量並採取適當的強化措施。同時還要將目標進行分解，分成許多小目標，對完成的每個小目標都及時給予強化，這樣不僅有利於目標的實現，而且通過不斷地激勵還可以增強其信心。

（4）及時反饋。所謂及時反饋，就是通過某種形式和途徑，及時將工作結果告訴員工。要取得好的激勵效果就應該在行為發生以後盡快採取適當的強化措施。當員工進行某種行為以後，即使是管理者簡單地給予了諸如「已注意到你們的這種行為」的反饋，都能起到正強化的作用；如果管理者對這種行為不予注意，這種行為重複發生的可能性就會減少以至消失。

（5）正面強化比負面強化更有效。所謂正面強化，主要是指結果讓員工感到滿意的強化方式，包括正強化、負強化，而負面強化主要是指結果讓員工感到不滿意的強化方式，包括懲罰和忽視。在強化手段的運用上，應以正面強化為主，必要時也要對不好的行為給予懲罰，做到獎懲結合，但要注意使用負強化的條件。長期採用懲罰等負面強化方式來管理員工會造成員工的冷漠。

6.2.3.3 對強化理論的評價

強化理論的應用非常廣泛，它為管理實踐提供了切實有效的管理手段，受到了管理者的普遍好評，但還是有以下一些批評意見：

（1）依據強化理論，管理者應該很清楚他們能有什麼樣的資源來獎勵或者懲罰員工，但在現實生活中，環境可能根本無法提供管理者用於強化的資源，因此管理者可能無法實施對員工行為的強化。

（2）依據強化理論，管理者要確認哪些員工的行為是值得表揚的，哪些行為是應該調整的，而且不同員工的行為目標和思想均不相同，因此管理者要確定一種通用的管理策略是非常困難的。對於不同民族或不同性別的員工，管理者的行為策略可能會得到不同的效果，這加大了管理者採用通用管理策略的難度。

（3）一旦員工的行為發生了變化，管理者就要努力維持這種行為，而要讓員工持續一種行為通常也是很困難的。

（4）相比較於其他理論，強化理論認為個人的工作努力完全取決於環境對員工行為的刺激，而與員工的內在動機沒有任何關係，這就意味著為了保持員工的高工作水平，管理者必須隨時審視外界環境的變化，而這種對環境的審視通常也是非常困難的。

對一般的管理者來說，以上的每一種情況都是非常困難的，所以批評者認為，這種理論要完全轉化為現實管理手段是很困難的。但無論如何，強化理論為管理者提供了迄今為止最為現實可行的管理策略。

6.3 激勵方法

在介紹了各種激勵理論之後，大家可能會問，它們對管理人員有什麼重大意義？管理人員又該如何利用這些理論去激勵人呢？或者說管理人員能夠採用的激勵手段和激勵方法有哪些呢？雖然激勵是如此的複雜且因人而異，也不存在固定的最佳方案，不過還是可以找到一些基本的激勵原則和方法的。

6.3.1 激勵的原則

（1）目標結合原則

在激勵機制中，設置目標是一個關鍵環節。目標設置必須同時體現出組織目標和員工需要的要求。

（2）物質激勵和精神激勵相結合的原則

物質激勵是基礎，精神激勵是根本。在兩者結合的基礎上，逐步過渡到以精神激勵為主。

（3）引導性原則

激勵措施只有轉化為被激勵者的自覺意願，才能取得激勵效果。因此，引導性原則是激勵過程的內在要求。

（4）合理性原則

激勵的合理性原則包括兩層含義：其一，激勵的措施要適度。要根據所實現目標本身的價值大小確定適當的激勵量。其二，獎懲要公平。

（5）明確性原則

激勵的明確性原則包括三層含義：其一，明確。激勵的目的是需要做什麼和必須怎麼做。其二，公開。特別是分配獎金等大量員工關注的問題時，更為重要。其三，直觀。實施物質獎勵和精神獎勵時都需要直觀地表達它們的指標，總結授予獎勵和懲罰的方式。直觀性與激勵影響的心理效應成正比。

（6）時效性原則

要把握激勵的時機，「雪中送炭」和「雨後送傘」的效果是不一樣的。激勵越及時，越有利於將人們的激情推向高潮，使其創造力連續有效地發揮出來。

(7) 正激勵與負激勵相結合的原則

所謂正激勵就是對員工的符合組織目標的期望行為進行獎勵。所謂負激勵就是對員工違背組織目標的非期望行為進行懲罰。正負激勵都是必要而有效的，不僅作用於當事人，而且會間接地影響周圍其他人。

(8) 按需激勵原則

激勵的起點是滿足員工的需要，但員工的需要因人而異、因時而異，並且只有滿足最迫切需要（主導需要）的措施，其效價才高，其激勵強度才大。因此，領導者必須深入地進行調查研究，不斷瞭解員工的需要層次和需要結構的變化趨勢，有針對性地採取激勵措施，才能收到實效。

6.3.2 常用的激勵方法

6.3.2.1 物質激勵

物質激勵往往基於經濟假設，這一觀點認為人是「經濟人」，是受經濟利益激勵的，而經濟利益是受企業控制的。所以人在企業裡處於被動地位，激勵的主要手段是「胡蘿蔔加大棒」，即運用獎勵和懲罰兩種手段，通過物質刺激來激發員工的行為。在物質激勵中，最突出的就是金錢。金錢雖不是唯一能激勵人的力量，但金錢作為一種很重要的激勵因素是不可忽視的。無論是工資、獎金、優先認股權、紅利還是其他鼓勵形式，金錢都是重要的因素。金錢是許多激勵因素的反映。有時，金錢往往比金錢本身更有價值，它可能意味著地位和權力。金錢的經濟價值使其成為能滿足人們的生理需要和安全需要的一種重要工具；金錢的心理價值對許多人來講，又是滿足較高的社會需要和尊重需要的一種工具，它往往象徵著成功、成就、地位和權力。

對不同的人來講，金錢的激勵作用是有區別的。對那些撫養一個家庭的人來說，金錢是非常重要的；而對那些已經功成名就的、對金錢的需要已不那麼迫切的人來說，金錢就不那麼重要。金錢是獲得最低生活標準的主要工具，這種標準隨著人們生活水平的提高而日漸提高。

當組織中各類管理人員的薪金收入大體相同時，金錢的激勵作用往往會有所削弱。要使金錢成為一種有效的激勵工具，必須使薪金和獎金能夠反映出個人的工作業績，否則，即使支付了獎金，也不會有很大的激勵作用。並且，只有當預期得到的報酬遠遠高於目前的個人收入時，金錢才能成為一個強有力的激勵因素。

6.3.2.2 精神激勵

精神激勵往往基於社會人假設，這一觀點認為人是社會人，是受社會需要激勵的，如果能得到社會的承認和認可，就會激發潛力。精神激勵與物質激勵往往是密不可分的，目前企業常用的精神激勵方法主要有：

(1) 目標激勵法。目標是企業及其成員一切活動的總方向。企業目標有物質性的，如產量、品種、質量、利潤等；也有精神性的，如企業信譽、形象、文化以及職工個人心理的滿足等。

(2) 環境激勵法。據調查發現，如果一個組織中的員工缺乏良好的工作環境和心

理氛圍，人際關係緊張，他們就不能不安心工作；相反，如果使企業成為一個人人相互尊重、關心和信任的工作場所，保持職工群體人際關係的融洽，就能激勵每個員工在企業內安心工作，積極進取。

（3）領導行為激勵法。有關研究表明，一個人在報酬引誘及社會壓力下工作，其能力僅能發揮60%，其餘的40%有賴於領導者去激發。

（4）榜樣典型激勵法。人們常說榜樣的力量是無窮的。絕大多數人都是力求上進而不甘落后的。如果有了榜樣，職工就會有方向、有目標，從榜樣的成功事跡中得到激勵。

（5）獎懲激勵法。獎勵是對職工某種良好行為的肯定與表揚，以使職工獲得新的物質上和心理上的滿足。懲罰是對職工某種不良行為的否定和批評，以使職工從失敗和錯誤中汲取教訓，以克服不良行為。獎勵和懲罰使用得當，將有利於激發職工的積極性和創造性，所以有人把批評或懲罰看作是一種負強化的激勵。

6.3.2.3 職工參與管理

所謂職工參與管理，是指讓職工或下級不同程度地參與組織決策及各級管理工作的研究和討論。讓職工參與管理，可以使職工或下級感受到上級主管的信任、重視和賞識，能夠滿足歸屬和受人賞識的需要，從而認識到自己的利益同組織的利益及發展密切相關，增強責任感。同時，主管人員與下屬商討組織發展，會給下屬以成就感和被尊重感。參與管理會使多數人受到激勵，既是對個人的激勵，又為組織目標的實現提供了保證。

目標管理是職工參與管理的一種很好的形式。目標管理鼓勵下屬參與目標的制定工作，是一種在組織政策或有關規定的範圍內，自己決定達到目標的最佳方法。目標管理要求下屬發揮自己的想像力，創造性地工作，這可以使下屬人員產生獨立感和參與感，激發他們完成目標的積極性。

合理化建議是職工參與管理的另一種形式。鼓勵下屬人員積極提出改進工作和作業方法的建議，也能起到激勵作用。據美國一家公司統計，它們在生產率的提高方面有20%得益於工人提出的建議，其餘80%來自於技術的進步。該公司的經理認為，如果把精力集中於那80%上就大錯特錯了。如果不是首先徵詢工人的建議並使整個公司在生產率提高問題上形成一致的認識，公司的生產率就絕不會有任何改變。當然，鼓勵下屬參與管理，並不意味著主管可以放棄自己的職責。相反，主管人員必須在民主管理的基礎上，努力履行自己的職責，需要由主管決策的事情，主管必須決策。

6.3.2.4 工作豐富化

工作豐富化，即使工作具有挑戰性且富有意義。這是一種有效的激勵方法，不僅適用於管理工作，也適用於非管理工作。工作豐富化和赫茨伯格的激勵理論有密切的關係，在這一理論中，諸如挑戰性、成就、賞識和責任等都被視為真正的激勵因素。工作豐富化的目的，就是試圖為員工提供富有挑戰性和成就感的工作。

工作豐富化不同於工作內容的擴大。工作內容的擴大是企圖用工作內容有更多變化的辦法，來消除因重複操作而帶來的單調乏味感。工作內容的擴大，只是增加了一

些類似的工作，並沒有增加責任。工作豐富化則試圖使工作具有更高的挑戰性和成就感，它通過賦予多樣化的內容使工作豐富起來。可以用下列方法使工作豐富起來：

（1）在工作方法、工作程序和工作速度的選擇等方面給下屬以更大的自由度，或讓他們自行決定接受還是拒絕某些材料或資料。

（2）鼓勵下屬參與管理，鼓勵人們相互交往。

（3）放心大膽地任用下屬，以增強其責任感。

（4）採取措施以確保下屬能夠看到自己為工作和組織所做的貢獻。

（5）最好是在基層管理人員得到反饋以前，把工作完成的情況反饋給下屬。

（6）在改善工作環境和工作條件方面，如辦公室或廠房、照明和清潔衛生等，要讓職工參加並讓他們提出自己的意見或建議。

6.3.2.5 股權激勵

股權激勵是指給予員工部分企業的股權，允許他們分享利潤績效，使之分享組織的物質成果的同時，提高主人翁意識，增強責任感。

6.3.2.6 工作日程彈性化

工作日程彈性化是指取消對員工固定的工作制限制，使職工可以在一定限度內自由選擇工作的時間和內容。這就消除了員工因長期從事某種工作而導致的枯燥和單調，也使員工可以調整自身狀態，選擇在熱情與精力最飽滿的時候開展工作，有效避免諸如「出工不出力」等現象。

思考題

1. 什麼是激勵？其與領導職能的關係是怎樣的？
2. 激勵在管理中有哪些重要作用？
3. 簡述馬斯洛的需要層次理論。
4. 簡述雙因素理論的基本觀點。
5. 常用的激勵方式有哪些？

7 溝通

7.1 溝通概述

7.1.1 溝通的定義

溝通是指為達到一定的目的，將信息、思想和情感在個人或群體間進行傳遞與交流的過程。溝通有四大要素：

（1）溝通主體，又稱為信息溝通的發送者。在一個溝通的過程中，總有一方是信息的主動發送者。

（2）溝通對象，又稱為信息的接受者，即在信息溝通過程中處於被動地接受信息的一方。不過，在溝通的不斷循環過程中，信息的發送者和信息的接受者的身分會不斷改變，特別是在雙向溝通中，無論是哪一方，都既要充當信息的發送者，又要充當信息的接受者。

（3）溝通內容。在溝通的過程中，所傳遞的信息包含的內容是多種多樣的，可分為：事實、情感、價值觀、意見、觀點等。

（4）溝通渠道。渠道是由信息發送者選擇的，借以傳遞信息的媒介物。不同的溝通渠道溝通效果是不同的，不同的信息內容應當選用不同的溝通渠道。

7.1.2 溝通的目的

組織中的溝通的目的是信息分享，使組織的所有行為在既定目標上保持一致。隨著組織內外部環境的變化，組織必須迅速、準確、及時地掌握組織內外部的各種信息，在充分分析的基礎上，重新思考和確定組織的使命和戰略目標等，並且在組織內進行激勵和部署，並使得每名員工都能夠分享，並轉化和落實到日常工作中，保證組織內部的所有行動與活動與組織的使命和目標保持一致。還要對組織中的各種活動結果等信息進行測量、監控，為採取糾正措施和改進等決策提供依據。顯然組織成員對組織目標瞭解得越是清楚，越能夠採取正確的行動，如果沒有組織內外暢通的溝通和信息分享是難以實現的。

7.1.3 溝通的作用

（1）溝通是管理者正確決策的前提和基礎

管理者是根據匯總的信息做出決策的，而及時、有效、全面的真實信息能夠極

大地改進管理者獲取信息的數量、質量和速度。因此我們可以得出結論，成功的信息溝通可以提高管理者的決策能力。

（2）協調組織行動，解決衝突，建立良好的人際關係

溝通的目的之一就是解決衝突。衝突廣泛存在於組織中的各項活動中，影響和制約著組織和個體的行為傾向和行為方式，影響著組織目標的實現。通過溝通，個體能夠瞭解組織、瞭解形勢、認識到只有實現了組織目標，個人目標才能全面的實現，從而引導個體使自己的行為與組織的目標相一致。

（3）有效溝通可以提高組織效率，促進組織的變革、創新

領導者的決策要得到及時地貫徹、執行，必須通過溝通將決策的意圖完整地傳達到執行者那裡。信息傳遞不及時，執行者不能正確理解決策意圖，就會影響決策執行的效果，人與人之間，部門與部門之間的有效溝通同樣可以促進效率的提高。

此外，組織變革方案需要通過溝通傳遞給基層群眾，取得群眾的支持並促進變革的成功；同樣，基層的一些好的想法和建議，也需要通過溝通傳達給有關領導，取得領導認可並得以實現。

7.1.4 溝通的類型

在組織內部，溝通的方式和類型多種多樣，按照不同的標準可以劃分出不同的類型。

7.1.4.1 按溝通的組織系統劃分

按溝通的組織系統劃分，可以分為正式溝通和非正式溝通。

（1）正式溝通

它是以正式組織系統為溝通渠道的信息溝通。如組織中各層次之間的聯繫，橫向協作關係進行的溝通。正式溝通是組織內部信息傳遞的主要方式。大量的信息都是通過正式溝通渠道傳遞的。正式溝通的優點是：溝通嚴肅、可靠、約束力強、易於保密、溝通信息量大，並且具有權威性。缺點是：溝通速度一般較慢。

正式溝通的方式主要有上行溝通、下行溝通、平行溝通。正式溝通依賴於正式溝通網路來進行。正式溝通網路是根據組織結構、規章制度來設計的，用以交流和傳遞與組織活動直接相關的信息的溝通途徑。正式溝通有五種基本的信息溝通網路形式，分別為：

①鏈式溝通。這種模式發生在一種直線型的層級結構中，溝通只能向上或向下進行，且每一個上級只有一個下級向他報告，而每一個下屬也只能接受一個上級的指示。在這種模式下，信息層層傳遞，路線長，速度慢，且容易發生信息的篡改和失真。

②輪式溝通。在這種模式下，多個下屬都向同一個上級報告，但下屬之間不能溝通。這種模式，由於結構層次少，因此信息傳遞速度快且不容易發生信息失真。組織集中程度高，但下屬可以溝通的渠道只有一個，成員滿意度較低，組織士氣低落。

③圓周式溝通。此種模式中，組織成員只能與相鄰的成員溝通，而不能與其他人交流，即溝通只能發生在同一部門成員之間或直接上下級之間，不能跨部門溝通，也

不能越級溝通。在這種模式下,組織成員往往可以達到比較一致的滿意度,組織士氣高昂;但由於信息也是層層傳遞的,因此速度較慢並且容易出現信息失真。

④全通道式溝通。這是一種開放型的模式。在這種模式下,每一個組織成員可以自由地與其他成員溝通,因此溝通快;但由於溝通渠道太多,易造成混亂並降低信息的準確度。這種模式組織集中化程度低,成員士氣旺盛,合作精神強,適合人才聚集的高新技術企業。

⑤Y式溝通。這也是一種只能縱向溝通的模式,表示信息層層傳遞。在這種模式下,信息傳遞速度慢且信息容易失真。這種組織的權力集中度高,解決問題快,但成員士氣一般。

上述各種溝通網路形式都有其優缺點和適用條件(如表7.1所示)。作為領導者應該根據組織的特點和需要選用適當的形式,並揚長避短,進行有效的溝通,不斷提高組織的管理水平。

表 7.1　　　　　　　　　　五種溝通網路形式的比較

溝通網路形式 評價標準	鏈式	輪式	Y式	圓周式	全通道式
集中性	適中	高	較高	低	很低
速度	適中	①快(簡單任務) ②慢(複雜任務)	快	慢	快
正確性	高	①高(簡單任務) ②低(複雜任務)	較高	低	適中
領導能力	適中	很高	高	低	很低
全體成員滿意	適中	低	較低	高	很高
示例	命令鏈鎖	主管對四個部屬	領導任務繁重	工作任務小組	非正式溝通(私密消息)

(2)非正式溝通

非正式溝通是指以組織中的非正式組織體系或以個人為渠道的信息溝通。非正式溝通的主要功能是傳播員工所關心的和與他們有關的信息,它取決於員工的社會地位和個人興趣、利益,與正式組織的要求無關。由於非正式溝通不必受到規定程序或渠道的種種限制,因此這種溝通途徑非常繁多並且無定式。在美國,這種途徑常常被稱為「葡萄藤」(grapevine),用以形容它枝繁葉茂、隨處延伸的特點。

與正式溝通相比,非正式溝通有以下特點:

①信息傳遞速度快。由於非正式溝通傳遞的信息都是與員工的利益相關的或是他們比較感興趣的,再加上沒有正式溝通那種機械的程序,信息傳播速度就大大加快了。

②信息量大、覆蓋面廣。非正式溝通所傳遞的信息幾乎是無所不包,組織中各個層次的人都可以由此獲得自己需要的或感興趣的信息,而且容易及時瞭解到正式溝通難以提供的「內幕新聞」。

③溝通效率較高。非正式溝通一般是有選擇的針對個人的興趣傳播信息,正式溝通則常常將信息傳遞給不需要他們的人。

④可以滿足員工的部分需要。由於非正式溝通是出於員工的願望和需要自願進行的,因而,員工在正式溝通中不能獲得滿足的需要常常可以由此而得到滿足,這些需要包括員工的安全需要、社交需要和尊重需要等。

⑤有一定的片面性。非正式溝通傳遞的信息常常被誇大、曲解,容易失真,難以控製;可能導致小集團、小圈子,影響組織的凝聚力和穩定性,因而需要慎重對待。

7.1.4.2 按溝通中信息流動的方向劃分

按溝通中信息流動的方向可分為:

(1) 上行溝通

上行溝通是指下級向上級進行的信息傳遞。如下級向上級請示匯報工作、反映意見等。上行溝通是領導瞭解實際情況的重要途徑。

(2) 下行溝通

下行溝通是指上級向下級進行的信息傳遞。如一個組織的上級管理者將工作計劃、任務、規章制度向下級傳達。下行溝通是組織中最重要的正式溝通方式。組織通過下行溝通才可以使下級明確組織的計劃、任務、工作方針和步驟。

(3) 平行溝通

平行溝通是指正式組織中同級部門之間的信息傳遞。平行溝通是在分工的基礎上產生的,是協作的前提。做好平行溝通工作,在規模較大、層次較多的組織中尤為重要,它有利於及時協調各部門之間的工作,減少矛盾。

(4) 斜向溝通

斜向溝通指的是發生在組織內部既不屬於同一隸屬關係的,又不屬於同一層級之間的信息溝通。這樣做可以加快信息的交流,謀求相互之間必要的通報、合作和支持,這種溝通往往帶有協商性和主動性。

7.1.4.3 按溝通所使用語言的方式劃分

按溝通所使用語言的方式可分為:

(1) 口頭溝通

口頭溝通是指採用口頭語言進行的信息溝通。口頭溝通是最常用的溝通方式。其優點:溝通過程中,信息發送者與信息接受者當面接觸,有親切感,並且可以運用一定的體語、手勢、表情和語氣等增強溝通的效果,使信息接受者能更好地理解、接受所溝通的信息。其不足之處在於:溝通範圍有限;溝通過程受時間和空間的限制;溝通完成後缺乏反覆性;對信息傳遞者的口頭表達能力要求比較高。

(2) 書面溝通

書面溝通是指採用書面文字形式進行的溝通,如各種文件、報告等。其優點是:嚴肅、準確、具有權威性、不易被歪曲;信息接受者可以反覆閱讀以增強理解,信息傳遞者對要傳遞的信息所採用的語言可以仔細推敲,以便用最好的方式表達出來。不足之處是:應變性較差,只能適應單向溝通。

(3) 書面口頭混合溝通

它是指在溝通過程中，即有書面表達的信息，同時又以口頭溝通的方式加以闡述、強調，以使信息接受者加強理解。如一些重要會議中，報告人的報告既以書面形式印發給與會者，報告人又親自做口頭報告，同時還召開有報告人參加的座談會，以加強信息溝通。書面口頭溝通方式兼顧了口頭溝通與書面溝通的優點。其不足之處是溝通費用較高，只有一些特別重要的信息，才採用這種溝通方式。

7.1.4.4 按溝通過程中信息發送者與信息接受者的地位是否改變劃分

按溝通過程中信息發送者與信息接受者的地位是否改變可分為：

(1) 單向溝通

這是指信息的發送者與接受者的地位不發生改變的溝通，在這種溝通中，不存在信息反饋。其優點是溝通比較有秩序，速度較快。不足之處是接受者不能進行信息反饋，容易降低溝通效果。

(2) 雙向溝通

這是指在溝通過程中信息的傳遞與接受者經常換位的溝通。在這種溝通中，存在著信息反饋，發送者可以及時知道信息接受者對所傳遞的信息的態度、理解程度，有助於加強協商和討論，提高溝通效果。但雙向溝通一般費用較高，速度慢，容易受干擾。

7.2　溝通過程

溝通過程的六個環節（如圖7-1所示）：

(1) 發送者，即信息來源。

(2) 編碼，指信息發送者將信息轉化為可以傳遞的某種信號形式，即傳遞中信息存在的形式。

(3) 溝通渠道，即媒介。

(4) 解碼，指接受者將接收到的信號翻譯成可以理解的信息形式，即接受者對信息的理解和解釋。

(5) 接受者，即接受信息的人。

(6) 反饋，若接受者對收到的信息有什麼異議或不理解，可以返回到發送者那裡，進行核實或修正。

信息溝通過程就是：信息源（發送者）將要傳遞的信息轉化為可傳遞的信號形式（編碼），通過媒介物（溝通通道）進行解碼，傳遞至接受者，最後由接受者對收到的信號進行解釋、理解，反饋給發送者。

從中可以看出，每一次信息溝通至少包括三個基本要素：信息發送者、要傳遞的信息和信息接受者，而編碼、溝通通道的選擇和譯碼是溝通過程獲得成效的關鍵環節。

管理學基礎與案例

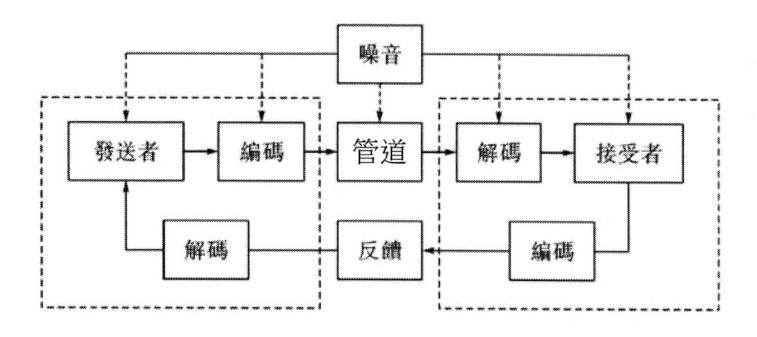

圖 7-1 溝通過程六個環節

7.3 溝通方法

7.3.1 溝通障礙

阻礙溝通的因素是十分複雜的，但大致可以分為以下幾個方面：

(1) 環境方面的溝通障礙

這是指自然環境方面的某些要素可能會減弱或阻斷信息的發送或接受。例如，信息傳遞的空間距離較遠、傳遞中的噪聲與干擾、所用溝通工具的運行故障等。

(2) 制度方面的溝通障礙

這是指在管理溝通觀念、領導方式、溝通體制與制度、與溝通相關的權限、職責設置等方面影響溝通的因素。例如，一位專制型、獨裁的管理者是很難與下級進行很好的溝通的。

(3) 心理方面的溝通障礙

溝通主體與溝通對象在個性、心理等方面的因素也會影響管理溝通的順利進行。例如，一位對管理者心存排斥和偏見的下級就是很難接受管理者的正常溝通信息。

(4) 語言方面的溝通障礙

語言是管理溝通中最基本的工具。信息發送者如果口齒不清、詞不達意或者字體模糊，就難以把信息完整地、準確地表達出來；如果使用方言、土語，會使接受者無法理解。在不同國籍的人之間的交流中這種障礙更明顯。受主觀理解的影響，接受者在接受信息時，會根據自己的知識經驗去理解，按照自己的需要對信息進行選擇，從而可能會使許多信息內容被丟失，造成信息的不完整甚至失真。

7.3.2 有效溝通的原則

(1) 信息傳遞要貫徹多快好省的原則

所謂「多」，是就數量而言的，即在單位時間內傳遞的信息數量要多；「快」是就速度而言的，即信息傳遞要迅速、及時，一條很有價值的信息，如果傳遞速度過慢，

就可能變得毫無價值;「好」是就質量而言的,即要消除信息傳遞中的種種干擾,保持信息的真實性;「省」是就效益而言的,要求在較短的時間內,花較少的費用,達到良好的溝通效果。在信息傳遞中,這幾方面互相聯繫,互相制約,要加以協調。

(2) 傳遞信息要區分不同的對象

這一方面是指在傳遞信息時的目的性,另一方面又指信息傳遞的保密性。信息是有價值的,但是,價值的大小卻因人而異,同一信息對不同的人價值不同。因此,要研究不同對象的不同需要,要注意信息傳遞的目標,確保信息的效用。此外,在提高信息傳遞的針對性時,也要注意信息的適用範圍,考慮到信息的保密度,防止信息大面積擴散,給員工造成不必要的心理負擔,影響組織成員士氣。

(3) 要適當控製信息傳遞的數量

在管理中,由於各級主管部門的角色不同,每個組織成員所考慮的問題不同,因此,在信息傳遞時,要適當注意量的控製。這就是說,應該讓下級知道的信息必須盡快傳遞,適用範圍有限的信息則力求保密。在這方面,要注意兩種傾向:一是信息過分保密的傾向。同行各企業、各部門或同班組的員工之間相互保密,妨礙了彼此瞭解和相互協調。有些本應共有的信息材料,沒有向下級部門及時傳達,從而使信息阻塞,出現了無端猜疑,影響了個人社會需求的滿足。二是隨意擴散信息的傾向。在傳遞信息時,不考慮信息的保密程度,不選擇信息傳遞的對象,將所收集的信息隨意擴散,導致信息混亂。對於管理者來說,也要注意信息的審查與清理,不能將所有信息全部發布到會議上,增加會議負擔,引起心理疲勞。總之,這兩種傾向都會導致謠言和小道消息,不利於組織的團結,影響團隊士氣和工作效率。

(4) 要控製使用越級傳遞

所謂越級傳遞,是指撇開管理信息系統的層級關係,使溝通雙方直接交流。在管理中,不能過多採用這種方式,但在某些特殊情況下可以控製使用。比如:上級想瞭解下屬的情況;為了迅速處理管理中的重大問題;由於上級主管部門官僚主義嚴重,會妨礙時效;時效性特別強的信息需要立即向決策者匯報;涉及個人隱私,需要保密的材料;等等。例如,有些企業設立總經理接待日、總經理信箱等就是為了瞭解下屬的情況,減輕溝通者的心理壓力,以便對信息傳遞進行控製。

(5) 合理利用非正式溝通

非正式溝通對於組織活動有有利的一面,也有不利的一面。在一些情況下,非正式溝通往往能夠達到正式溝通難以達到的效果,但是,它也可能成為散布謠言和小道消息的渠道,產生副作用。對於非正式溝通,管理者應合理利用,實施有效的控製。例如,組織重要決策要使用正式渠道傳遞,不能用非正式渠道傳遞,否則會造成混亂;而宣傳理念、相互瞭解等則可以充分利用非正式渠道。

(6) 在信息加工處理過程中也需要信息反饋

這是確保信息準確性的一條可靠途徑。這種反饋要求是雙向的,即下級主管部門經常給上級領導提供信息,同時接受上級領導的信息查詢;上級領導也要經常向下級提供信息,同時對下級提供的信息進行反饋,從而形成一種信息循環流。一般來說,無論什麼信息,在加工處理後,都需做出反饋,只是方式可以不同。有實際價值的信

息可以進行決策，採取行動；沒有實際價值或暫時用不上的信息必須及時答覆，加以反饋。一條簡單有效的控制辦法是要把信息加工處理的情況定期反饋給信息提供者。這樣做，一方面可以提高針對性，減少信息提供部門的盲目性；另一方面可以加強信息發送者和接收者之間的心理溝通，提高團隊士氣，調動員工參與管理的積極性。

7.3.3 有效溝通的方法

7.3.3.1 選擇合適的溝通方式

根據溝通的內容和特點，選擇不同的溝通方式。如果所要溝通的內容是上級的命令、決策或者是規章制度，則適宜選擇正式溝通和書面溝通。若溝通內容屬於規章制度以外的問題，或屬於組織成員的瑣碎小事，則選擇非正式溝通或口頭溝通的效果可能更好。有些人看重制度和程序，與這些人進行溝通，最好選擇正式的和書面的溝通方式。而有的人比較注重目的和結果，如能達到目的，可以不顧制度和程序的約束，這些人在進行溝通時，傾向於採取非正式和口頭的溝通方式。

7.3.3.2 有效溝通的行為準則

在長期的管理實踐中，成功的管理者為我們提供有效溝通的行為法則，主要有：

（1）自信的態度。成功的領導者，他們不隨波逐流或唯唯諾諾，有自己的想法與作風，但卻很少對別人吼叫、謾罵，甚至連爭辯都極為罕見。他們對自己瞭解相當清楚，並且肯定自己，他們的共同點是自信，日子過得很開心，有自信的人常常是最會溝通的人。

（2）體諒他人的行為。這其中包含「體諒對方」與「表達自我」兩方面。所謂體諒是指設身處地為別人著想，並且體會對方的感受與需要。在與人交流的過程中，當我們想對他人表示體諒與關心時，唯有我們自己設身處地為對方著想。由於我們的瞭解與尊重，對方也相對體諒你的立場與好意，因而做出積極而合適的回應。

（3）適當地提示對方。產生矛盾與誤會的原因，如果出自於對方的健忘，我們的提示正可使對方信守承諾；反之若是對方有意食言，提示就代表我們並未忘記事情，並且希望對方信守諾言。

（4）有效地直接告訴對方。一位知名的談判專家分享他成功的談判經驗時說道：「我在各個國際商談場合中，時常會以『我覺得』（說出自己的感受）、『我希望』（說出自己的要求或期望）為開端，結果常會令人極為滿意。」其實，這種行為就是直言不諱地告訴對方我們的要求與感受，若能有效地直接告訴你所想要表達的對象，將會有效幫助我們建立良好的人際網路。但要切記「三不談」：時間不恰當不談、氣氛不恰當不談、對象不恰當不談。

7.3.3.3 學會積極傾聽

積極主動的傾聽可以幫助人們在溝通過程中獲取重要的信息；可以掩蓋自身的弱點；善聽才能善言；可以使人們獲得友誼和信任。所以在傾聽時，要注意以下幾點：

（1）鼓勵對方先開口。第一，傾聽別人說話本來就是一種禮貌，傾聽表示我們願

意客觀地考慮別人的看法，這會讓說話的人覺得我們很尊重他的意見，有助於建立融洽的關係，彼此接納。第二，鼓勵對方先開口可以降低談話中的競爭意味。我們的傾聽可以培養開放的氣氛，有助於彼此交換意見。說話的人由於不必擔心競爭的壓力，也可以專心掌握重點，不必忙著為自己的矛盾之處尋找遁詞。第三，對方先提出他的看法，你就有機會在表達自己的意見之前，掌握雙方意見一致之處。傾聽可以使對方更加願意接納你的意見，讓你再說話的時候，更容易說服對方。

（2）使用並觀察肢體語言。當我們在和人談話的時候，即使我們還沒開口，我們內心的感覺，就已經通過肢體語言清清楚楚地表達出來了。聽話者如果態度封閉或冷淡，說話者很自然地就會特別在意自己的一舉一動，比較不願意敞開心胸。從另一方面來說，如果聽話的人態度開放、很感興趣，那就表示他願意接納對方，很想瞭解對方的想法，說話的人就會受到鼓舞。而這些肢體語言包括：自然的微笑，不要交叉雙臂，手不要放在臉上，身體稍微前傾，經常看對方的眼睛，並時時點頭示意。

（3）非必要時，避免打斷他人的談話。善於聽別人說話的人不會因為自己想強調一些細枝末節、想修正對方談話中一些無關緊要的部分、想突然轉變話題，或者想說完一句剛剛沒說完的話，就隨便打斷對方的話。經常打斷別人說話就表示我們不願意聽人說話、個性激進、禮貌不周，很難和人溝通。雖然說打斷別人的話是一種不禮貌的行為，但是如果是「乒乓效應」則是例外。所謂的「乒乓效應」是指聽人說話的一方要適時地提出許多切中要點的問題或發表一些意見和感想，來響應對方的說法。還有一旦聽漏了一些地方，或者是不懂的時候，要在對方的話暫時告一段落時，迅速地提出疑問之處。

（4）反應式傾聽。反應式傾聽指的是重述剛剛所聽到的話，這是一種很重要的溝通技巧。我們的反應可以讓對方知道我們一直在聽他說話，而且也聽懂了他所說的話。但是反應式傾聽不是像鸚鵡一樣，對方說什麼你就說什麼，而是應該用自己的話，簡要地陳述對方的重點。比如說「你說你住的房子在海邊？我想那裡的夕陽一定很美」。反應式傾聽的好處主要是讓對方覺得自己很重要，能夠掌握對方的重點，讓對話不至於中斷。

（5）弄清楚各種暗示。很多人都不敢直接說出自己真正的想法和感覺，他們往往會運用一些敘述或疑問，百般暗示，來表達自己內心的看法和感受。但是這種暗示性的說法有礙溝通，有時他們話中的用意和內容往往被他人所誤解，最后就可能會導致雙方的失言或引發言語上的衝突。所以一旦遇到暗示性強烈的話，就應該鼓勵說話的人再把話說得清楚一點。

（6）暗中回顧，整理出重點，並提出自己的結論。當我們和他人談話的時候，我們通常都會有幾秒鐘的時間，可以在心裡回顧一下對方的話，整理出其中的重點所在。我們必須刪去無關緊要的細節，把注意力集中在對方想說的重點和對方主要的想法上，並且在心中熟記這些重點和想法。

（7）接受說話者的觀點。如果我們無法接受說話者的觀點，那我們可能會錯過很多機會，而且無法和對方建立融洽的關係。尊重說話者的觀點，可以讓對方瞭解，我們一直在聽，而且我們也聽懂了他所說的話，我們還是很尊重他的想法。即使說話的

人對事情的看法與感受，甚至所得到的結論都和我們不同，他們還是堅持自己的看法、結論和感受，我們也應該理解他們。若是我們一直無法接受對方的觀點，我們就很難和對方彼此接納，或共同建立融洽的關係。除此之外，也能夠幫助說話者建立自信，使他更能夠接受別人不同的意見。

思考題

1. 什麼是溝通？溝通在管理中具有什麼作用？
2. 簡述溝通的過程及其包含的要素。
3. 簡述何為有效溝通？影響有效溝通的障礙包括哪些因素？
4. 簡述如何實現有效溝通。

8 控製

8.1 控製概述

8.1.1 控製的概念

控製是管理的一項重要職能，它與計劃、組織、領導工作是相輔相成、互相影響的，它們共同被視爲管理的四個環節。計劃提出了管理者追求的目標，組織提供了完成這些目標的結構、人員配備和責任，領導提供了指揮和激勵的環境，而控製則提供了有關偏差的知識以及確保與計劃相符的糾偏措施。所謂控製就是指爲了實現組織目標，以計劃爲標準，由管理者對被管理者的行爲活動進行檢查、監督、調整等的管理活動過程。

控製的概念主要包括以下三點內容：
（1）控製有很強的目的性，即控製是爲了保證組織中的各項活動按計劃進行；
（2）控製是通過「監督」和「糾偏」來實現的；
（3）控製是一個過程，是管理者對被管理者的行爲活動進行檢查、監督、調整的管理活動過程。

8.1.2 控製的作用和目的

（1）控製的作用
①控製是完成計劃任務，實現組織目標的保證

計劃是對組織未來行動的謀劃和設計，是組織在未來一段時間內需要執行的行動規劃。爲了使計劃及時適應變化了的環境和條件，推動組織目標的實現，必須通過控製及時瞭解環境變化的程度、原因、趨勢，並據此對計劃目標和計劃過程做出適當的調整，使計劃更加符合實際。控製對計劃任務完成和組織目標實現的作用，可以歸納爲兩個方面：一是及時糾正計劃執行過程中出現的各種偏差，督促有關人員嚴格按照計劃的要求辦事；二是檢查計劃對實際情況所做預見的準確性，發現計劃中不符合實際的內容，及時進行調整、修正，保證計劃的適用性，同時確保修正后的計劃得到準確執行。

②控製是及時改正缺點，提高組織效率的重要手段

控製的這一作用同樣表現在兩個方面：一是對當前管理過程而言，控製有利於組織少走彎路，降低失誤對組織效率的負面影響；二是對今后的管理實踐而言，幫助管

理者累積經驗,提高未來管理工作的效率。

③控製是組織創新的推動力

控製是一種動態的適時的信息反饋過程。它不是簡單地對受控者進行管、壓、卡,而是控製者與受控者之間交流信息、溝通情況的行為和過程,是一種積極主動的管理活動。由於現實環境千變萬化,現代管理越來越強調控製中良好的反饋機制和彈性機制。在控製中,控製者和被控製者都可以及時發現一些新問題,促使管理者推陳出新,在推動管理工作動態適應環境的過程中創新。

(2) 控製的目的

對於經常發生變化的迅速而又直接影響組織活動的「急症問題」,控製應隨時將計劃的執行結果與標準進行比較,若發現有超過計劃允許範圍的偏差,則及時採取必要的糾正措施,使組織內部系統活動趨於相對穩定,實現組織的既定目標。對於長期存在著的影響組織素質的「慢性病症」,控製要根據內外環境變化、組織新的要求和組織不斷發展的需求,打破執行現狀,重新修訂計劃,確定新的管理控製標準,使之更先進、更合理。

8.1.3 有效控製的原則

管理者所採取的控製方法必須根據預計的對象和具體任務來加以設計,有效的控製一般要遵循如下原則:

(1) 關鍵性原則

控製工作不可能事無鉅細,也不可能在對組織活動的方方面面進行控製時投入相同的精力,如果這樣就會影響到控製工作的實效。因此,在實際的控製工作中,一般只針對一般項目的關鍵控製點和關鍵項目進行控製,只有當這些關鍵點和關鍵項目出現偏差且超過了一定限度,足以影響目標的實現時才予以控製糾正。關鍵性原則就是抓住活動過程中的關鍵和重點進行局部的和重點的控製。

由於組織和部門職能的多樣化、被控製對象的多樣性以及政策和計劃的多變,幾乎不存在有關選擇關鍵和重點的普遍原則。但一般的,在任何組織中,目標、薄弱環節和例外是管理者控製的重點。管理者對目標、薄弱環節和例外情況投放的控製力量越多,控製就越有效。

(2) 準確性和客觀性原則

控製系統產生的信息必須是準確客觀的。否則,管理者將會在需要時無法採取措施,或對一個並不存在的問題做出反應。例如,銷售人員在估計銷售量時數據模棱兩可,以隨時迎合上級主管的看法;生產車間的管理人員為了達到上級指定的目標隱瞞生產成本的上升;一些管理者為了取得領導的青睞虛報成績等。這些都有可能會使上層管理者收到錯誤的信息,從而使不深入瞭解情況的高層管理人員採取不適當的行動。

並且,控製系統提供的信息應盡可能地客觀。雖然在管理中難免有許多主觀因素,但是,在評定一個人的工作是否良好時,應盡可能地客觀。當然要解釋清楚什麼是客觀的控製並非易事。當兩個基層人員在匯報其部門人員情況時,一個匯報說:「成員的士氣沒問題,發牢騷也就是這些人,職工的離職情況已受到控製。」而另一個匯報說:

「職工缺勤率為0.4%，今年記錄在案的投訴人次為16人（相對去年為24人），職工的離職率為12%。」這兩份匯報哪一份更有用是不言自明的。

當然，數字的客觀性也不能代表一切，管理人員在做決策時還應看到數字背後的真正含義。

（3）時效性原則

實際情況千變萬化，控制不僅要準確，而且要及時，一旦喪失時機，即使提供再準確的信息也是徒勞的。只有高效的控制系統才能迅速發現問題並及時採取糾正措施。時效性原則要求控制系統及時準確地提供控制所需的信息，避免時過境遷，使控制失去應有的效果。同時，還要求能夠隨時採取糾偏措施以適應變化了的環境。

及時是指當決策者需要時，控制系統能適時地提供必要的信息。組織環境越複雜、越動盪，決策就越需要及時地控制信息。同時，要盡可能地採用前饋控制方式或預防性控制措施，一旦發生偏差，就對以後的情況及時進行預測，使控制措施能夠針對未來，較好地避免時滯問題。

（4）靈活性原則

靈活性是有效控制系統的又一個重要原則。它要求控制系統在適應環境的變化上應具有靈活性。當形式要求控制系統變化時，控制系統必須因時因地靈活地調整，否則就會因為與環境不相適應而失敗。這就要求管理者制定多種應付變化的方案和留有一定的后備力量，並採用多種靈活的控制方式和方法來達到控制的目的。控制應保證在發生某些未能預測到的事件，如環境突變、計劃疏忽等情況下，控制依然有效，因此要有彈性和替代方案。控制應當從現實出發，採用各種控制方法達到控制的目的，不能僅僅依賴正規的、傳統的控制方法，如預算等。它們雖然是有效的控制工具，但也有不完善之處。數據、報告、預算又會同實際情況有很大差別。過分依賴它們有時會導致指揮失誤、控制失誤，因此也要採用一些能隨機應變的控制方式和方法。

（5）經濟性原則

控制系統的建立要充分考慮組織規模的大小。一般說來組織規模越複雜越大，要求的控制系統也會越複雜，控制所需支出也就越多；組織規模越小越簡單，控制系統也相對簡單。控制系統越全面控制效果一般也越好，然而控制費用也越高。因此，各組織在建立控制系統時要對控制所取得效果與所需費用進行比較，只有所取得的效果大於所花費用時才是合理的，才可以採用，否則就失去了控制的意義。這就是有效控制的經濟性原則的本質。

另外，有效控制的原則還有可理解性、指示性等原則。

8.1.4 控制的類型

8.1.4.1 按控制信息獲取的時間劃分

控制職能可以按照活動的位置，即側重於控制事物進程的哪一階段而劃分為三種類型：前饋控制、現場控制、反饋控制。

(1) 前饋控製

事先識別和預防偏差的控製稱為前饋控製，有時也稱為預備式控製或預防式控製。前饋控製旨在獲取有關未來的信息，依此反覆認真地進行預測，將可能出現的執行結果與計劃要求的偏差預先確定出來，或者事先察覺內外環境可能發生的變化，以便提前採取適當的處理措施預防問題的發生。這種控製把重心放在流入組織的人力、物料和財務資源上，其目的在於保證高質量的投入。

前饋控製是控製的最高境界。通常意義上的控製都是指在管理活動中不斷收集、整理、分析各種信息，再根據信息處理結果提出解決問題的措施。由於信息的獲得和處理、有效措施的出抬等活動都需要時間，因此，控製在信息反饋和採取糾正措施時經常發生時間延遲，喪失了糾正失誤的時機。管理人員更需要能夠在事故發生之前就採取有效的預防措施，能防患於未然。

在實踐中，管理人員一般依靠總結過去發生的事件中包含的一般規律和預測事物未來發展變化趨勢來制訂計劃。制訂計劃應留有餘地，事先確定可能出現的變化和相應的計劃修改措施。不斷地對未來做出預測，並根據預測的結果對未來的工作提出調整意見是前饋控製的關鍵。例如，某化肥生產企業考慮到未來一年化肥市場的整體走勢和季節變化，提出全年計劃銷售量和銷售平均價。同時提出，考慮到化肥市場具有季節性特徵，在旺季，月銷售量和銷售單價應當高出全年月均銷售量和價格一定的比例；在淡季，則可以低於一定的比例，而且不同月份可以進一步有所區別。

(2) 現場控製（又稱為及時控製）

現場控製是指在某項活動或者工作過程中，管理者在現場對正在進行的活動或工作給予必要的指導、監督，以保證其按照規定的程序和要求進行的管理活動。這是種同步、實時的控製，要求在活動進行的同時就加以控製。管理者親臨現場進行指導和監督是一種最常見的現場控製活動。現場控製是一種面對面的控製活動，有效的現場控製需要具備如下條件：

①較高素質的管理人員。在現場控製中，管理者沒有足夠的時間對問題進行深入仔細的思考，也很少有機會和他人一起分析討論，常常依靠自身的知識、能力和經驗，甚至是「直覺」，及時發現並解決問題，及時做出準確的判斷，並果斷提出處理意見。

②下屬人員的積極參與。現場發生的問題常常是程序化的，多數操作性較強，注重問題的細枝末節。管理者在按照計劃對下屬實施控製的過程中，必須多聽下屬人員尤其是一線工作人員的意見和建議。

③適當的授權。在現場控製過程中，管理人員必須及時發現問題、解決問題，不應當也不能事事都向上級請示，以免造成工作中斷，錯過時機。所以，擔負現場控製責任的管理人員應當擁有相應的職權。

④層層控製，各司其職。一般而言，現場控製是上級管理者對下級人員的直接控製。一個組織中，可能同時存在多個管理層級，有效的現場控製必須由最熟悉情況的管理人員實施，這樣才能保證全面而深入地瞭解問題並提出最為切實可行的解決方案，還可以避免多頭控製和越級管理。因此，由熟悉第一手情況的直接管理者實施現場管理最為有效。

現場控制可分為兩種：一是駕馭控制，比如駕駛員在行車當中根據道路情況使用方向盤來把握行車方向。這種控制是在活動進行過程中隨時監控各方面情況的變動，一旦發現干擾因素介入立即採取對策，以防執行中出現偏差。二是關卡控制，它規定某項活動經過既定程序或達到既定水平後才能繼續進行下去。

（3）反饋控制

反饋控制是在活動完成之後，通過對已取得的工作結果的測定發現偏差和糾正偏差，或者是在內外環境條件已經發生了重大變化，導致原定標準和目標脫離現實時，採取措施調整計劃。反饋控制又稱事後控制或產出控制，其控制重心放在組織的產出結果上，尤其關注最終產品和服務的質量。

反饋控制有一個致命的弱點即滯后性，很容易貽誤時機，增加控制的難度，而且損失往往已經發生了。因此，反饋控制要求反饋的速度必須大於控制對象的變化速度，否則，系統將產生震盪，處於不穩定狀態。管理中使用最多的反饋控制有財務報告、標準成本報告、產品質量控制報告和工作人員成績評定等。

總之，前饋控制是建立在能夠評測資源的屬性與特徵基礎上的，其糾正行動的核心是調整與配置即將投入的資源，以影響未來的行動。現場控制的信息來源於執行計劃的過程，其糾正的對象也是執行計劃的過程。反饋控制是建立在計劃執行最終結果的基礎上的，其所要糾正的不是測定出的各種結果，而是執行計劃的下一個過程的資源配置與執行計劃的活動。

8.1.4.2 按控制的目的和對象劃分

按控制的目的和對象可以把控制劃分為正饋控制和負饋控制兩種類型。

（1）負饋控制

負饋控制可以使執行結果符合控制標準的要求，為此需要將管理循環中的實施環節作為控制對象，這種控制的目的就是縮小控制目標與實際情況的偏差。

（2）正饋控制

正饋控制可以使控制標準發生變化，以便更好地符合內外現實環境條件的要求。這種控制主要作用在管理循環中的計劃環節，也就是這種控制的對象包括了控制標準本身，這種控制的目的就是使控制標準產生動盪和變動，使之與實際情況更接近。

正饋控制和負饋控制應該配合使用，但現實中要處理好這兩方面控制工作的關係並不容易。增強適應性的正饋控制，有時很容易被用來作為無視「控制」的借口。而這樣做的結果就是導致系統的不穩定、不平衡。但是，平衡不應該是靜態的平衡。現代的組織面臨複雜多變的環境，環境條件變了，計劃的前提也變了，如果還僵硬地抱著原先的控制標準不放，不做任何調整，那麼組織很快就要衰亡。現代意義下的控制，應該是一種動態的平衡，應在促進被控制系統朝向目標方向前進的同時適時地根據內外環境條件做出調整，妥善處理好適應性和穩定性。

正饋控制和負饋控制這種既相互對立又往往需要統一的關係，正是現代組織控制的難點。

8.1.4.3 按問題的重要性和影響程度劃分

按問題的重要性和影響程序可以把控製劃分為任務控製、績效控製和戰略控製三種類型。

(1) 任務控製

任務控製也稱業務控製，是針對基層生產作業和其他業務活動而直接進行的控製。任務控製多採用反饋控製法，其目的是確保有關人員或機構按既定的質量、數量、期限和成本標準完成所承擔的工作任務。

(2) 績效控製

績效控製是一種財務控製，即利用財務數據來觀測組織的經營活動狀況，以此考評各責任主體的工作成績，控製其經營行為。這種控製也稱為責任預算控製或以責任發生制為基礎進行的控製。

(3) 戰略控製

戰略控製是對戰略計劃和目標實現程度的控製。戰略控製站在更高的角度看待問題，而不像低層次的控製活動那樣僅局限於矯正眼前的、內部的具體工作。為適應戰略變化的複雜性，組織將按一定標準對戰略控製責任進行劃分，形成若干責任中心，如可把公司劃分為銷售、成本、利潤和投資等不同中心。對不同的責任中心採取相應的控製方法，關鍵要處理好責任中心與上層管理者、責任中心與責任中心之間的合作協調。

8.1.4.4 按採用的手段不同劃分

按採用的手段不同可以把控製劃分為直接控製和間接控製兩種類型。

直接控製是控製者通過與被控製對象直接接觸進行控製的形式；間接控製是控製者與被控製對象之間並不直接接觸，而是通過中間媒介進行控製的形式。

8.1.4.5 按控製源劃分

按控製源可把控製劃分為三種類型，即正式組織控製、群體控製和自我控製。

正式組織控製是根據管理人員設計和建立起的一些機構或規定來進行控製，像規劃、預算和審計部門是正式組織控製的典型例子；群體控製是建立在群體成員們的價值觀念和行為準則基礎上的，它是由非正式組織發展和維持的；自我控製是指個人有意識地按某一行為規範進行活動。

8.2 控製過程

8.2.1 控製標準的制定

標準是人們檢查和衡量工作及其結果（包括階段性結果和最終結果）的規範（Norm）。制定標準是進行控製的基礎，沒有一套完整的標準，衡量績效或糾正偏差就失去了客觀依據。確定標準是實施控製的必要條件。控製的目的是為了保證計劃的順

利進行和目標的實現，因此控制標準的制定必須以計劃和目標作為依據。然而組織活動的計劃內容和活動狀況是細微和複雜的，控制工作既不可能也無必要對整個計劃和活動的方方面面都制定標準、加以控制，而應找出關鍵點，對關鍵點進行控制才符合成本效益的原則。

確定控制標準的具體內容涉及需要控制的對象。那麼，企業經營與管理中哪些事或物需要加以控制呢？這是在建立標準之前首先要加以分析和確定的。無疑，經營活動的成果是需要控制的重點對象。控制工作的最初動機就是要促進企業有效地取得預期的活動結果。因此，要分析企業需要什麼樣的結果。這種分析可以從盈利性、市場佔有率等多個角度來進行。確定了企業活動需要的結果類型後，要對它們加以明確地、盡可能定量地描述，也就是說，要規定需要的結果在正常情況下希望達到的狀況和水平。要保證企業取得預期的結果，必須在成果最終形成以前進行控制，糾正與預期結果的要求不相符合的活動。因此，需要分析影響企業經營活動的各種因素，並把它們列為需要控制的對象。影響企業在一定時期經營成果的主要因素有：

（1）關於環境特點及其趨勢的假設。企業在特定時期的經營活動是根據決策者對經營環境的認識和預測來計劃和安排的。如果預期的市場環境沒有出現，或者企業外部發生了某種無法預料和不可抗拒的變化，那麼原來計劃的活動就可能無法繼續進行，從而難以為組織帶來預期的結果。因此，制訂計劃時所依據的對環境的認識應作為控製對象，列出「正常環境」的具體標誌或標準。

（2）資源投入。企業經營成果是通過對一定資源加工轉換得到的，沒有或缺乏這些資源，企業經營就會成為無源之水、無本之木。投入的資源不僅會在數量和質量上影響經營活動按期、按量、按要求進行，從而影響最終的物質產品，而且其消耗費用會影響生產成本，從而影響經營的盈利程度。因此，必須對資源投入進行控制，使之在數量、質量及價格等方面符合預期經營成果的要求。

（3）組織活動。輸入到生產經營中的各種資源不可能自然形成產品，企業經營成果是通過全體員工在不同時間和空間上利用一定技術和設備對不同資源進行不同內容的加工勞動才最終取得的。企業員工的工作質量和數量是決定經營成果的重要因素，因此，必須使企業員工的活動符合計劃和預期結果的要求。為此，必須建立員工的工作規範、各部門和各員工在各個時期的階段成果的標準，以便對他們的活動進行控制。

確定了控制的主要因素後，針對這些因素制定相對應的控制標準。組織的控制標準可以是定量化的標準，也可以是定性化的標準，但在可能的情況下，控製標準應盡量定量化和數字化，以減少人為因素的影響，增強評價的客觀性。在組織中常用的標準主要有以下幾種：

（1）時間標準：是指完成一定數量的產品，或做好某項服務工作所限定的時間。

（2）生產率標準：是指在規定的時間內完成產品和服務的數量。

（3）消耗標準：是根據生產貨品或提供服務計算出來的有關消耗。

（4）質量標準：是指保證產品符合各種質量因素的要求，或是服務方面需要達到的工作標準。

（5）行為標準：是對職工規定的行為準則。對企業的活動來說，也應建立其業務

活動標準。美國通用電氣公司在八個主要的成就領域中建立了標準：①獲利性；②市場地位；③生產率；④產品的領導地位；⑤人員發展；⑥雇主態度；⑦公共責任；⑧短期目標與長期目標間的平衡。

在服務性行業中，對經理和雇員的儀表、態度一般都有嚴格的標準，其工作人員必須穿著整潔的工作服，對顧客以禮相待，違反者則要受到紀律處分，在快餐業中，麥當勞規定的服務標準如下：①在顧客到達後3分鐘之內，95%以上的人應受到招呼；②預熱的漢堡包在售給顧客前，其烘烤時間不得超過5分鐘；③顧客離開後，所有的空桌需要在5分鐘內清理完畢等。

組織在制定控製標準時，為了讓所制定的標準更合理、更接近實際，應考慮讓職工參與標準的制定過程。例如，組織制定工時定額標準時，在參考一線管理人員在該部門工作的實踐經驗和知識的基礎上，應徵詢一線操作工人的意見。有時還借助於工業工程師的專業知識，用動作研究和時間研究來確定標準定額。組織在制定任何一項具體工作的衡量標準時，都應該有利於組織目標的實現，對任何一項具體工作都應有明確的時間、內容等方面的規定。組織在制定標準時應遵循的原則是：能夠量化的盡可能量化，不能量化的盡可能細化。

8.2.2 衡量績效

控製標準的制定就是為了衡量實際業績，把實際工作情況與標準進行比較，找出實際工作業績與控製標準之間的差異，並據此對實際工作做出評估。衡量績效是控製工作的第二環節。在這個階段，管理者可以發現計劃中存在的缺陷，有什麼樣及什麼程度的偏差，它們是由什麼原因引起的，應該採取什麼樣的糾正措施。企業經營活動中的偏差如果能在產生之前就發現，則可以知道管理者應該預先採取什麼樣的措施來避免，這種理想的控製和糾偏方式雖然有效，但是其實現可能性不大。在這種限制條件下，最滿意的控製方式是能在偏差產生之後迅速採取必要的糾偏行動。為此，要求管理者及時掌握反映偏差是否產生，並能判定其嚴重程度的信息，用預定標準對實際工作成效和進度進行檢查、衡量和比較，就是為了提供這類信息。衡量績效是控製的中間環節，也是工作量最大的一個環節，這個環節的工作影響著整個控製效果。

為了能及時、正確地提供反映偏差的信息，同時又符合控製工作在其他方面的要求，管理者在衡量工作績效時應該做的工作如下：

(1) 確定適宜的衡量方式

衡量工作成效就是以控製標準為尺度對實際工作加以檢驗，衡量績效的目的就是取得控製對象的有關信息、及時、準確地掌握偏差是否發生，並判斷偏差的嚴重程度，從而對控製對象進行糾偏或者調試。為此，在衡量實際工作成效的過程中管理者應該對需要衡量什麼、如何衡量、間隔多長時間進行衡量和由誰衡量等做出合理的安排。

①衡量的項目。管理者應針對決定實際工作成效好壞的重要特徵項目進行衡量。但是容易出現一種趨向，即側重於衡量那些容易獲取統計數據的項目。比如科研人員的勞動效果常常根據研究小組上交研究報告的數量和質量來判斷其工作進展，然而根據這些標準去進行檢查，得到的可能是誤導信息：科研人員用更多的時間和精力去撰

寫數量更多、結構更嚴謹的報告，而不是將這些精力真正花在科研上。這樣就忽視了那些不易衡量但實際相當重要的項目。

②衡量的方法。管理者可通過觀察、報表、報告、抽樣調查及召開會議等多種方式來獲得實際工作績效方面的資料和信息，衡量利弊。在衡量實際工作成績的過程中可以多種方法結合使用，以確保所獲取信息的質量。衡量的方法應科學，應根據所確立的標準進行，對計劃執行中存在的問題，不誇大、不縮小，實事求是反映情況。

③衡量的頻度。有效控製要求確定適宜的考核頻度，也就是衡量實際績效的次數或頻率。控製過多或不足都會影響控製的有效性。這種「過多」或「不足」，不僅體現在控製對象和標準數目的選擇上，還表現在對統一標準的衡量次數或頻度上。有效控製要求確定適宜的衡量頻度。對控製對象或要素的衡量頻度過高，不僅會增加控製的費用，還會引起有關人員的不滿，影響他們的工作態度，從而對組織目標的實現產生負面影響；但是衡量和檢查的次數過少，則有可能造成許多重大的偏差不能被及時發現，不能及時採取糾正措施，從而影響組織目標和計劃的完成。

適宜的衡量頻度取決於被控製活動的性質、控製活動的要求。例如，對產品的質量控製常常需要以小時或以日為單位進行，而對新產品開發的控製可能只需以月為單位進行就可以了。需要控製的對象可能發生重大變化的時間間隔是確定適宜的衡量頻度所需考慮的主要因素。

④衡量的主體。衡量實際績效的主體不一樣，控製工作的類型也就形成差別，這也會對控製效果和控製方式產生影響。例如，目標管理之所以被稱為是一種「自我控製」方法，就是因為工作的執行者同時也成了工作成果的衡量者和控製者。相比之下，由上級主管或職能人員進行的衡量和控製則是一種強加的、非自主的控製。

（2）建立有效的信息反饋系統

對實際工作情況進行衡量的目的，是為了給控製工作提供有用的信息，為糾正偏差提供依據。因此，這種信息反饋的速度、準確性直接影響到控製指令的正確性和糾偏措施的準確性，因此，必須建立有效的信息反饋系統，使反映實際工作情況的信息適時地傳遞給管理者，使之能及時發現問題。有效的信息反饋系統還可以及時將偏差信息傳遞給控製對象有關的部門和工作人員，使他們準確及時地知道自己的工作狀況，以促進其不斷改進自己的工作。信息反饋系統的建立要抓住兩點：一是確定與控製有關的人員在信息傳遞過程中的任務與責任。二是明確信息的收集方法、傳遞程序和時間要求。有了暢通的信息反饋系統，控製工作才能卓有成效地開展下去。

（3）通過衡量績效，檢驗標準的客觀性和有效性

衡量工作成效是以預定的標準為依據來進行的。如果偏差在執行中出現問題，那麼需要糾正執行行為本身；如果是標準本身存在問題，則要修正和更新預定的標準，這樣利用預定標準去檢查各個部門、各個階段和每個人工作的過程，同時也是對標準的客觀性和有效性進行檢驗的過程。

檢驗標準的客觀性和有效性，是要分析通過對標準執行情況的測量能否取得符合控製需要的信息。在為控製對象確定標準的時候，人們可能只考慮了一些次要的因素，或者只重視了一些表面的因素，故利用既定的標準去檢查人們的工作，有時並不能達

到有效控制的目的。比如，衡量職工出勤率是否達到了正常水平，不足以評價勞動者的工作熱情、勞動效率或勞動貢獻。因此，衡量過程中的檢驗就是要辨別並剔除那些不能為有效控制提供必需的信息，以及容易產生誤導作用的不適宜的標準，以便根據控制對象的本質特徵制定出科學合理的控制措施。

8.2.3 分析鑒定偏差並採取糾偏措施

糾正偏差是控制過程的第三個環節，在此之前必須分析鑒定偏差，明確其是否存在，如果存在，就要追根溯源，準確地找出其產生的原因。只有這樣才能對症下藥，採取的糾偏措施才得當。

8.2.3.1 鑒定和分析偏差

通過對實際業績和控制標準之間的比較，確定兩者之間是否有偏差。若無偏差則按原計劃進行；若有偏差，那麼首先要瞭解偏差是否在標準允許的範圍之內。如果在標準允許的範圍之內，則工作繼續進行，但也要分析其產生的原因，以便改進工作，將問題消滅在萌芽狀態；如果偏差超出了標準允許的範圍，就應該及時深入地分析偏差產生的原因。

找出偏差的原因是進一步採取糾偏措施的前提。分析偏差首先要確定偏差的性質和類型。產生偏差的原因是多種多樣的，主要有：

（1）因標準本身是基於錯誤的假設和預測，從而使該標準無法達成。
（2）從事該項工作的職工不能勝任此項工作，或者是由於沒有給予適當的指令。
（3）和該項工作有關的其他工作發生了問題。
（4）從事該項工作的職工玩忽職守。

偏差有正偏差和負偏差之分。正偏差是指實際業績超過了計劃需求，而負偏差是指實際業績未達到計劃要求。負偏差固然引人注目，需要分析。正偏差同樣需要進行原因分析。如果是由於環境變化導致的有益的正偏差則需要修改原計劃以適應變化了的環境。

在進行偏差分析時，必須以冷靜客觀的態度來進行，以免影響分析的準確性。同時應抓住重點和關鍵，從主觀和客觀兩方面做實事求是的分析。

8.2.3.2 採取糾偏措施

對偏差進行分析的目的是為了採取正確的糾偏措施，以保證計劃的順利進行和組織目標的實現。在深入分析偏差產生的原因的基礎上，管理者要根據不同的偏差採取不同的措施。一般而言，糾偏措施可以從以下幾個方面進行：

（1）改進工作方法

通常來說，在組織內外環境沒有發生重大變化的情況下，工作績效達不到原定的控制標準，工作方法不當是主要原因。特別是在組織中，生產和計劃的目標是生產出高質量、符合社會需要的產品。因此生產和計劃都是以生產為中心的，而生產技術則是生產過程中的重要一環，在很多情況下偏差是來自於技術上的原因。為此就要採取技術措施，及時處理生產過程中出現的技術問題。

（2）改進組織工作和領導工作

控制職能與組織、領導職能是相互影響的。組織方面的問題主要有兩種，一是計劃制訂之後，組織實施方面的工作沒有做好；二是控製工作本身的組織體系不完善，未能及時地對已經產生的偏差進行跟蹤和分析。在這兩種情況下，都應改進組織工作，如調整組織機構、調整責權利關係、改進分工協作關係等。偏差也可能是由於執行人員能力不足或工作積極性不高而導致的，那麼就需要通過改進領導方式來糾正。

（3）調整或修正原有計劃或標準

如果偏差較大，就有可能是由於原有計劃安排不當導致的；也可能是由於內外環境的變化，使原有的計劃與現實狀況之間產生了較大的偏差。無論是哪一種情況，都要對原有計劃進行適當的調整。需要注意的是，調整計劃不是任意地變動計劃，調整不能偏離組織總的發展目標，調整的目的歸根到底還是為了實現組織目標。在一般情況下，不能以計劃遷就控製，任意地根據控製的需要來修正計劃。只有當事實表明計劃的標準過低或過高，或因環境發生了重大變化使原有計劃實施的前提不復存在時，才能對計劃或標準進行修改。

8.3 控製方法

8.3.1 預算控製

企業未來的幾乎所有的活動都可以利用預算來控製，預算是一種計劃技術，是未來某個時期具體的數字化的計劃。預算也是一種控製技術，它把預算指標作為控製標準，用來衡量其計劃的執行情況，預算是指用貨幣或其他數量術語編制的財務計劃或綜合計劃。它用財務數字或非財務數字來表明組織的預期結果。預算在組織管理中起著十分重要的作用。

通過預算，企業將計劃分解落實到組織的各個層次和各部門，使主管人員能清楚地瞭解哪些資金由誰來使用，計劃將涉及哪些部門和人員，多少費用、多少收入，以及實物的投入量和產出量。主管人員以此為基礎進行人員的委派和任務的分配、協調，指揮組織的活動，並在適當的時間將組織的活動結果和預算進行比較，若發生偏差就及時採取糾正措施，以保證組織能在預算的限度內完成計劃。同時，預算可使組織的成員明確本部門的任務和權責，更好地發揮主觀能動性。因此，預算能從戰略和全局的角度保障計劃的順利執行。

（1）預算控製的含義

預算控製是指通過編制預算，然後以編制的預算為基礎來執行和控製組織的各項活動，並比較預算與實際的差異，分析差異的原因，然後對差異進行處理的過程。

不同的組織，預算各具特色，即使是一個組織的不同部門，也存在著各種各樣的預算，歸納起來，預算主要有以下幾種：

①收支預算，又叫經營預算，指組織在預算期內以貨幣單位表示的收入和經營費

用的預算。

②投資預算，指組織為了更新或擴大生產能力，計劃增加組織的固定資產，如新建廠房、添置設備等，在可行性研究的基礎上編制組織的預算。它具體反映在何時進行投資，投資多少，資金從何處取得，何時可獲取收益，需要多少時間收回全部投資等。

③實物量預算，指以實物為計量單位的預算。

④現金預算，指反映計劃期內現金收入、現金支出、現金餘額及融資情況的預算。

⑤資產負債預算，指對組織會計年度末期的資產、負債和淨值等進行的預算。負債經營是組織保持財務收支平衡的重要措施，包括組織向銀行貸款、社會集資、發行股票債券以及向國外籌措資金等。

（2）一般預算

一般預算又稱傳統預算，指僅針對某一個或幾個因素來實施控製，它是以貨幣以及其他數量形式所反映的有關組織在未來一段時期內局部的經營活動及各項目標的行動計劃與相應措施的數量說明。

一般預算的編制有三個步驟：首先以外推法將過去的支出趨勢延伸至下一年度；其次將數額適量增加，滿足物價上漲因素帶來的直接人工成本和原材料成本的提高；最後將數額予以提高，滿足修改后所需要追加的預算支出。

（3）全面預算

全面預算是以貨幣等形式展示未來某一特定時期內組織全部經濟活動的各項目標及其資源配置的數量說明。它包括經營預算、財務預算和專門決策預算三個組成部分。

經營預算是企業預期日常發生的基本業務活動的預算。它主要包括銷售預算、生產預算、直接材料預算、直接人工預算、製造費用預算、單位產品成本與期末存貨成本預算、銷售與管理費用預算等。這些預算通常以實物量指標和價值量指標分別反映企業收入與費用的構成情況。

財務預算是反映企業預期現金收支、經營成果和財務狀況的預算。它包括現金預算、預計利潤表、預計資產負債表和預定現金流量表等。這些預算以價值量指標總量反映企業經營預算和資本支出預算的結果。

專門決策預算是企業為不經常發生的非基本業務活動所編制的預算。如企業根據長期投資決策編制的資本支出預算，根據融資決策編制的籌資預算，根據股利決策編制的股利分配預算等。

由於價值指標可以總體反映經營期決策預算與業務預算的結果，所以財務預算也叫總預算，其他則稱為輔助預算或分預算。全面預算的編制應以決策確定的經營目標為出發點，根據市場預測和目標利潤，貫徹以銷定產的原則，按業務預算后財務預算的順序編制。

（4）預算的作用及其局限性

由於預算的實質是以統一的貨幣單位為企業各部門的各項活動編制計劃，因此，它使得企業在不同時期的活動效果和不同部門的經營業績具有可比性。它也使管理者瞭解企業經營管理的變化方向和組織中的優勢部門和問題部門，從而為調節企業活動

指明了方向。通過為不同的職能部門和職能活動編制預算，也為協調企業活動提供了依據。更重要的是，預算的編制與執行始終與控製過程聯繫在一起，編制預算是為企業的各項活動確定財務標準。用數量形式的預算標準來對照企業活動的實際效果，大大方便了控製過程中的績效衡量工作，使之更加客觀可靠。在此基礎上，很容易測量出實際活動對預期的偏離度，從而為採取糾正措施奠定了基礎。

由於這些積極的作用，預算手段在組織管理中得到了廣泛的應用。但是在預算的編制和執行中，也暴露了一些局限性。首先，它只能幫助企業控製那些可以計量特別是可以用貨幣單位計量的業務活動，而不能促使企業對那些不能計量的企業文化、企業形象、企業活力的改善予以足夠的重視。其次，編制預算時通常參照上期的預算項目和標準，從而會忽視本期活動的實際需要，因此容易導致這樣的錯誤，即上期有的但本期不需要的項目仍然使用，而本期必要的但上期沒有的項目會因缺乏先例而不能增設。最后，企業的外部環境是不斷變化的，這些變化會改變企業獲取資源的支出或銷售產品實現的收入，從而使預算變得不合時宜，因此，缺乏彈性、非常具體特別是涉及較長時間的預算將會帶來負面影響。

8.3.2 質量控製

質量是由產品使用目的書提出的各項使用特性的總稱。產品質量特性按一定尺度、技術參數或技術經濟指標的規定必須達到的水平，形成質量標準。質量標準是檢驗產品是否合格的技術依據。

(1) 質量控製的含義

質量控製就是以質量標準作為技術依據並作為衡量標準來檢驗產品質量。為保證產品質量符合規定的標準、要求和滿足用戶使用的目的，企業需要在產品設計、試製、生產製造直至使用全過程中，進行全員參加的、事后檢驗和預先控製有機結合的、從最終產品的質量到產品賴以形成的工作質量方面全方位地開展質量管理活動。

質量控製經歷了三個階段，即質量檢驗階段、統計質量管理階段和全面質量管理階段。質量檢驗階段主要在 20 世紀 20-40 年代，工作重點在產品生產出來之後的質量檢查；統計質量管理階段主要在 20 世紀 40-50 年代，管理人員主要以統計方法作為工具，對生產過程加強控製，提高產品的質量；全面質量管理階段從 20 世紀 50 年代開始，是以保證產品質量和工作質量為中心、全體員工參與的質量管理體系，具有多指標、全過程、多環節和綜合性的特徵。

(2) 產品質量控製

產品質量控製是指產品適合一定的用途，滿足社會和人們一定的需要所必備的特性。一般將產品質量特性應達到的要求規定在產品質量標準中。產品質量控製是企業生產合格產品、提供顧客滿意的服務和減少無效勞動的重要保證。在市場經濟條件下，產品的質量控製應達到兩個基本要求：一是產品達到質量標準；二是以最低的成本生產出符合市場需求的質量標準的產品。

進行嚴格的質量控製，首先是掌握全面的質量管理方法，這是對產品質量監控的行之有效的方法。全面質量管理是指企業內部的全體員工都參與到企業產品質量和工

作質量的過程中，把企業的經營管理理念、專業操作和開發技術、各種統計與會計手段方法等結合起來，在企業中建立從研究開發、新產品設計、外購原材料、生產加工，到產品銷售、售後服務等環節的貫穿企業生產經營活動全過程的質量管理系統。

全面質量管理強調動態的過程控製。質量管理的範圍不能局限在某一個或者某幾個環節和階段，必須是從市場調查、研究開發、產品設計、加工製造、產品檢驗、倉儲管理、途中運輸、銷售安裝、維修調換等整個過程進行全面的質量管理。

全面質量管理的內容主要包括兩個方面：一是全員參與質量管理；二是全過程質量管理。

（3）員工工作質量控製

工作質量是指企業為保證和提高產品質量，在經營管理和生產技術工作方面所達到的水平。它可以通過企業各部門、各崗位的工作效率、工作成果、產品質量、經濟效益等反映出來。可以用合格品率、不合格品率、返修率、廢品率等一系列工作中的質量指標來衡量，是企業為了保證和提高產品質量，對經營管理和生產技術工作進行的水平控製。

（4）產品生產工序質量控製

產品生產工序質量控製是實現產品開發意圖，形成產品質量的重要環節，是實現企業質量目標的重要保證。它主要包括技術準備過程、製造過程和服務過程的質量控製。

①技術準備過程的質量控製。目的是使正式生產能在受控狀態下進行。質量控製工作必須做好以下四點工作：受控生產的策劃工作、過程能力控製、輔助材料、共用設施和環境條件的控製、搬運控製。

②製造過程的質量控製。製造過程控製是指從投入原材料開始到制成產品的整個過程的質量控製，其基本要求是：技術文件控製、過程更改控製、物資控製、設備控製、人員控製、環境控製。

③輔助服務過程的質量控製。包括物資供應的控製和設備的質量控製。

8.3.3 成本控製

（1）成本控製的含義

成本控製就是指以成本為控製手段，通過制定成本總水平指標值、可比產品成本降低率及成本中心控製成本的責任等，達到對經濟活動實施有效控製的目的的一系列管理活動與過程。成本控製包括狹義的成本控製和廣義的成本控製。

狹義的成本控製指運用各種方法預定成本限額，按限額開支，以實際與限額作比較，衡量經營活動的成績與效果，並以例外管理原則糾正不利差異，以提高工作效率，實現不超過預期成本限額的要求。

廣義的成本控製是成本管理的同義詞，它包括一切降低成本的努力，目的是以最低的成本達到預先規定的質量和數量。

（2）原材料消耗費用的控製

原材料消耗費用包括原材料的購買費用、庫存費用等，庫存費用又可再分為存儲

費用和訂貨費用。

當企業訂購大量原材料時，其訂貨費就會降低，但同時卻增加了存儲費用。企業需要在二者之間進行合理地選擇。

此外，還應注意庫存的風險成本。例如，存貨變質引起的質量風險成本、存貨被偷竊引起的數量風險成本、貨物過時引起的商業風險成本、原材料或物資在購買後其市場價格下跌引起的價格風險成本。

（3）固定資產折舊費用的控製

固定資產費用由折舊費用和維修保養費用組成。可以將固定資產看作具有一定數量的產品的生產能力，該生產能力是有限的，隨著時間的推移，該生產能力逐漸消耗。對於一件固定資產來說，經過使用後，其工作能力無論在數量上還是在質量上都是逐漸下降的。工作能力的下降會產生越來越多的繼續保養工作。因此，對於陳舊的機械設備就需要權衡是更新還是繼續使用。當增加的成本是固定資產的使用不經濟，或更先進的技術使原有的設備無競爭力時，設備的經濟壽命就結束了。

固定資產的生產能力可以延續數個會計期間，因此，固定資產的成本應分攤到其所生產的產品中。計算折舊首先要確定設備的使用年限，財務稅收制度對各類固定資產的折舊年限和方法做了規定，企業可更具體化這些規定，結合本企業的具體情況，合理確定固定資產使用的年限和方法。

固定資產不是企業的現金流出，企業並沒有為誰支出折舊。按會計期間計算利潤時，應該把以前固定資產投資的資本支出作為成本加以分期計提。折舊額的多少或計提折舊的快慢並不代表企業實際成本支出的多少或快慢。但這會影響企業的利潤總額，也就影響企業實際支付的所得稅額。因此，折舊計算方法的不同將影響國家與企業的分配關係。

（4）成本控製的重要性

成本控製是企業增加盈利的根本途徑，實現直接服務於企業的目的，無論在什麼情況下，降低成本都可以增加企業的利潤。即使不完全以盈利為目的的國有企業，如果成本過高，不斷虧損，其生存也將受到威脅，而難以在調控經濟、擴大就業和改善公用事業等方面發揮作用，同時還會影響政府財政，加重納稅人的負擔，對國民生計不利，失去其存在的價值。

成本控製是抵抗內外壓力、求得生存的主要保障。企業外有同行競爭、政府課稅和經濟環境逆轉等不利因素，內有職工改善待遇和股東要求分紅的壓力。企業用以抵禦內外壓力的武器，主要是降低成本、提高產品質量、創新產品設計和增加產銷量。提高銷售價格會引發經銷商和供應商相應的提價要求和增加流轉稅的負擔，而降低成本可避免這類壓力。

成本控製是企業發展的基礎，成本降低了，可減價擴銷；經營基礎鞏固了，才有力量去提高產品的質量，創新產品設計，尋求新的發展。

思考題

1. 控製過程包括哪些階段的工作？如何進行有效的控製？

2. 三種控製類型的概念、適用情況、目的分別是什麼？
3. 怎樣理解控製工作的重要性？
4. 控製與其他管理職能的關係？

9 創新

組織、領導和控制是保證計劃目標的實現所不可缺少的,其任務是保證系統按預定的方向和規則運行,起到維持功能的作用。但是,在動態環境中生存的社會經濟組織,僅有維持是不夠的,還必須不斷調整系統活動的內容和目標,以適應環境變化的要求,這就是管理的創新職能。本章重點介紹創新的含義,創新的分類,創新的內容、過程以及創新的方法等。

9.1 創新概述

9.1.1 創新的含義

創新又稱革新或改革。經濟學家約瑟夫・熊彼特認為,經濟增長最重要的動力和最根本的源泉在於企業的創新活動。創新概念包括以下五種情況:一是採用一種新的產品,也就是消費者還不熟悉的產品,或一種產品的一種新的特徵。二是採用一種新的生產方法,這種新的方法不需要建立在科學的新的發展基礎上;並且,也可以存在於商業上處理一種產品的新的方式之中。三是開闢一個新的市場,也就是有關國家的某一製造部門以前不曾進入的市場,不管這個市場以前是否存在過。四是掠取或控制原材料或半成品的一種新的供應來源,也不問這種來源是已經存在的,還是第一次創造出來的。五是實現任何一種工業的新組織,或打破一種壟斷地位。熊彼特認為,創新就是生產手段的新組合。在他所述的創新活動的五種形式中,第一種、第二種可以視為技術創新,第三種、第四種可視為市場創新,第五種可視為管理創新。

創新是創新主體為了某種目的所進行的創造性活動。創新是一個經濟概念。管理體系中的創新者是指那些看到了經濟中存在的潛在利益,並敢於冒風險,把新發明引入經濟之中,以便取得這種潛在利益的組織管理者。

創新與創造在形式上非常接近,但它與創造又有所區別。一般意義上的創造,範圍更寬,可以是無目的的活動。而創新則具有明確的目的性,是通過對各種要素的創造、組合而產生新的有用的東西。創新具有兩大特徵:一是目的性,即創新特別強調效益的產生,創新更是一個創造財富,創造有用的東西,沿著商業化的目標進行一系列加工、組合、創造的過程。二是獨特性。創新要有其獨到的方面,或是完全新穎的方法或材料,或是對人熟知的方法和材料進行重新組合而產生前所未有的效果。所以,創新是一個發揮創新主體創造性的過程,是人類財富創造的源泉。

9.1.2 創新的要素

9.1.2.1 推動企業創新的外部要素

(1) 市場變化

市場變化是推動企業管理創新首要的外部要素。市場變化主要包括需求的變化、競爭的變化、資本和勞務市場的變化。最重要的市場變化是需求的變化。企業作為市場中的供給方是為滿足需求而存在的，企業通過創新，一方面創造需求，也就是滿足潛在需求；另一方面是滿足現實需求。另一個重要的市場變化是競爭的變化。激烈的競爭往往使企業更傾向於適應市場的創新類型，因為創造市場的創新類型風險會更大。資本和勞務市場的變化也能誘發管理創新。

市場一旦發生變化，企業必須迅速對其做出反應，分析這種變化對企業經營業務可能產生的影響。面對同一市場和行業結構的變化，企業可能做出不同的創新和選擇。關鍵是要迅速地組織創新的行動，至於創新努力的形式和方向則可以是多重的。

(2) 行業結構

行業結構主要指行業中不同企業的相對規模和競爭力結構以及由此決定的行業集中或分散度。企業是在一定的行業結構和市場結構條件下經營的，是行業內各參與企業的生產經營共同作用的結果，也制約著這些企業的活動。行業結構發生變化，也要求企業必須迅速對此做出反應。實際上，處在行業之內的企業通常對行業發生的變化不甚敏感，而那些「局外人」則可能更易察覺到這種變化以及這種變化的意義，因而也較易組織和實現創新。所以，對已在行業內存在的現有企業來說，行業結構的變化常常構成一種威脅。

(3) 社會政治文化背景

社會政治文化特點決定了價值取向和思維方式，也就決定了管理的方式和特點。同時，一個民族的社會的文化和價值觀是不斷發展的。隨著人們物質的不斷豐富，精神追求不斷上升。管理要求體現人的自身價值，以人為本的思想。企業管理創新會跟著社會變化的發展而發展。社會、政治、文化的變化對企業的影響，有的是通過市場變化來完成的，有的是直接對企業行為有約束力，如政府的政策、法律等。因此，推動企業管理創新的外部因素，最強有力的因素是市場變化。

9.1.2.2 推動企業創新的內部要素

在企業內部，推動企業管理創新的主要力量是資本、人才和科學技術。

(1) 資本

資本問題，在企業外部是籌資和投資問題，體現了經營技巧。企業內部的資本問題主要是成本問題，即資本的投入量。在相同的條件下，資本投入量越少，成本越低，效益越高。企業之間的競爭在某種意義上表現為成本的競爭。在企業內部，管理創新的主要壓力，或者說主要驅動力是成本，不斷降低成本是企業管理創新永恆的主題。

(2) 勞動

勞動的實質是勞動者問題。在相同條件下，勞動者投入的勞動量越多，質量越高，

效益就越高。勞動投入的增加可以是勞動時間和勞動強度絕對值的增加，也可以是有效勞動量的增加，還可以是有機勞動量，即創造性勞動量的增加。從「機器人」到「經濟人」到「社會人」再到「文化人」，所有以人為對象的管理創新都是為了增加有效勞動和有機勞動，為了使人主動地去增加這種勞動的投入。因此，企業管理歸根到底是對人的管理，成本要靠人來控製，技術要靠人來發展和應用，人才在企業管理創新中處於中心位置。

（3）科學技術

科學技術包括自然科學、社會科學。創新觀念是企業管理創新的強大推動力。管理創新依賴於科學技術的發展，如機器的使用加強了專業化趨勢；數理統計技術促進了質量管理的發展。社會科學對管理創新的作用更為直接，因為管理本身就是社會科學的一個部分。在管理科學和管理實踐的發展過程中，不斷吸收經濟學、社會學、心理學、行為科學和其他社會科學的最新成果，其中特別是經濟學和行為科學，它們的每一個成果都直接影響著管理的發展與創新。創新觀念是管理創新的最直接的推動力。在科學技術創新領域，無形勝有形，是觀念和意願在調動資本營運，創新觀念雖然無形，卻是企業的重要資源，是企業管理創新的要素。

企業管理創新的起點永遠是市場，企業管理創新的終點也永遠是市場，不從市場出發，不經受市場檢驗的「創新」不可能是真正的創新。企業管理創新的任務，就在於不斷整合資本、人才、科技三要素，使其處於最佳組合，最大限度地滿足不斷變化的市場和社會。

9.1.3　創新的分類

創新可以從不同的角度去分類。

（1）從作為管理職能的基本內容來看，創新可分為目標創新、技術創新、制度創新和環境創新。

目標創新是指企業在一定的經濟環境中從事經營活動，一定的環境要求企業按照一定的方式提供特定的產品。一旦經濟環境發生變化，要求企業的生產方向、經營目標，以及企業在生產過程中與其他社會經濟組織的關係進行相應的調整。

技術創新是一個從新產品或新工藝設想的產生到市場應用的完整過程，它包括新設想產生、研究、開發、商業化生產到擴散等一系列的活動。

制度創新是指對組織的制度做出新安排或對現有的制度安排做出變更。

環境創新是指通過企業積極地創新活動去改造環境，引導環境朝著有利於企業經營的方向轉化。

（2）從創新的規模以及創新對系統的影響程度來看，可分為局部創新和整體創新。

局部創新是指在系統性質和目標不變的前提下，系統活動的某些內容、某些要素的性質或其相互組合的方式，系統的社會貢獻的形式或方式等發生變動。

整體創新則往往改變系統的目標和使命，涉及系統的目標和運行方式，影響系統的社會貢獻的性質。

（3）從創新與環境的關係來看，可分為消極防禦型創新和積極攻擊型創新。

消極防禦型創新是指由於外部環境的變化對系統的存在和運行造成了某種程度的威脅，為了避免威脅或由此造成的系統損失的擴大化，系統在內部展開的局部或全局性的調整。

積極攻擊型創新是在觀察外部世界的過程中，敏銳地預測到未來環境可能提供的某種機會，從而主動地調整系統的戰略和技術，以積極地開發和利用這種機會，謀求系統的發展。

（4）從創新的組織程度上看，可分為自發創新與有組織的創新。

任何社會經濟組織都是在一定的環境中運轉的開放系統，環境的任何變化都會對系統的存在和存在方式產生一定的影響。自發創新是指系統內部與外部有直接聯繫的各子系統在接收到環境變化的信號以後，必然會在工作內容、工作方式、工作目標等方面自發進行積極或消極的調整，以應付變化或適應變化的要求。

與自發創新相對應的，是有組織的創新。有組織的創新包含以下兩層意思：一是系統的管理人員根據創新的客觀要求和創新活動本身的客觀規律，制度化地檢查外部環境狀況和內部工作，尋求和利用創新機會，計劃和組織創新活動。二是系統的管理人員要積極地引導和利用各要素的自發創新，使之相互協調並與系統有計劃的創新活動相配合，使整個系統內的創新活動有計劃、有組織的展開。只有組織的創新，才能給系統帶來預期的、積極的、比較確定的結果。有組織的創新也有可能失敗，但是，有計劃、有目的、有組織的創新取得成功的機會無疑要遠遠大於自發創新。

9.1.4　創新的內容

9.1.4.1　觀念創新

觀念是一種生活沉澱下來的慣性。一切創新源於觀念的創新。觀念是行為的先導，它驅動、支配並制約著行為。行為的創新首先是觀念的創新，沒有創新的觀念就不會產生創新的行為，可以說觀念創新是行為創新的靈魂。企業要想進行管理創新，也必須首先實現觀念創新。

所謂觀念創新，是指形成能夠比以前更好地適應環境的變化並能更有效地整合資源的新思想、新概念或新構想的活動，它是以前所沒有的、能充分反映並滿足人們某種物質或精神需要的意念或構想。對企業管理活動來說，管理觀念的創新主要包括以下幾種情況：提出一種新的經營方針及經營戰略；產生一種新的管理思路並把它付諸實踐；採用一種新的經營管理策略；採用一種新的管理方式和方法；提出一種新的經營管理哲學或理念；採用一種新的企業發展方式；等等。

觀念創新既包括員工個人的觀念創新，也包括整個組織的觀念創新。這兩個方面的觀念創新相互聯繫、相互影響，個人觀念創新服務服從於組織觀念創新，並對組織觀念創新產生推動或阻礙作用；組織觀念創新體現著觀念創新的方向，並對個人觀念創新產生引導、整合或抑製作用。但是，無論是個人觀念創新還是組織觀念創新，它們都是對客觀環境變化的一種能動反映，是主動適應客觀環境變化的結果。由於變化是客觀環境的本質特徵，所以觀念創新也沒有止境。

根據觀念創新與環境變化之間的關係，可以將觀念創新簡單概括為三種基本類型：一是超前型，即觀念創新領先於環境變化，在時間上有一個提前量，能夠隨時應付環境的變化；二是同步型，即觀念創新與環境變化同步，能隨著客觀環境的變化及時進行觀念創新；三是滯後型，即觀念創新落後於環境變化，觀念落後於時代，少變、慢變或不變。作為管理者，應該自覺地進行觀念創新，力求超前，至少同步，絕不滯後。但這並不是說觀念創新越超前越好，越新越好。一味超前創新，並非都是好事，輕則會增加創新成本，重則會導致各種傳統觀念的反對和抵制，反而可能延誤創新時機。

　　人的新思想、新觀念不是與生俱來的，而是長期學習、累積和塑造的結果，所以只有堅持不斷地學習，才能實現觀念的不斷創新。不僅如此，人的思想觀念的形成和發展還受到思維模式的影響和制約，落後的思維模式只能導致觀念的僵化，只有創新的思維模式才能帶來思想觀念的真正解放。因此，要實現觀念的不斷創新，就必須進行創新思維模式的培養和修煉，只有不斷培養提高人們的創新思維能力，才能找到新思想、新觀念產生的不竭源泉。

　　觀念創新是管理創新的先導。觀念創新實際上是一場觀念革命，是一個否定自我、超越自我的過程，是一個改變現有利益格局、重構新的利益關係的過程，是一個不斷學習、累積和提高的過程。管理創新是永恆的，管理理念永遠引導著企業管理者超越自我，超越已有的管理理論、管理經驗和管理模式而逐步走向管理的自由王國。

9.1.4.2　目標創新

　　企業是在一定的社會經濟環境中開展經營活動的，特定的環境要求企業按照特定的方式提供特定的產品。企業管理目標，是企業管理所要預期達到的結果，也是企業不斷發展的動力源泉。企業管理目標必須是根據企業發展規律，從企業內外環境條件和實際出發，權衡有利因素和不利因素，分析和估計現實條件和潛在條件，考慮需要與可能，並經過反覆測算和科學論證後確定的。企業管理目標確定後，在一定時期內是相對穩定的，但並不是一成不變的，一旦環境發生變化，企業的生產方向、經營目標以及企業在生產過程中同其他社會經濟組織的關係就需要進行相應的調整。企業管理目標調整不應是適應性地消極調整，而應是創造性地目標創新。目標創新要有長遠的戰略眼光，根據內外環境條件，大膽設想，使其既有實現的可能，又始終具有超前性和挑戰性，有利於企業的長遠發展和長遠利益。同時，目標創新還要具有可分解性和可操作性，使其對企業各層次的人都提出明確要求和挑戰，使他們都成為創新主體，並在創新中實現自身價值。不同時期、不同階段企業所面臨的環境各有不同，企業必須適時地根據市場環境和消費需求的特點及變化趨勢調整經營思路和策略，整合生產經營資源要素。而企業的每一次調整都是一種創新。目標的創新是企業發展中的一種根本性的、決定全局的管理創新。

9.1.4.3　技術創新

　　技術創新就是為了滿足消費者不斷變化的需求，提高競爭優勢而從事的以產品及其生產經營過程為中心的包括構思、開發、商業化等環節的一系列創新活動。技術創新是企業創新的主要內容，企業中出現的大量創新活動是關於技術方面的，因此，有

人甚至把技術創新視為企業管理創新的同義語。技術水平是反映企業經營實力的一個重要標誌，企業要在激烈的市場競爭中處於主動地位，就必須順應甚至引導社會的技術進步，不斷地進行技術創新。由於一定的技術都是通過一定的物質載體和利用這些載體的方法來體現的，因此企業的技術創新主要表現在要素創新、要素組合方法創新和產品創新。

（1）要素創新。企業的生產經營過程是一定的勞動者利用一定的勞動手段作用於勞動對象使之改變物理、化學形式或性質的過程。參與這個過程的要素包括材料、設備和企業員工等三類。所以要素創新包括了材料創新、設備創新和人力資源管理創新三個方面。材料創新是指開闢新的材料來源，以保證企業擴大再生產的需要；開發和利用大量廉價的普通材料（或尋找普通材料的新用途）替代量少價高的稀缺材料，以降低產品的生產成本；改造材料的質量和性能，以保證和促進產品質量的提高。設備創新是指通過利用新的設備，減少手工勞動的比重，以提高企業生產過程的機械化和自動化的程度；通過將先進的科學技術成果用於改造和革新原有設備，延長其技術壽命，提高其效能；有計劃地進行設備更新，以更先進、更經濟的設備來取代陳舊的、過時的老設備，使企業生產經營建立在先進的物質技術基礎上。人力資源管理創新既包括根據企業發展和技術進步的要求，不斷地從外部取得合格的新的人力資源，也包括注重企業內部現有人力資源的繼續教育，用新技術、新知識去培訓、改造和發展他們，使之適應技術進步的要求。

（2）要素組合方法創新。利用一定的方式將不同的生產要素加以組合，這是形成產品的先決條件。要素的組合包括生產工藝和生產過程的時間組合和空間組合兩個方面。所以，要素組合方式的創新，一是指生產工藝創新，既要根據新設備的要求，改變原材料、半成品的加工方法，也要在不改變現有設備的前提下，不斷研究和改進操作技術和生產方法，以求使現有設備得到更充分的利用，使現有材料得到更合理的加工；二是指生產過程的時間和空間組織創新，即企業應不斷地研究和採用更合理的空間布置和時間組合方式，以提高勞動生產率，縮短生產週期，從而在不增加要素投入的前提下，提高要素的利用效率。

（3）產品創新。產品是企業的生命，企業只有不斷地創新產品才能更好地生存和發展。產品創新一般是指企業根據市場需要的變化，根據消費者偏好的轉移，及時地調整企業的生產方向和生產結構，不斷開發出用戶歡迎的適銷對路的產品，即品種創新；或是企業不改變原有品種的基本性能，對現在生產的各種產品進行改進和改造，找出更加合理的產品結構，使其生產成本更低、性能更完美、使用更安全，從而更具市場競爭力，即產品結構的創新。

9.1.4.4 制度創新

組織制度是組織運行方式的原則規定。企業制度主要包括產權制度、經營制度和管理制度。我們研究組織制度創新，是從社會經濟角度來分析企業中各成員間的正式關係的調整和變革。組織制度的運行狀態和變革、創新的程度從根本上決定了組織的未來發展狀況。

（1）經營制度創新。經營制度是有關經營權的歸屬及其行使條件、範圍、限制等方面的原則規定。它表明企業的經營方式，確定誰是經營者，誰來決定企業生產經營資料的佔有權、使用權和處置權，誰來確定企業的生產方向、生產內容、生產形式，誰來保證企業的生產經營資料的完整性和增值，誰來向企業生產經營資料的所有者負責及負何種責任。企業經營制度的創新方向應是不斷尋求企業生產經營資料最有效利用的方式。

（2）管理制度創新。管理制度是行使經營權、組織企業日常生產經營活動的各種具體規則的總稱，包括材料、設備、人員及資金等各種生產經營要素的取得和使用的規定。管理制度涵蓋的內容非常廣泛，如企業人力資源管理制度、財務管理制度、物資設備管理制度、投資決策管理制度和營銷管理制度等。管理制度的創新，要求企業根據內外環境的變化、自身的特點和企業目標的調整，適時地、靈活地完善管理制度，提高企業運行的有效性。在管理制度的眾多內容中，分配制度是最重要的內容之一。分配制度涉及如何正確地衡量成員對組織的貢獻並在此基礎上如何提供足以維持這種貢獻的報酬。由於勞動者是企業各種生產經營資源要素利用效率的決定性因素，因此，提供合理的報酬以激發勞動者的工作熱情對企業的生產經營有著非常重要的意義。分配制度的創新在於不斷地追求和實現報酬與貢獻更高層次上的平衡與一致。

總之，企業制度創新的方向是不斷調整和優化企業生產經營資料所有者、經營者和勞動者三者之間的關係，使各方面的權力和利益得到充分體現，使組織的成員的作用得到充分的發揮。

9.1.4.5 組織機構和結構的創新

企業組織的正常運行，既要求具有符合企業及其環境特點的運行制度，又要求具有與之相應的運行載體，即合理的組織形式。因此，企業制度創新必然要求組織形式的變革與發展。

從組織理論的角度來考慮，企業組織是由不同的成員擔任的不同職務和崗位的結合體。這個結合體可以從結構和機構這兩個不同層次去考察。所謂機構是指企業在構建組織時，根據一定的標準，將那些類似的或為實現同一目標有密切關係的職務或崗位歸並到一起，形成不同的管理部門。它主要涉及管理勞動橫向分工的問題，即把企業生產經營業務的管理活動分成不同部門的任務。而結構則與各管理部門之間，特別是與不同層次的管理部門之間的關係有關，它主要涉及管理勞動的縱向分工問題，即所謂的集權和分權問題。不同的機構設置，要求有不同的結構形式。組織機構完全相同，但機構之間的關係不一樣，也會形成不同的結構形式。由於機構設置和結構形式要受到企業活動的內容、特點、規模、環境等因素的影響，因此，不同的企業有不同的組織形式，同一企業在不同的時期，隨著經營活動的變化，也要求組織機構和結構不斷進行調整。組織機構和結構創新的目的在於更合理地組織管理人員的工作，提高管理勞動的效率。

9.1.4.6 環境創新

企業總是在一定的環境中求得生存和發展的。相同的環境可以對不同的企業產生

不同的影響，同樣，在不同的環境下，同一企業可能有差異很大的發展歷程。因此，環境狀況對企業的發展至關重要。環境創新不是指企業為適應外界變化而調整內部結構或活動，而是指通過企業積極的創新活動去引導環境的變化，去改造環境，從而達到使環境的變化朝著有利於企業經營的方向發展。例如，企業通過制度創新、管理方式創新等最終影響國家和地方政府經濟體制改革政策的確定；企業通過自身行為，最終影響行業遊戲規則的制定；企業通過技術創新，最終影響社會技術進步的方向等。概括地說，企業環境創新，強調企業不是被動地適應環境，對於改變環境顯得軟弱無力，而是企業能夠對環境施加影響，削弱環境對企業管理的限制力量，一定程度上實現對環境變化方向的引導。

對企業來說，環境創新的內容很多，但市場創新是最主要的。市場創新主要是指通過企業的活動去引導消費，創新需求。新產品的開發往往被認為是企業創造市場需求的主要途徑。其實，市場創新的更多內容是通過企業的營銷活動來進行的，即在產品的材料、結構、性能不變的前提下，或通過市場的地理位置轉移，或通過揭示產品新的物理使用價值，來尋找新用戶，或通過廣告宣傳、營業推廣等促銷手段，來賦予產品以一定的心理使用價值，影響人們對某種消費行為的社會評價，從而誘發和強化消費者的購買動機，增加產品的消費量。

9.1.4.7 管理模式創新

管理模式是一整套相互聯繫的觀念、制度和管理方式方法的總稱。管理模式創新就是企業為了適應內外環境的變化而針對管理模式進行的創新。管理模式創新是指基於新的管理思想、管理原則和管理方法，改變企業的管理流程、業務運作流程和組織形式。企業的管理流程主要包括戰略規劃、資本預算、項目管理、績效評估、內部溝通和知識管理。企業的業務運作流程有產品開發、生產、后勤、採購和客戶服務等。通過管理模式創新，企業可以解決主要的管理問題，降低成本和費用，提高效率，增加客戶滿意度和忠誠度。挖掘管理模式創新的機會可通過以下措施：和本行業以外的企業進行對比；挑戰行業或本企業內普遍接受的成規定式，重新思考目前的工作方式，尋找新的方式方法，突破「不可能」「行不通」的思維約束；關注日常運作中出現的問題事件，思考如何把這些問題變成管理模式創新的機會；反思現有工作的相關尺度，如該做什麼、什麼時間完成和在哪裡完成等。持續的管理模式創新可以使企業自身成為有生命、能適應環境變化的學習型組織。

9.1.4.8 管理方法創新

知識經濟發展使組織或社會的管理方法從常規管理階段步入管理創新階段。變革對組織的生存發展帶來挑戰，更帶來機遇，其核心理念在於創新。改革開放以來，一些科學管理的方法如：全面質量管理、定置管理、物料資源規劃、企業資源規劃、計算機集成製造系統等都得到了一定程度的應用。結合知識經濟所提供的軟硬件條件，應在以下幾個方面進行管理方法創新。

（1）會議創新。傳統會議往往要求在同一時間、同一地點聚集相當數量的人，討論某一主題，這使會議成為只發表特定人（主要領導）的思想，傳達上級精神的工具，

人們要為此付出許多時間成本、精力成本甚至精神成本。現在要充分利用計算機網路系統，實現會議無地域、無時間限制。注重會議優化與互補，通過有效的會議管理產生不同層次的創新方略組合，使會議產生較高的效率和效益。

（2）解決問題方法的創新。要通過創造性思維，從一個新的角度和層次來對待各項資源要素，合理運用不同的方法，進行要素、功能及優勢之間的重新整合。

管理方法創新要強化首創精神，通過信息技術創新創建共享資源，贏得競爭優勢。在管理方法創新上應從消極地適應市場轉向積極求變、創新，將企業管理從科學管理推進到科學加藝術的管理新境界。

9.2 創新過程

9.2.1 創新的原則

管理創新本身意味著對某些傳統管理原則的突破。這裡所說的創新原則只是從管理創新實踐中總結出來的一些行之有效的方法，並不等於是管理創新必須要遵循的戒律。

（1）目的性原則

企業的管理創新應該有明確的目的，要回答各種各樣的「為什麼」的問題：企業的長遠目標是什麼？這一目標需要調整嗎？如何調整？我們是如何做的？這些做法的有效性如何？是否存在改進的餘地？通過何種方法來改進？

明確的目的指出了創新的方向，也提出了對創新工作進行檢驗和評價的標準，這是任何一項管理工作都必須遵守的原則。漫無目的的創新是難以有所成就的，也無法確定對創新的評價和對創新者的獎懲，更不用說能夠通過一步一步地創新使企業管理上升至更高的境界。

（2）系統性原則

企業組織是由許多相互聯繫而又相互作用的要素構成的複雜系統，往往牽一髮而動全身。採用新的管理方法之前不僅要考慮實施的成本和可能的效益，而且一定要考慮清楚這個方法的影響範圍、影響程度、影響時間，充分考慮可能出現的意外情況，準備應急措施，充分考慮組織文化的適應性，考慮員工的接受程度，因此管理創新特別要強調把管理工作當作一個整體來考慮。

（3）溝通協調原則

組織管理的創新變革要涉及人們的切身利益，改變傳統的價值觀念和組織慣性，必然會遇到來自個人或組織方面的各種阻力。創新成功的關鍵在於盡可能消除阻礙創新的各種因素，縮小反對創新的力量，使創新的阻力盡可能降低。一項完美的創新方案如果得不到員工的支持是難以成功的，創新實施過程成敗的關鍵取決於作為組織成員的各方對組織創新目標及實施方式的理解，並在多大程度上達到一致，也取決於組織者的溝通技巧。

(4) 反向思維原則

所謂反向思維，是指對一個問題有意識地採取不同的思維方式來考慮，以便找出新的解決之道。比如，某個城市的商業企業降價大戰逐步升級的時候，一個中等規模的企業卻十分冷靜，它沒有倉促應戰，他想到的是這場混戰將如何結束。當這些企業都發現這場戰爭沒有勝利者的時候，開始尋找下來的「臺階」，這家企業及時地出面充當了這個「臺階」——由它出面組織了一次和平談判。無形之中它的地位由這個行業中的普通一員上升為至關重要的領導者。

5. 綜合交叉原則

企業管理創新日益成為一門綜合性學科，管理創新必然涉及對其他學科、其他行業、其他企業的做事方法的借鑑，如對企業組織的認識就是如此。

9.2.2 創新的過程

管理創新作為一個過程和一個結果，實際上可以分為四個階段：尋找機會階段、創意形成階段、創意篩選階段和創意驗證實施階段。

(1) 尋找機會階段

企業的創新，往往是從密切地註視、系統地分析社會經濟組織在運行過程中出現的不協調現象開始的。舊秩序中的不協調既可存在於系統的內部，也可產生於對系統有影響的外部。就系統的外部來說，有可能成為創新契機的變化主要有：技術的變化、人口的變化、宏觀經濟環境的變化、文化與價值觀念的轉變等。就系統內部來說，引發創新不協調現象的原因主要有：生產經營中的瓶頸、企業意外的成功和失敗等。

(2) 創意形成階段，即產生創意的階段

有創意才會有創新，能否產生創意是關係到能否進行管理創新的根本。創意是由企業中的人或與企業有關的人所產生的。能夠產生一些好的創意絕不是容易的事，它受到人的素質、當時各種因素的影響和制約。

(3) 創意篩選階段

產生了許多創意之后，需要根據企業的現實狀況、企業外部環境的狀況對這些創意進行篩選，看其中哪些有實際操作意義。對創意篩選的人員要有豐富的管理經驗、極好的創造性潛能以及敏銳的分析判斷能力。

(4) 創意驗證實施階段

選擇后的創意要通過一系列具體的操作設計，將創意變為一項確實有助於企業資源配置的管理範式，而且確實在企業的管理過程中得到了驗證。創意的驗證實施是整個創新過程中非常重要的階段，許多好的創意往往由於找不到合適的具體操作設計，而導致這一創意最終無法成為創新。因此，將創意轉化為具體的操作方案實施，是管理創新的困難所在，也是管理創新成功的要求。

9.3 創新方法

9.3.1 頭腦風暴法

頭腦風暴法是美國創造工程學家 A. F. 奧斯本在 1940 年發明的一種創新方法。這種方法是通過一種別開生面的小組暢談會,在較短的時間內充分發揮群體的創造力,從而獲得較多的創新設想。當一個與會者提出一個新的設想時,這種設想就會激發小組內其他成員的聯想。當人們捲入「頭腦風暴」的洪流之後,各種各樣的構想就像是燃放鞭炮一樣,點燃一個,引爆一串。

這種方法的規則有:不允許對別人的意見進行批評或反駁,任何人不做判斷性結論。鼓勵每個人獨立思考,廣開思路,提出的改進設想越多越好,越新越好。允許相互之間的矛盾。集中注意力,針對目標,不私下交談,不干擾別人的思維活動。可以補充和發表相同的意見,使某種意見更具說服力。參加會議的人員不分上下級,平等相待。不允許以集體意見來阻礙個人的創造性設想。參加會議的人數一般為 10~15 人,時間一般為 20~60 分鐘。

這種方法的目的是創造一種自由奔放的思考環境,誘發創造性思維的共振和連鎖反應,產生更多的創造性思維。討論 1 小時能產生數十個乃至幾百個創造性設想,適用於問題較簡單,目標較明確的決策。

隨著這種方法在運用中的發展,出現了「反頭腦風暴法」,其做法與「頭腦風暴法」相反,對一種方案不提肯定意見,而是專門挑毛病、找矛盾。它與「頭腦風暴法」一反一正可以相互補充。

9.3.2 逆向思考法

這種方法是順向思維的對立面。逆向思維是一種反常規、反傳統的思維。順向思維的常規性、傳統性,往往導致人們形成思維定勢,是一種從眾心理的反映,因而往往成為人們的一種思維「框框」,阻礙著人們創造力的發揮。這時如果轉換一下思路,用逆向法來考慮,就可能突破這些「框框」,取得出乎意料的成功。

逆向思考法由於是反常規、反傳統的,因而它具有與一般思考不同的特點,其具體特點如下三點:

(1) 突破性。這種方法的成果往往衝破傳統觀念和常規,常帶有質變或部分質變的性質,因而往往能取得突破性的成就。

(2) 新奇性。由於思維的逆向性,改革的幅度較大,因而必然是新奇、新穎的。

(3) 普遍性。逆向思維法應用範圍很廣,適用於絕大多數的領域。

9.3.3 檢核表法

這種方法適用於絕大多數類型與場合,因此又被稱為「創造方法之母」。它是用一張

一覽表對需要解決的問題逐項進行核對，從各個角度誘發各種創造性設想，以促進創造發明、革新或解決工作中的問題。實踐證明，這是一種能夠大量開發創造性設想的方法。

檢核表法是一種多渠道的思考方法，包括以下一些創造技法：遷移法、引入法、改變法、添加法、替代法、縮減法、擴大法、組合法和顛倒法。它啓發人們縝密地、多渠道地思考問題和解決問題，並廣泛運用於創造、發明、革新和企業管理。它的要害是一個「變」字，而不把視線凝固在某一點或某一方向上。

9.3.4　類比創新法

類比就是在兩個事物之間進行比較，這個事物可以是同類的，也可以是不同類的，甚至差別很大，通過比較，找出兩個事物的類似之處。然後再據此推出它們在其他方面的類似之處，因此，類比創新法是一種富有創造性的發明方法，它有利於發揮人的想像力，從異中求同，從同中求異，產生新的知識，得到創新性成果。類比方法很多，有擬人類比法、直接類比法、象徵類比法、因果類比法、對稱類比法、綜合類比法等。

9.3.5　模仿創新法

模仿創新是企業管理中最為普遍、投入少、成本低、速度快、成效好的創新策略，也是向自主創新轉化的必然過程。所謂模仿創新，又叫后發者創新，是指企業管理創新者以首創者的創新經驗為基礎，以首創者的創新成果為示範和版本，結合本企業實際，進行創新的過程。

一方面，模仿創新以模仿為基礎，這決定其具有跟隨性。不斷追蹤最新的管理創新經驗和成果，並在「跟」中學，通過對首創者創新的觀察、評判、選擇以及總結其經驗和教訓、學習相關知識等，把握和模仿其可取之處。

另一方面，模仿創新又落腳於創新，這決定其具有創造性。在學習首創者的創新經驗和成果的同時，必須結合本企業實際，創造性地把首創者的經驗和成果「移植」到本企業中來。

企業要採取模仿創新策略，首先必須不斷追蹤最新的創新經驗和成果，及時把握和瞭解最新的創新動態和趨勢。其次必須具有較強的學習、分析和理解能力，經過「分解研究」和「黑箱破譯」等，理解、把握和消化吸收首創者的創新理論基礎、管理方式方法等。最后必須具有再創新的勇氣和能力。企業對首創者創新的模仿，不是簡單地照搬照抄，而是借鑑首創者的可取的方面，剔除不可取或不適合的方面，結合企業自身實際，以創新的勇氣和精神，進行再創新、再創造。

思考題

1. 創新的要素有哪些？
2. 創新的內容有哪些？
3. 創新可以從哪些方面進行分類？具體包括哪些內容？
4. 創新過程包含了哪幾個階段？
5. 創新的方法有哪些？

第二部分
案例篇

10　決策案例

案例1　三問哲學：看馬化騰如何做決策

「每進入一個新的市場領域，我都會問自己三個問題：這個新的領域你是不是擅長？如果你不做，用戶會損失什麼嗎？如果做了，在這個新的項目中自己能保持多大的競爭優勢？」

——馬化騰

一、戰戰兢兢地進入陌生領域

有人做成了一件事，就以為也能做成另一件事，甚至是什麼事都能做成。馬化騰不是這樣，他就像一只膽怯的小狐狸一樣，發現一只獵物之后，總是左顧右盼地打量著周圍的環境，看看有沒有陷阱和危險；然后試探性地嗅嗅獵物，看看是不是已經腐爛變質，能不能吃，吃了會不會鬧肚子；然后再小心地撕開獵物一點點，品嘗一下；當發現獵物鮮美可口時，馬化騰和他的團隊就會迅速地將獵物據為己有，形成獨家壟斷的態勢。

2002年，騰訊決心進入遊戲市場。馬化騰認識到：「那個時候大型網遊常常都要收費，收入很高，10萬人在線就可能意味這一個月收入1,000萬元，這個市場是不容忽視的。如果你在這邊一點都沒有位置，或者沒有任何收入的話，你未來要做一些基礎性研發會缺少現金流。」

不僅如此，網路遊戲還消耗了用戶很多使用時間，過去網民在網吧玩的是QQ，后來玩網路遊戲的卻越來越多。「你會感覺到用戶消耗的時間事實上超過即時通訊了，這是一個無形資產上的威脅。」

網遊很多人都想做，但不是想做就能做的。下決心容易，如何進入是個問題。馬化騰不像史玉柱那樣拿著兩個億直接往裡砸。在一個虛擬的世界裡，幾萬人同時互動，存在諸多變數和可能，如何保證速度，如何保證順暢，怎樣承載那麼多人同時在線，這些都需要耐心研究和累積經驗。

（一）代理失敗

對於上馬網遊，騰訊的高層內部有不同意見。「其實最大的問題是離我們當時的能力很遠，幾個創始人沒干過，不懂，然后周圍也沒有這樣一個經理人。」馬化騰回憶說。

當敲定進入網遊的決策之后，馬化騰率團去上海拜訪陳天橋，到美國觀摩 E3 遊戲展會，通過綜合研判，騰訊還是選擇了比較保守的策略：從韓國引進遊戲先代理營運。之后，騰訊從韓國以 30 萬美元簽下了《凱旋》。由於遊戲自身缺陷，加之騰訊缺乏網路遊戲營運經驗，《凱旋》變成了「卡旋」，經營效果應該說是失敗的。

(二) 自主研發高開低走

《凱旋》失敗之後，公司裡反對網遊的聲音又大了起來。負責騰訊網遊互動娛樂業務的執行副總裁任宇昕回憶說：「有質疑的聲音，就是騰訊做棋牌類遊戲的平臺比較合適，做大型網遊離 IM 太遠了。我們是不應該進入那個領域的。」

吸取《凱旋》的教訓，馬化騰抽調了最核心的技術骨干投入遊戲研發，開發出一款休閒遊戲《QQ堂》。QQ堂一開始也不行，摸索了半年，經過不斷改善後才逐漸好轉起來。但是，《QQ堂》這類遊戲只是小打小鬧，與盛大的《傳奇》不是一個量級，不能為騰訊帶來巨額收入。努力的結果是，到 2005 年騰訊終於推出了第一款自主研發的大型網遊《QQ幻想》。

《QQ幻想》開局很好，公測一開始就贏得了 66 萬用戶，創造了國內網遊的紀錄，這讓騰訊網遊團隊很興奮。但是好景不長，由於《QQ幻想》比較簡單，不少人很快就全部過關，而且陳天橋、史玉柱大打免費遊戲牌，《QQ幻想》成了網遊收費模式的末班車，結果是這款遊戲成了一款高開低走的作品，不能說是失敗，但也不是很成功。

不過，值得欣慰的是，經過不斷地折騰，這時候的騰訊對於網遊已經不再是門外漢了，從人才到經驗都已經具備，只是等待厚積薄發的那個時刻。

(三) 拿來主義，本土改造

騰訊在網路遊戲市場所經歷的諸多挫折證明了一個問題：龐大用戶平臺的推廣只是騰訊多元化成功的一個必要條件，卻並非充分條件。

2008 年，馬化騰再次祭出騰訊最為熟悉的跟隨策略，選擇了兩款在韓國被證明成功、但是在中國尚未營運成功的遊戲：《地下城與勇士》與《穿越火線》，結果，這兩款遊戲最后都突破了 100 萬人同時在線的大關。

至此，騰訊的網遊業務方才撥雲見日，馬化騰選擇遊戲的標準是：「以務實的角度去考慮選哪些類型的遊戲，去選前人已經跑開，證明能夠成功的種類。」「為了填補那一個最可能成功的細分領域，就專門去找，或者是去投資。」然后把「細分領域做到很透，做到極致」。

從用戶需求出發，針對用戶的細分需要開展服務，這正是擁有海量用戶的騰訊的拿手好戲。騰訊在代理國外網遊的同時，也介入到對所代理產品的研發中。

馬化騰說：「我們不是簡單一個營運商，是營運商再加上一些合作，包括聯合研發，只有這樣才能真正獲得成功。」比如《穿越火線》就根據中國用戶的體驗和反饋進行了很多修改與調整。國外成功遊戲產品的本土化改造使騰訊在網遊領域逐漸站穩了腳跟。

(四) 修成正果

騰訊在網路遊戲領域的多年耕耘終於得到回報。在 2009 年的第二季度，騰訊網路

遊戲收入達到 12.41 億元，從而超過盛大成為國內第一，而且網遊收入占據了騰訊總收入的半壁江山。

可以看出，進入網遊領域，馬化騰採取了頗為保守的三步走策略。

第一步，代理大型網遊。儘管這次合作不算成功，但是卻鍛鍊了騰訊的遊戲研發和營運隊伍。

第二步，選擇進入相對比較簡單的棋牌類休閒遊戲，「棋牌類遊戲開發成本比較低，而且關聯度比較大。比較簡單，可以整合。」最初，騰訊只是投入 4 個人進行了棋牌類遊戲的研發，結果很快獲得了「意想不到的成功」。

第三步，在找到了網遊的感覺之後，騰訊才開始加大投入力度，自主研發與國外引進並舉，直到大型網遊《QQ 幻想》、《地下城與勇士》以及《穿越火線》相繼出籠。

應該說馬化騰在進入遊戲市場的時候，他的手裡「不差錢」，正是春風得意的時候。但是，可以看出，馬化騰和他的團隊仍然戰戰兢兢，如履薄冰，像一個小學生一樣，試探著去敲網路遊戲市場的門。這種在「第一桶金」成功光環下仍能保持謙虛謹慎的心態，正是企業得以永續經營的保障。

二、小心翼翼地問自己三個問題

希臘哲學家對「卓越」與「自負」有一個非常發人深省的觀念，他們相信每一個人都有責任把自己的潛能發揮得淋漓盡致，但同時，人的內心應有一個信條：不能自欺地認為自己具有超越實際的能力。

如果一個人因為一點點小的或者意外的成功，就系統性地誇大自我能量，就認為自己無所不能，那麼，在自我膨脹、自以為是的幻象中，很可能會陷入必然失敗的陷阱。

（一）馬化騰：問自己三個問題

當初在騰訊陸續進入網路遊戲、門戶網站等領域時，有人懷疑這種擴張方向有多大的合理性。馬化騰笑著回應說：「每進入一個新的市場領域，我都會問自己三個問題：這個新的領域你是不是擅長？如果你不做，用戶會損失什麼嗎？如果做了，在這個新的項目中自己能保持多大的競爭優勢？」而這「三問」準確地揭示了馬化騰的經營哲學理念。

1. 這個新的領域你是不是擅長？

有的人做企業、做產品先算算應該投多少錢、賺多少錢，唯一不算的是用戶是不是需要，自己是不是擅長。而馬化騰真正擅長的就是準確把握用戶的需求，用近乎偏執的興趣和近乎狂熱的工作熱情做產品，極端專注於技術開發和提升用戶體驗，當然能高出對手一籌。

2. 如果你不做，用戶會損失什麼嗎？

如果不做，用戶有損失或者用戶的問題得不到解決，那就說明這件事應該做，只有維護了用戶的利益才能維護自己的利益。做軟件工程師的經歷使馬化騰明白，開發軟件的意義就在於為用戶帶來價值，如果用戶有需求，自己有能力做就應該去做，而

且要專注地去做,不要過於關注其他人的評論與指手畫腳。

3. 如果做了,在這個新的項目中自己能保持多大的競爭優勢?

馬化騰保持自己競爭優勢的訣竅就是「專注」,馬化騰的專注在業界是出了名的,他說,「最初有幾家有實力的企業都在做與我們類似的事,可只有我們一家公司專注於做即時通訊服務,專注使我們在技術上有了累積。其他公司多採用外包形式開發,不是自己去做;我們與他們不同,我們在后端做的工作更多,難度也更大。」這樣確保了產品的不斷改善與用戶體驗,也就始終保持了騰訊產品的口碑與競爭優勢。

(二)「三問」的啟示

面對新業務,馬化騰很少從眼前利益而是從長遠的角度進行思考:未來5年這項業務是否會持續增長?用戶的需求會不會轉向其他地方?是否有新生產業對此構成威脅?隨著網民數量的增長放緩和結構變化,如何應對獲得新增用戶的成本提升,以及產品如何更貼近不斷變化的用戶群?

在決定某項新業務於何時推出的時候,馬化騰考慮的是如何將企業自身的學習週期與該產業的生命週期進行協調,以形成一個比較穩妥的擴張節奏,保證企業始終在金牛型業務與種子業務之間建立一種平衡。騰訊的新產品學習週期與其他互聯網企業相比,顯得謹慎而緩慢。正是這種理性的態度,使馬化騰對某項業務的盈利與否保持著比較冷靜的心態。

馬化騰的理性思維與「三問」哲學,飽含著深刻的哲理和遠謀。而不少企業和創業者缺少的常常正是「三問」這種嚴謹、務實的科學態度和作風。有的人在成功掘取「第一桶金」之後,便自信地飄然起來。他們過分地相信自己的感覺、能力和判斷,而忽視了今非昔比、一切都在變化之中;過分地依賴自己成功經驗的總結和繼承,過分地迷戀自己成功的往事和歷史。這種過度自信以至自負,往往把來之不易的成功瞬間帶入萬劫不復的泥潭。

馬化騰謹小慎微地對待前行的每一步,這種態度無疑是很多企業與企業家需要學習的。騰訊從做一款單一的即時通訊軟件,到遊戲、門戶、郵箱、視頻、微博、財付通、微信,到今天成為中國互聯網最大的平臺型公司,儘管也出現過諸如進入搜索、電子商務領域的挫折,但正是馬化騰對所涉足的每一個領域都小心翼翼地認真選擇,才確保了騰訊這只互聯網大船一直乘風破浪、穩健前行。

三、用德魯克的經典「三問」指點迷津

看到馬化騰的「三問」,不免聯想到現代管理之父德魯克的經典「三問」。德魯克認為,企業如果不瞭解自己是什麼,代表著什麼,自己的基本概念、價值觀、政策和信念是什麼,它就不能合理地改變自己。

只有明確地規定了企業的宗旨和使命,才可能樹立明確而現實的企業目標。企業的宗旨和使命是確定優先順序、戰略、計劃、工作安排的基礎。德魯克提醒創業者和企業經營者,在開始或者拓展企業業務時,要問自己三個問題:

（一）我們的事業是什麼？

　　這個問題的答案只能從外部去尋找。也就是從客戶與市場的觀點來回答這個問題，由顧客來定義企業，而不是由企業自己拍腦袋來定義，即必須從顧客的事實、狀況、行為、期望及價值著手。

　　圍繞顧客，我們必須要問：誰是我們的顧客？顧客在哪兒？顧客購買什麼？顧客認定的價值是什麼？以此厘清企業、產品、服務的定位，這也是企業之所以存在的理由。

　　馬化騰和他的騰訊從創業的一開始，就牢牢地抓住了這個「牛鼻子」，「一切以用戶體驗與用戶價值為依歸」，創業的前半期提出了「滿足用戶一站式網路生活」的經營戰略，后半期提出了「經營互聯網生態」的戰略構想。

（二）我們的事業將是什麼？

　　企業和企業家必須思考目前供給的商品與服務，是否能滿足顧客的那些需求和欲望。而且預期未來五年或十年內，市場有多大？在環境中已有什麼可以看得出的變化，可能對我們企業的特點、使命和宗旨發生重大的影響？哪些因素可能促成或阻礙企業目標與預期的實現？尤其必須從人口統計學角度著手，人口的變動是唯一的可能進行有把握預測的因素。德魯克告誡企業家們，必須把人口統計分析作為最紮實、最可靠的基礎。

　　馬化騰對於「我們的事業將是什麼」有著驚人的洞察和預見，他每天在網上游蕩的目的就是不斷地為騰訊尋求未來的答案。他深知人口統計學對於 QQ 的發展意味著什麼，不斷推動 QQ 與時俱進，持續滿足新一代 QQ 用戶以及不斷長大了的 QQ 用戶的需求。

（三）我們的事業應該是什麼？

　　企業和企業家必須審時度勢，要問：有什麼機會正在出現，或者，可以創造什麼機會以跨入不同事業而實現企業的目的與使命。從 PC 版的 QQ，到移動 QQ，再到微信，馬化騰以非凡的商業洞察力獲得了移動互聯網的「站臺票」。

　　德魯克教導我們，界定企業目的與使命是件困難、痛苦且極具風險的工作。但是唯有如此，企業才能設定目標、制定策略、集中資源，有所作為，有所不為。也唯有這樣，企業才能獲得生存以及可持續發展的機會。

四、用做科學的方法做企業

　　月星集團董事長丁佐宏認為，在管理已經升級的今天，部分企業依然執行「三拍決策」——老板拍腦袋、高層拍胸膛、下屬拍屁股（走人）。這樣的決策習慣可以使企業在早期一夜暴富，但目前如果企業再這樣干，非破產不可。

　　一貫謹慎的馬化騰喜歡使用「滲透」這個詞彙來代替進攻。這份謹慎使得騰訊在過去十多年裡幾乎沒有犯過大錯，同時代的中國互聯網大佬，大都曾經因為冒進而吃過苦頭，包括盛大陳天橋的「盒子」、馬雲收購雅虎中國等。馬化騰的「三問」不僅

與德魯克的「三問」異曲同工，而且，更用自己的實踐與騰訊的成長驗證了做企業的一個道理：大膽假設，小心求證。

「大膽假設，小心求證」，是胡適對實驗主義方法論的經典概括，也是他一生反覆強調的科學方法。胡適認為，「假設不大膽，不能有新發明；證據不充足，不能使人信仰。」

「大膽假設」和「小心求證」是相輔相成的。如果沒有「大膽假設」，就不能在思維上有所突破，無法進行前瞻性思考，不能洞察商業機會；但「大膽假設」要落到實處，又離不開「求證」，而且是非常「小心」地求證，只有這樣才能準確研判是不是機會，並進行決斷。

被譽為中國IT業教父的柳傳志是一個堅定的現實主義者，其「三不干鐵律」成為抑制中國企業多元擴張衝動的瀉火良藥，柳傳志的投資秘訣是：沒有錢賺的事不能幹；有錢賺但投不起錢，或者投得起但賠不起的事不能幹；有錢賺、也有錢投、也能賠得起，但沒有合適的人去做，這樣的事也不能幹。

馬化騰其實也是一個「三不干」主義者，創立騰訊之初就曾想做門戶網站，但在資金有限、人才缺乏的情況下還是放棄了。但他一直沒有忘記這個想法，而且在騰訊已經擁有了雄厚財力之後，他還是經常計算，一個兩三百人的編輯隊伍需要多少成本，騰訊是否承受得起，當確認有十足把握之後才開始招兵買馬。

在目前這個比較浮躁的社會心態中做企業，尤其需要強調的是企業家「小心求證」的決策態度，這種實事求是、嚴謹認真的務實精神，才是企業永續經營的根基。

資料來源：http://www.managershare.com/post/191564

思考題

1. 騰訊為何能在網路遊戲領域取得突破？
2. 結合案例，談談馬化騰的「三問」與德魯克的「三問」的異曲同工之處。

案例2 七匹狼闖網

這是一場遲到而匆忙的思維變革。在電子商務漸興狂潮時，與所有傳統服裝品牌一樣，七匹狼也是后知后覺，但它在不經意間結出了果子。

2013年「雙十一」，七匹狼18,000件時尚輕薄多彩羽絨服成為七匹狼的「爆款」，遭到「哄搶」的同時，也帶動了其他品類和款式的暢銷。這一天七匹狼單日銷售額達到了1.2億元，居男裝品牌類目第二位。而在2008年，七匹狼電商一天最多營收不過千元。這五年，互聯網發生了什麼？七匹狼到底做了什麼？

當整個服裝行業庫存愈發沉重，猛然間線上服裝品牌已漸漸崛起，在悄然間把市場蠶食。而且，在消費口味頻繁轉變的情況下，傳統品牌笨重的供應鏈顯得更加遲鈍。七匹狼最初打算建造工廠店，用折扣和特價來消化庫存。而互聯網電商讓庫存找到了更好的消化渠道。

這些年，互聯網思維在深化：以用戶為中心、快速反應、整合與跨界、大數據與雲端。傳統企業的轉變則是匆匆忙忙、馬馬虎虎，B2C 還沒做好、O2O 剛有眉目，C2B 就已經啓動……傳統品牌能夠熱烈擁抱互聯網渠道，卻難以用互聯網思維來徹底駕馭自己——他們得其形卻尚未得其神。

傳統品牌一旦嫁接互聯網，是不是就會迸發出比網路品牌更巨大的能量？七匹狼是一個樣本，一個探索互聯網渠道與互聯網思維的樣本。它有既定的壓力，也有意外的成功，有大膽的嘗試，也有不可觸及的理想。

一、受益 B2C，庫存下水道？

要不要做電子商務？現在看來這是傳統企業無謂的困擾。時間痛快地做出了回答，當前通過官網、第三方平臺來開展電商業務，已成為一個企業的標配。把產品拿到網上銷售，這是傳統企業對互聯網最簡單的接觸。

七匹狼並不是電商業務先行者。2008 年，金融海嘯讓國內外需求驟減，服裝以及運動用品產業在急遽擴張後要重新考慮未來。這年 6 月，七匹狼在淘寶開辦旗艦店，正式啓動電商業務。其實七匹狼的產品早就在線上扎了營，此前三年，是淘寶網崛起的黃金期，有許多小店在銷售七匹狼男裝。店主多為七匹狼線下經銷商或是他們的親朋，商品正是滯銷的庫存。

市場龐雜無序，假貨尾貨泛濫不可避免，統一價格和質量都無從談起。在線上，七匹狼既有的口碑與形象並沒有產生相應的銷售效果。「競爭」下的七匹狼旗艦店，一天最多營收不過千元。

無論線上線下，一個有序的銷售體系是渠道規模化的先決條件。最初，七匹狼先對未授權的店鋪施壓，強迫他們關閉。但是這裡是互聯網，開店成本低，違規成本低。適用於線下渠道的管理秩序並不適合這裡，關掉一批又再起一批。折騰一年後，七匹狼才意識到對於線上商業力量，與其圍堵剿殺，不如因勢利導為我所用。

從 2010 年開始，打壓變為招安。通過談判，七匹狼給規模較大的店主授權，並按照線下經銷制度管理他們，引導他們訂期貨。例如線下店員的培訓規則變成線上客服標準，線下形象設計變成線上裝修，而線下經銷商返點和激勵政策，也開始適用於線上。到這年年底，七匹狼有 7 家分銷商脫穎而出，其分銷量逐漸從微乎其微發展到 50%的比重，基本能與直營店相抗衡。

隨後，七匹狼又完善了一系列線上銷售制度：包括店面形象、經營法則、推廣方法、品類結構的相應規範。然後，線上分銷商再照此標準進行改良。但換個旗幟，名義上服從並不意味著合力形成，各個網路經銷商之間仍有利益博弈。整合過程中，在品類、價格等方面，七匹狼要求各經銷商和而不同：遵守共同準則，培養各自的側重點。線上經營模式肯定不是對線下的複製。

由於空間消費距離的限制，不同地區的線下店面可以有一定價格彈性，而不給其他店面帶來影響。但線上價格是透明的，一旦有分銷商使用低價款產品來引流，就容易傷害其他線上經銷商的利益，讓價格體系變得混亂。

為此，七匹狼按照不同用戶族群，讓經銷商們進行品類與款式的差異化區分，各

自發揮自己所長，分別側重新品推廣、品類聚焦和尾貨處理等不同領域。比如，個別經銷商可以將褲裝作為主營產品，提前享有褲裝優先選貨、拿貨的待遇，而且它還會單獨享受公司對褲裝品類的返點，這讓分銷商也具備了成本比較優勢。在一定程度上，這些策略削弱了經營的同質化程度，讓七匹狼產品體系有了穩定的價格空間。

B2C 時代，七匹狼網路渠道整合的最大意義，是使線上經銷商身分得到承認。他們可以自主投放廣告、購買流量、與會員互動、打擊侵權等。分銷商的積極性得到提升，銷售潛力得以釋放，銷量開始攀升，七匹狼的 B2C 業務開始有序運行。

在 2013 年年底，七匹狼線上業務銷售額約有 3.5 億元，預估可占總銷售額的 7%。但是七匹狼電商渠道的主要功能還是消化庫存，當時網店中 90%的貨品是庫存。

二、淺嘗 O2O，線下藏阻力

梳理線上秩序只是電商業務的入門，如何協調線上線下的利益格局，才是考驗企業互聯網思維的難題。

當線上分銷商之間的秩序梳理清楚之後，其銷量迅速放大，線上線下的衝突便強烈起來。線上特價和折扣十分凶猛，許多引流款產品的價格甚至低於線下分銷商的進貨價。在市場環境與線上「傾銷」的壓迫下，不少分銷商關掉線下實體店。另外，越來越多的經銷商也湧入線上，使線上銷售失控。

在授權線下部分大經銷商往線上發展的同時，為了保證所有線下經銷商的利益，七匹狼在價格方面，實行線下和線上相對統一。

在品類上，線上經銷商有更大的選擇餘地：可以推網路專供品，推其他不同型號；可以預售新貨，也可以賣線下庫存，也可以推限量版的產品。特殊之處在於，線上渠道的專供品需要引流品來吸引人氣，七匹狼就開發了對線上渠道的專供品。這些專供品多為基本款，款式簡潔，少做或不做細節化處理，沒有線下品類的暗紋和暗扣，做低價引流時也不會給線下渠道帶來影響。

這只是規避矛盾的手段，有沒有方法使線上線下形成合力，在根本上消除兩者的利益衝突？七匹狼想做一個打通線上線下的交易平臺，對線上線下的資源進行統一調度。線下的產品、促銷信息可以在線上發布；線上分銷商的配貨，可以從線下調配。「七匹狼電商渠道的融合趨勢會越來越明顯」，七匹狼董事長周少雄的底氣正是基於線上線下的優勢互補。

目前，七匹狼電商主要用幾個專用的線上中轉中心進行配貨，再搭配使用全國各大重點區域的倉庫，前提是保證相應的線下分銷商的毛利。這個交易平臺的理想情況是，在所有倉庫之間可以調撥貨品，所有訂單可以就地配貨，全國的倉庫都可以成為電商的分倉。

如果線上用戶有退貨要求，用戶可在線升級為線下渠道的 VIP 客戶，就近到實體店享受退換貨服務，其退換貨政策與線上相同。這種做法看似給線下實體店帶去麻煩，實則將線上的用戶輸送給了線下，繼而刺激線下二次銷售。

用戶權益在放大，體驗在提升，O2O 的操作模式也在形成。以用戶為中心，線上線下無縫對接，為用戶進行無差別的服務——把渠道問題放在以用戶為中心的前提下

考慮，才是互聯網思維下的整合。七匹狼的想法是，未來會員在線下實體店購買七匹狼商品，所累積的積分可以在線上的各個平臺使用，即所有的積分可以在所有渠道等價使用，獲得線上、線下一致的消費體驗。

從賣庫存到賣新品，從簡單的官網到各大電商平臺旗艦店，從鬆散的山寨網店到系統的線上供應商體系，七匹狼整合線上線下資源，鋪就了一個全渠道的O2O體系。

在2013年上半年，七匹狼電子商務部門升級為獨立公司。它包含商品部、渠道部、營運部、市場部等部門，這些部門又與集團公司相應部門專人對接。電商公司可以按照流程提出各種需求，統一併入公司從開發到銷售的各個流程。看似獨立而不失融合的架構，使七匹狼O2O業務得到自主的空間和體系的支撐。但是，電商業務仍是定位為線下零售的一個補充。

三、慎言C2B，只是個萌芽

B2C的本質，是具備大規模、流水線、標準化、低成本的工業化生產特點，但銷售的實現借助了新渠道，高庫存是它與生俱來的風險。而O2O模式，則是對傳統行業電子商務化問題的解決，是更具整合性和立體化的銷售模式。它們屬於互聯網思維的範疇，是對部分商業元素進行調整的概念與工具，卻不能夠對商業模式帶來徹底的改變。

2013年7月，七匹狼為中國大運會代表隊贊助了一套定制服裝，並刻意在設計與細節上做了處理，比如在西服內襯、男士領帶與女士絲巾上設計了中國元素的格紋。這次品牌公關活動並無特殊之處，唯一的亮點是引出了「定制」概念。早在2012年的中國國際時裝周，七匹狼便首次推出了「名士高級定制」業務。

這種高端定制，有別於工業化生產的、個性化設計甚至手工縫制的「高端定制」。雖然它也有以用戶為中心、快速反應、平臺思維等互聯網特質，卻缺少「合理性價比的消費體驗」，更缺少規模化生長的潛力。

未來的定制與此不同，它會是相對大規模的定制。互聯網思維下的C2B定制，並不抵制工業化生產。相反，它一定要借力工業化生產來實現規模化定制。C2B需要企業的品牌內涵和文化，更需要以用戶為中心的服務思維、高科技的手段和豐富的數據庫。

所幸，七匹狼也具備了定制生產的技術條件。通過3D人體測量系統，七匹狼可以獲得顧客的人體數據，並根據客戶的喜好進行修改，確定電子訂單后，進行服裝設計，制版，最終進行生產。整個過程，從獲取數據到成衣的完成需時2~3天，定制生產的週期大大縮短了。當前，七匹狼具備定制生產的技術及虛擬試衣系統，卻沒有C2B生產的模式。

在C2B商業模式下，整個製造業的供應鏈也必須因為C2B而轉型。簡單而言，C2B模式是消費者根據自身需求定制產品和價格，或主動參與產品設計、生產和定價，產品、價格等彰顯消費者的個性化需求，生產企業進行定制化生產。其核心是消費者角色的變化，變為真正的決策者，企業則徹底迴歸服務角色。

未來，可能不會有單一的巨額訂單，各種訂單會被各種需求切割成小批量的定制，

柔性製造則會大行其道。當前，一批立足於互聯網的中小服裝企業正在向 C2B 模式演進，消費者參與的模塊化定制是其關鍵要素。個性化定制並不是完全按需生產。一件襯衫可以分解為領口、袖子、版型等幾個模塊，讓用戶按照流行樣式自主搭配、定制消費。用戶只需提供身高等體型信息，系統就會基於存儲的會員數據，自動生成適合用戶的產品數據。后端與供應商銜接時，再把產品的數據發給供應商，供應商採用相應的原材料即可生產。

但是，用戶需求的把握、小額訂單的海量採集、個性化商品的退貨處理，都是 C2B 模式的難點所在。七匹狼這種大體量的傳統生產企業，供應鏈、管理模式、營銷模式都將面臨巨大的轉型成本。

回到現實，對於七匹狼來說，除了現有已採購的三維人體測量系統之外，要真正實現三維數字化，數據信息的採集和分析至關重要，這是一個漫長的系統工程。七匹狼的計劃是：在線下終端配備 3D 掃描儀，用以採集目標客戶群體的體型數據，以開發出更適合主要目標客戶群體的版型。

四、再向供應鏈，快速度與低成本

2013 年上半年，76 家鞋服上市公司存貨合計超過 700 億元。當時，七匹狼的存貨為 6.62 億元，包括 5.8 億元的庫存商品。傳統預訂貨模式下，有的服裝企業季末庫存量甚至會達到總供貨量的 50%，其中 15%在門店，15%在代理商，20%在企業總庫。

高庫存的根本原因是：服裝行業在過去的幾年裡，以粗放型加盟方式過度擴張，巨大的渠道規模再輔以預定貨模式，庫存問題不斷擴大。同時，服裝企業的供應鏈又不能快速地隨需而動，不能對市場趨勢做出快速反應。從終端零售商發現熱銷款，然後匯報到總代理加單，總代理再匯報到企業總部，企業再統計全國訂單量匯總到供應商下單生產，整個過程最少需要 30~45 天。

七匹狼的內部供應鏈整合是對物流、信息流、資金流和業務流的整合，以追求低成本和高速度。通過物流實時跟蹤，讓生產、運輸、銷售與內部之間實時整合，使七匹狼內部的不同功能連接形成緊密無縫的流程。

在外部，七匹狼則是針對客戶和供應商進行整合。客戶整合主要包括企業與主要客戶的溝通，企業為主要客戶建立快速的訂貨系統，對客戶進行跟進，並與之共享市場信息、銷售信息、需求信息、庫存信息及生產計劃信息等。

供應商整合則是幫助供應商改善流程，參與選擇及管理。供應商參與七匹狼的採購和生產，參與產品設計。七匹狼的信息化系統力爭做到最大限度的開放，企業與主要供應商之間共享需求預測信息、生產計劃信息、生產能力信息和庫存信息等。

當經銷商下單後，他們可以清楚地知道訂單狀態：運輸途中、總部審批中、工廠生產中……而供應商可以即時掌握原料供給和 OEM 產品的銷售情況，並可按照預設的補貨閾值與補貨條件進行及時補貨，保證供應鏈的高效與及時。

這樣上下游串在一起，以高效的信息流動，加快各環節決策速度，提升供應鏈反應靈敏度，讓加單週期可以壓縮到原來的 1/3~1/2 的時間，也降低了高庫存帶來的資金積壓風險。

五、互聯網思維力有未逮

國內商務休閒男裝行業中，七匹狼是最早實現上市的品牌。在賣方市場時代，它又最早推行專賣店營銷和代理商模式，開創了渠道營銷的先河。到了互聯網時代，它又是相對成功的探索者。

未來，人們可以線下購物，也可以是 PC 購物，或是手機等智能終端購物。企業通過滿足消費者的需求來創造價值，企業就是要充分利用各個渠道，用最舒適的購物體驗，完成價值創造的過程。也就是說，線上渠道是為消費者創造價值的通道，企業必須建立這樣的渠道以靠近用戶。

但七匹狼對互聯網思維的應用並不徹底，B2C 業務日漸成熟，O2O 業務正在嘗試，C2B 則是八字還沒一撇。那麼以七匹狼為代表的傳統企業，不能完全應用互聯網思維的關鍵在哪裡？

目前，包括七匹狼在內的多數中端服裝品牌，代理商鋪貨仍是主流操作模式，代理商一般是 3.5 折左右拿貨，在服裝銷售環節利潤拿大頭。而互聯網思維是以用戶為中心，扁平化，信息透明，致力於消除代理商環節——他們致力於價值分配而不是價值創造，只會增加交易成本，增加企業為用戶創造價值的成本。

代理商機制是制約七匹狼發展的關鍵。而當七匹狼自身不具備足夠的開店資金和強大的物流系統，它也不能一下子擺脫賴以成功的代理商模式，於是七匹狼只能維持產品的高價以滿足代理商，也就有了「三線品牌二線價格」的爭議。歸根到底，傳統服裝企業的高庫存，一方面是快速擴張與供應鏈的問題，另一方面是品牌、性價比得不到市場的認可的問題。

傳統企業的電商業務，其本質是：把企業產品的性價比和品牌問題，企圖用新渠道的方法來解決，用低價「傾銷」來解決。在信息更透明的互聯網渠道，與其說它在催生低價，不如說它是在讓價格迴歸價值，然后順便讓攫取中間費用的線下渠道變得狼狽不堪。

從 B2C 到 O2O，再到 C2B，電子商務的形態在逐漸深化，更貼近用戶價值。B2C 和 O2O 涉及了企業的銷售或者業務層面，C2B 模式也已經進入商業模式層面。他們在各個層面都折射出互聯網思維的特質。而對傳統服裝企業七匹狼而言，互聯網思維是還不夠強韌的繮繩，遠不能勒住一路狂奔的傳統模式，使它強行轉向。當前，互聯網思維對它的改造只是停留在表層。

資料來源：丁保祥. 七匹狼闖網 [J]. 商界（評論），2014（2）：34-39.

思考題

1. 結合案例分析七匹狼轉向互聯網渠道，其優勢有哪些？
2. 作為一家服裝企業，七匹狼闖網決策帶給我們什麼啟示？

案例 3　長城汽車堅持 SUV 戰略

2016 年第一季度，長城汽車總計銷售了 205,723 輛新車，同比增長了 6.9%。其中哈弗 SUV 車型占據了主導地位，銷量較去年同期上漲 9.6%至 192,357 輛，依舊保持增速，單一車型哈弗 H6 占據了 60%的銷量份額，起到了決定性作用。對此，長城汽車董事長魏建軍在接受採訪時表示，哈弗 H6 要打造明星車型系列，並針對不同的細分市場，保證絕對的領先地位。

與此同時，長城依舊聚焦 SUV 戰略，暫時不會考慮推出轎車產品。對此，長城汽車董事長魏建軍表示：「大家都在質疑，長城放棄轎車，聚焦到 SUV 上，是不是有很大風險？假如我們有更多的品類，比如轎車、SUV、MPV、商務車，那在競爭中將不占據任何優勢。我們把全身心的精力、資源孤注一擲，用專注、專業、專家的態度，聚焦 SUV 戰略。」

一、關於品牌價值：品牌價值和高中低端品牌應該區別開來，產品創造不了利潤的情況下，品牌就沒有價值

魏建軍：我認為品牌價值和高中低端品牌應該區別開來。在去年，英國品牌價值諮詢公司 Brand Finance Plc 根據對品牌價值和品牌內容的考量發布《2015 年汽車品牌百強榜》。長城汽車再次入圍榜單，品牌價值上升 15%，位居第 33 位，品牌等級從 A+ 上升到 AA，我一看在我們后邊很多都是賓利之類的大品牌。評比機構怎麼來的這個數字？為什麼要把長城弄得那麼靠前？后來我們才知道，如果一個品牌承載的產品創造不了利潤，品牌就沒有價值，它只能說是高端品牌，但高端品牌並不代表價值，而大眾產品並不代表沒價值。

所以這次哈弗 H6 組合拳我們打出去，也是有預測、預算的，我們這種直接降價活動可能會帶來什麼樣的損失，會帶來什麼樣的市場佔有率，從我們的戰略上來進行評估，應該說我們要是認為能掙到錢的話，要有很好的贏利的話，它的價值是不會變的。我們也看到我們的手機行業，小米賣得很便宜，實際上它的贏利也不錯。

就如手機、PC 還有家電一樣，汽車未來的競爭，就沒有內資和外資之分。我看有很多報導對內資產生壓力，實際上我的看法，同樣會給外資帶來巨大的壓力。所以現在我們有跟外資競爭的資本了，我們經過多年的累積、聚焦培育我們企業的成熟度。也可以這樣講，我們從 2003 年開始，用 13 年的時間打造市場，即以前我們叫的產業鏈，當然時髦的話也叫生態鏈。我認為，我們完全有能力與外資展開競爭。我們的降價這種組合拳的出擊，也證明了我們自主品牌的能力。

二、關於中國品牌走出去：自己家門口都打不贏的戰役，在別人家門口早就叫外資打垮了

魏建軍：中國品牌走出去還需要時間，但是我想告訴大家，就是因為我們家門口

有這麼多的外資，你要不讓外資感覺到非常難受，早就叫外資打垮了，你也走不出去。

我認為全球化是一個比較大的難題，光喊口號不行，最重要的要有實際行動。實際上長城在海外市場隨著哈弗品牌在國內地位的鞏固和它不斷地在消費者當中得到認可而不斷擴大。目前海外營運我們更多的是夯實基礎，打造品牌價值，並結合當前國際形勢，順勢而為。有些報導說長城退出俄羅斯，實際上是以哈弗品牌進行替換，未來哈弗在俄羅斯地區將更有戰略性，俄羅斯工廠仍在建設中。

在代理商方面，哈弗注重顧客感受，打造哈弗品牌價值，對經銷商選擇、門店建設方面都有嚴格的管理體制。在俄羅斯、澳洲、南非、海灣等國家和地區，我們有自己的哈弗子公司，並在當地打造標杆店、旗艦店，我們自己去營運；在南美，我們要求代理商必須是大經銷商，有自己的門店，以此來保證顧客的消費體驗。

再一個就是佈局我們的研發，海外技術中心。兩個目的，一個目的就是有些前沿的技術，一些概念性的工作，在海外能完成一些部分；再一個就是更加瞭解海外市場。包括歐洲，外國布的點目的都是不一樣。美國我們主要是吸納人才和技術，歐洲、日本也是。

三、關於哈弗H6：我們要打造一個Coupe版的H6明星，哈弗H6多代並存，保證絕對市場地位

魏建軍：哈弗H6有四五年的上市時間，總是站在銷量第一這個位置上。我們要推出一個新一代產品，打造一個Coupe版的H6明星。昨天上午剛公布了哈弗H6 Coupe（1.5T），定價是122,800~142,800元。我們用一個性價比更高的外觀，具有轎跑車風格的外形，更符合年輕人新生代的這種造型，開創一個新的細分市場。雖然是SUV但也不是完全相同。哈弗H6 Coupe比H6在底盤上做了一些升級，比如軸距加長、電動轉向等，讓這款車更加智能，功能方面也提升很多。我們是想打造另一個像哈弗H6的明星車型，它在技術含量、做工、配置、用材，包括性能方面，像NVH、像駕駛的性能，高速的指向的精準性都有了質的變化。這個車的性價比都不錯，我們對它有很大期待。

哈弗H6 Coupe的上市，是在我們的產品規劃當中的，這款車還有柴油機版本，共有2.0L汽油、2.0L柴油的手動擋、自動擋、1.5T的手動擋、自動擋，這樣一個規劃。這個車從質量、性能這方面，遠遠超過外資的水平，它才賣16萬多，就是2.0T，最高是17萬多，主賣的是16萬多。這個價位，而且是緊湊級的車，高於消費者對哈弗認可的價格。所以在推出高動力版本後，我們過年之後開發完成了1.5T低動力版本。

我們的H6還要保證絕對市場地位，升級版是3月份價格下調，運動版也跟著下來，這樣的話就是我們的哈弗H6 Coupe佔據了運動版的價位。H6運動版和升級版價格下探之後，我們會把市場面擴大。

四、關於長城汽車服務：中國當下就缺的是信譽，就是誠信，長城的服務理念就是誠信

魏建軍：長城汽車每天都要匯報關於產品售后服務、銷售環節、售后環境三個環

節的內容，而所謂的 CRM 系統，也是我們自己在做。現在很多機構的評價，多少會被經銷商買通，給自己投票，這非常難控制，所以我們自己去做這個工作。在長城，有專門的負責人，我們認為這些人的工作質量比外面很多機構的都要高，而且我們的調查樣本比這些機構多，整個管理都是我們自己在做。2015 年的獎項，我們獲得了一個哈弗 H6 保值能力第一，一個售後滿意度第一，一個經銷商滿意度第一。

王鳳英：實際上我們這幾年在為客戶提供服務上做了很多工作，現在我們主要的想法就是推出哈弗的精細服務工程，這個工程以日式服務為藍本來進行哈弗的服務標準的創新，也推動了幾屆決勝終端來推行這一工作。目前，我們看到最主要的成果，就是哈弗在誠信方面的表現是明顯高於其他品牌的。我們對經銷商管控建立了非常規範的誠信經營體系，從表現來看，經銷商在誠信經營、誠信服務上的表現可以說得到了很高的顧客滿意度，這是我們認為非常顯著的成果。

另外，在經銷商為顧客提供更專業、更高質量、更高水平的服務上，我們認為也已經有了很顯著的成果，這在客戶滿意度測量和調查當中，經銷商對客戶提供專業服務且服務水平的指標的持續提升是非常明顯的，三年之內基本上上升了大約 20% 的專業水平滿意度指標的維度指數。哈弗接下來將推出更加有品位的服務，讓顧客更加驚喜，服務上會做比較多的工作，我們感覺經銷商現在心態都很積極，響應度也非常高。我們認為在經銷商的服務理念上最大的收穫是做到了非常大的改變，或者說我們認為哈弗這個品牌的服務理念實現了我們最初設想的理念創新，我覺得在這點上理念、服務水平和誠心經營的規範性上是顯著的，這是高於其他品牌的。

魏建軍：實際上汽車服務承載的核心價值就是信譽，就是誠信。去日本購物的消費者，都是初次去的，經常去日本的都是願意在那個環境裡邊體驗，因為你到那就沒有說不放心的時候。中國當下就缺的是信譽，就是誠信，長城的服務理念就是誠信，所以核心價值就是對客戶負責，一定要給他驚喜滿意。

五、關於聚焦哈弗：孤注一擲，把所有精力集中在一個方向，一定會占絕對優勢

魏建軍：在五六年前，長城汽車率先進入 SUV 這個品類市場，大家都在質疑，長城放棄轎車，聚焦到 SUV 上，是不是有很大風險？剛才大家說到 SUV 市場從藍海變成紅海，假如我們有更多的品類，比如轎車、SUV、MPV、商務車，那我們在紅海這一輪競爭當中會什麼都留不下。我們把全身心的精力、資源孤注一擲，用專注、專業、專家的態度，用聚焦戰略和聚焦理論，來指導我們的發展。

我認為在未來的競爭當中，我們一定會佔有絕對性的優勢。目前一些報導哈弗 H6 升級版的動作，說價格戰的行為，實際上這不需要驚訝，肯定要經過這樣一個過程。

現在，我們經過聚焦、大力的投入、全方位關注 SUV 這一品類，我們產品的性能、外觀設計、舒適性、安全性、可靠性，包括節能環保，都不輸給外資。可以說外資裡面大部分 SUV 也是良莠不齊。我們也拿到了不少數據，除了外觀、舒適、NVH、燃油經濟性，這些消費者能直接感受到的，其他最重要的數據就是耐久可靠性。就長城汽車現在的可靠性 PPM 值，我們與外資而且是著名外資車企都是持平的，而一般的外資比我們要差很多。

長城做事肯定是比較穩健的，不是那種惡性競爭，一定是在保證持續增長，而且是獲得比較好收益的情況下做出的決策。可能大家認為紅海來得早一點，我認為長城汽車目前這種質量，代表自主品牌與外資競爭，已經具備了這個能力，如果市場進一步下探，長城汽車還將繼續挑戰，我們有這方面的能力。

大家看到這兩年上市了很多SUV，但不是推出一款車就代表完成了SUV的戰略，SUV需要一個高質量的生態鏈支撐。曾經有媒體人表揚長城在營銷網路方面的執行力，這是經銷商對長城的滿意度評價，屬於長城對經銷商管控能力方面。實際上，我們在自主配套方面，也比外資或一些內資有著顯著的優勢，應該說，長城汽車在整個生態質量方面都要好很多，我認為市場對於這方面會重視。做家電的時候有很多家電，做電腦的時候有很多電腦，做手機的時候也有很多，這都是很正常的事。手機過幾年是不是iphone還在？這個我認為中國人不見得在這方面輸給誰，這是很難預料的。

資料來源：http://info.xcar.com.cn/201604/news_1926095_1.html?zoneclick=101229.

思考題

1. 論述長城汽車堅持SUV戰略決策的利與弊。
2. 討論長城品牌如何實施品牌戰略？

11　計劃案例

案例 1　一汽豐田 2016 年目標及中長期規劃

攜 2015 年銷售 61.78 萬臺的喜人成績，1 月 28 日，一汽豐田以「強基固本、篤定前行」為主題，在福州盛大召開「2016 年度全國經銷商大會」。本次大會以「心近致遠」為主旨，充分體現了一汽豐田要與經銷商凝心聚力、共謀發展的決心。一汽豐田相關領導、各事業體負責人及全國 500 多家經銷商投資人、總經理等千餘人出席了此次盛會。大會對一汽豐田 2015 年取得的進展與成績進行了總結，對 2016 年度銷售目標、市場策略等進行了部署，同時也對一汽豐田的中長期發展目標進行了規劃。

一、策略得當，2015「恢復體力」碩果累累

2015 年註定是一個值得記憶的年份，汽車市場出現了很多未曾預料的新情況，曾經意氣風發的很多汽車品牌都出現了增長放緩甚至負增長。但一汽豐田卻以 61.78 萬臺的銷量再創年銷歷史新高，同比增幅 5%，跨過了 60 萬輛大關，超額完成年初 61 萬臺的目標，市場佔有率從 2014 年的 4.4% 上升到了 4.7%。

在 2015 年「恢復體力」的這一年，一汽豐田穩扎穩打，在方方面面都取得了不錯的發展和成效。

第一，多個車型表現上佳。儘管有深圳限牌、「8.12 天津爆炸」影響產能近兩個月等多方面的影響，一汽豐田仍超額完成了年初計劃目標。其中，新卡羅拉月均銷量達 2.15 萬臺，且在 2015 年 A 級轎車全球銷量排行榜中，以 113 萬臺的銷量奪冠；RAV4 銷售 11.8 萬臺，鞏固了市場主力地位；全新皇冠 12 月單月銷售超過 5,000 臺，后勁十足；主打新能源的卡羅拉雙擎，更是短時間內斬獲超萬臺的訂單，開闢了豐田在華混合動力汽車發展史的新紀錄。

第二，在緩解庫存壓力、改善渠道收益方面，成果顯著。經銷店 2015 年的月均庫存從 2014 年的 1.1 個月下降至 0.9 個月，平均為每家經銷店節省財務成本近 70 萬元。針對不同大區的具體情況與特點、針對不同車型，因地制宜地制訂了尊享加倍計劃、超長 0 息計劃、置換補貼、定保貸等多個金融政策，進一步對提高經銷商收益提供支援。

第三，深化推進「華北戰略」，加快對空白市場的網點佈局。威馳在華北地區的市場佔有率從 2014 年的 2.6% 提升到 2015 年的 3.7%；渠道進一步下沉，導入 MINI 店標準和 1S 分店形態，面向 5~6 級城市進行網點佈局。

第四，營銷創新，與經銷商一起積極擁抱互聯網+。DCC 開展店達到 520 家，成交貢獻度由 2014 年的 12% 上升到 21%。除開展「約惠春天網路購車節」「66 購車節」「雙 11 購車節」等營銷活動之外，一汽豐田的創新營銷還涵蓋了金融、體育、文化、藝術、商業等多個領域，例如全系車型入駐滴滴試駕；試水金融業，與微眾銀行微粒貸合作；冠名贊助 2015 年田徑世錦賽、全程參加 2015 年 CTCC 中國房車錦標賽等；拍攝微電影、贊助 188 藝術作品邀請展、冠名浙商大會暨互聯網峰會，等等。可以說，做到了營銷形式個性化，營銷活動多樣化。此外，與蘇寧易購進行異業合作、設立越野基地等，也都成功助力銷量提升。

二、面向成長、鞏固基盤，2016 年邁入「進攻準備期」

2016 年，中國車市必然還是深化調整的一年，「微增長」也已成為常態且市場環境更加嚴峻。去年是一汽豐田定位「體力恢復」，今年則是繼續「鞏固基盤」，並為將來的進攻飛躍奠基。2016 年，一汽豐田制訂了既穩健又富有挑戰的銷量目標，並以踏實穩健的戰略部署，力求從長遠角度謀求上升、穩固整個體系發展的根基。

第一是戰略層面。一汽豐田將延續 2015 年的良好勢頭，繼續深入推進小型車戰略、年輕化戰略、華北戰略這三大戰略。其中，作為「金字塔」的根基，繼續做好小型車，以擴大「豐田品牌」的客戶基盤，拉動今後的增、換購需求。華北戰略在未來的推廣，則將根據區域的實際情況，制定差異化的區域策略；在渠道下沉、區域廣告宣傳方面更加貼合小型車的需求。

第二是產品層面。針對中國市場消費者日趨年輕化、對車型的喜好呈多樣化的趨勢，2016 年將對多款車型進行商品強化，強化市場競爭力。新能源方面將繼續致力於雙擎技術的推廣和應用，並與全國經銷商一起，盡全力擴大銷售、普及雙擎車型。

第三是經銷商層面。2016 年將繼續在店別年計制定和配車方式上做改善，制定更加貼近市場的年度計劃。繼續致力於提升經銷商基礎能力，在全國範圍內培養強化經銷商網路營銷業務。根據市場需求和投資情況，更為靈活地發展網路，積極引入體系外擁有豐富市場經驗且業績優秀的新資本加入網路，進一步實現渠道下沉。繼續推進 MINI 店和 1S 分店的建立，拓展開發更小規模的迷你服務衛星店鋪，逐步構建實現 2020 年 100 萬臺銷售目標的網點規模。同時，對新開店進行收益支持和培訓強化，做到銷售和服務一同下沉到位。

第四是價值鏈層面。2016 年將開展保有客戶營銷活動，對保有客戶基盤進行維繫，注重對保有客戶資源的運用。汲取豐田在全球市場的成功經驗，繼續強化長期維繫客戶的服務體制，通過人才培養體制、推進現場改善及提升生產效率來強化服務基盤，提升客戶滿意度。繼續強化二手車相關業務，2016 年度認定二手車銷售目標計劃比上一年增加 10%。

第五是數字營銷層面。作為一汽豐田未來長遠戰略的重要組成部分，2016 年，將以數字營銷為牽引，從「如何使流量變現」「如何增加客戶黏性」為切入點，著手建立廠家和經銷商共同經營的數字營銷平臺，調整傳統銷售業務模式，全面提升網路銷售能力，逐步構築成熟的銷售引流聚合體系。並基於客戶需求和行為習慣，探索以客

戶全生命週期為觸點的營銷管理模式。

未來五年,面對「新常態」下挑戰與機遇並存的市場環境,一汽豐田將之定位為「進攻期」「飛躍期」,持續進行「大膽的變革」,在經過 2015 年恢復體力和 2016 年鞏固基盤之後,2017 年將重建「具有行業領軍能力」的銷售體制,向「進攻型銷售」轉變。2018 年,TNGA 豐田全球商品架構將在中國全面導入,通過全新的平臺發動機,確立新的商品體系,並全面進入「進攻型銷售」。到 2020 年,計劃導入 15 款以上的新車型,力爭實現年銷售 100 萬臺的跨越。

「2016 年度全國經銷商大會」不僅凝聚了經銷商與廠家的共識,增進了一汽豐田整個營銷體系的目標認同,更為一汽豐田在未來五年的飛躍發展奠定了基調、夯實了基礎!下一個輝煌的鑄就,一汽豐田已經在路上!

資料來源:http://info.xcar.com.cn/201602/news_1909567_1.html。

思考題

1. 一汽豐田制定 2016 年目標及中長期規劃的依據是什麼?
2. 結合案例,談談計劃的作用有哪些?

案例 2　恒大多元化發展戰略規劃

一、恒大首提多元化發展戰略

「恒大集團今明兩年確保進入世界 500 強。」在近日恒大集團 2014 年上半年工作會議上,恒大集團董事局主席許家印稱。同時,許家印還首次提出恒大將多元化發展的戰略。

據悉,世界 500 強由權威的美國《財富》雜誌評選,剛剛公布的 2014 年榜單中,最低門檻為營業收入 237 億美元,預計 2015 年最低門檻約為 1,500 億元人民幣。據瞭解,目前世界 500 強榜單中尚無中國房地產企業。

許家印表示,恒大先后經歷了「規模取勝」戰略階段、「規模+品牌」戰略過渡階段、「規模+品牌」標準化營運戰略階段,而恒大自此將進入第四大階段:「多元+規模+品牌」戰略階段。同時,自 2015 年到 2017 年的恒大第七個「三年計劃」主題也確定為「夯實基礎、多元發展」。

目前,恒大集團總資產超過 4,000 億元,員工 7.4 萬人。恒大的產業已經進入全國 150 多個城市,項目總數超 300 個,去年銷售額超過千億元,今年上半年已達 693 億元,半年納稅 102 億元。許家印表示,到 2017 年,恒大會再進入 200 個城市,覆蓋全國城市總數可達 350 個,並加速國際化進程,力爭進入 10 至 20 個國家。

近年來,恒大礦泉水、恒大足球、恒大文化等產業發展迅速,這些成功的多元化探索已引起業界強烈關注。瞭解到,企業多元化戰略是世界大型企業特別是跨國公司普遍採用的發展戰略,據資料統計,在美國最大的 5,000 家工業企業中,有 94% 的企

業從事企業多元化戰略，而通用、三星等世界 500 強企業幾乎都實施了多元化戰略。

二、恒大多元化發展戰略的真實意圖

(一) 多元化之路「醉翁之意不在酒」

恒大高調宣布進軍農業領域，並推出了首批產品——恒大綠色大米、綠色菜籽油、綠色大豆油、有機雜糧等產品，並傳后繼還將有恒大嬰幼兒奶粉等產品面市。據廣州日報的報導，另一家大型房企萬達集團則早就將觸角伸入了文化產業，早在 2012 年，萬達集團和美國 AMC 影院公司在北京簽署併購協議，並高調進入旅遊行業。而 IT 企業同樣跨界經營成風，最喜歡「扎堆」的，也是農業領域。

(二)「跨界」真實意圖

1.「搶眼球」+獲取政策紅包

多位業內人士均表示，賣米賣油可謂「高難度」動作，恒大的選擇或許還是想結合其礦泉水、畜牧業，實施其多元化版圖策略，這與國家支持農業發展的方向是一致的，未來或將收到政策紅包。

一位行業觀察人士表示，先不論掙錢與否，不少大企業轉型進入農業似乎是趨同選擇，恒大在長白山、內蒙古的「圈地跑馬」之下，畜牧業、乳業占據產業鏈上游就可以擁有較大市場主動權，也符合國家政策導向；水資源也選擇了企業扎堆的最好水源地，只是后期經營發展有待觀察。

行內人士說，互聯網大佬們所謂進軍農業，作秀成分居多，真正掏真金白銀的少，希望搶得二、三線用戶市場的眼球，畢竟農村市場商機的誘惑讓人無法拒絕。據阿里巴巴研究中心測算，2013 年阿里各平臺農產品銷售額達到 500 億元，2014 年有望達到 1,000 億元。

2. 單一領域風險太大

恒大、萬達、聯想、阿里巴巴這些房地產或 IT 業內的「大佬」轉型多元化的原因，很大程度上是對於主業發展風險的控製。盛富資本和協縱國際總裁黃立沖認為，不少房企已嗅到房地產主業未來可能遭遇到的壓力和單一業態發展的瓶頸。

對於房企涉足影視產業，暨南大學管理學教授胡剛表示，「影視產業最后可能變成文化地產或旅遊地產，比如萬達現在將影視元素、旅遊元素加入自己的地產項目中間。」

而在 IT 行業，對於為何多元化發展，柳傳志此前接受本報記者專訪時表示，電腦行業風險很大，因為新材料、新技術，新的業務模式的突破，都會帶來無法預期的風險。高科技企業要想活得長，還是要多元化。多元化以后在原來的那個領域就敢於冒險和突破了，因為有活路了。而多元化做好了，像聯想控股現在的金融、房地產做得都不錯的話，股東不再那麼恐懼，就會放手支持高科技領域去進行拼搏。

(三) 多元化問題

1. 食品安全

然而，對於食品行業，業界經常戲言「掙的是賣面粉的錢，操的是賣白粉的心」。

面對中國日益嚴峻的食品安全形勢，黨的十八屆三中全會提出「完善統一權威的食品藥品安全監管機構，建立最嚴格的覆蓋全過程的監管制度，建立食品原產地可追溯制度和質量標示制度，保障食品藥品安全」的戰略決策。

儘管如此，近期百勝餐飲集團、麥當勞等洋快餐巨頭再次遭遇「問題肉」危機，暴露出很多企業的食品安全保障工作還是存在很多問題，也折射出中國在食品安全監管中還是存在問題。

針對食品安全方面的問題，恒大集團也聲稱自己「最重視質量管控」。比如僅糧油集團就招聘質量監察控製中心總經理40人，乳業集團招聘質量監察控製中心總經理50人，畜牧集團招聘質量監察控製中心總經理70人，質量相關人才超1,000人，占總招聘人數6成以上。

在食品行業，還有一句常說的話——「說得好不如做得好」。恒大集團進軍的糧油、乳業、畜牧業同礦泉水行業相比，對於食品安全的要求都將更高，也是中國食品安全容易出現事故的重要領域。這些新進入的領域，對於恒大來說，既是機遇也是挑戰，食品行業和房地產行業是完全不同的兩個領域，也需要更高的智慧和責任才行。

2. 如何挨過投資期

雖然投資回報率高，但農業的風險也顯而易見：

一方面，由於生產週期長，投資者必須挨過漫長的培育期。聯想佳沃總裁陳紹鵬在被問及佳沃何時能夠盈利時便直言：農業的經營週期大概為10~15年，真正要形成可持續發展的盈利，需要10年左右。顯然，這相比於賺快錢的房地產來說，有些只出不進。

另一方面，農業產業鏈條較長，其中不可控因素較多，「靠天吃飯」帶來的風險即便是在規模化養殖條件下也不能完全避免。

3. 危險的高負債率

據21世紀網報導，如果說「現金為王，銷售為先」是恒大全國佈局的產物，其付出的代價就是不斷飆升的槓桿水平，甚至不惜以大量的類信託表外永續債來對賭中國樓市見底。

截至6月底止，恒大上半年共錄得收入633.4億元，同比增加51%。股東應占溢利70.9億元，增加13.6%。首6個月合約銷售金額為693.2億元，已經完成全年銷售目標1,100億元的63%。

不過，需要指出的是，在淨利潤94.9億元，上半年錄得693.2億元的合約銷售金額，640億元的現金流傲視全國房企——光芒四射的業績背後，恒大地產超高槓桿的財務風險卻始終無法被忽視，算上總額445億元的永續債，恒大的實際淨負債率已高達約116%。

財報顯示，恒大地產今年上半年發行單個項目永續債新增融資超過175.8億元，使得永久資本工具的餘額環比飆升77.7%至444.82億元。而永續債的持有人上半年共計瓜分了恒大地產18.84億元的淨利潤，占比高達20%，而去年底這一比例為0，反映永續債的抵押項目已陸續開始入帳。

「為了補充一、二線城市的土地儲備，短期負債率是高了些，但我可以保證恒大不

欠政府一分錢地價和土地增值稅。全國項目佈局的目標已經完成,未來用於買地的預算會大幅減少。」許家印表示。

三、多元發展戰略下恒大「鐵軍」蓄勢再出發

(一) 以人為本,恒大多元格局再啓新篇

恒大20周年慶典當天舉行的「恒大20周年輝煌成就展」,顯示出恒大目前已形成了以地產為主業,金融、互聯網等多元產業協同發展的新格局。展覽以聲光電的豐富形式,生動展示了各個產業現階段的成績、優勢,以及未來的廣闊前景,吸引了眾多嘉賓駐足。

值得一提的是,今年6月,恒大地產集團有限公司更名中國恒大集團。由此,一個不具備地產符號的名字,將更精準地囊括恒大的多產業格局,成為恒大發展歷程中濃墨重彩的一筆。

據瞭解,恒大2015年解決就業130多萬人,平均每天向國家納稅一個多億;20年捐款超過28億,無償投入30億結對幫扶畢節大方縣。許家印表示,未來在抓好企業發展的同時,將繼續以感恩之心積極承擔社會責任。

20年風雨歷練,恒大從深耕一城到佈局全國,成為中國精品地產領導者;20年砥礪前行,恒大從單一地產到多元產業全面開花,並以「中國恒大集團」華麗轉身,「恒大速度」有目共睹,恒大傳奇仍在續寫……

6月26日至28日,恒大集團舉行了系列活動慶祝成立20周年。28日晚,作為本次慶典活動的壓軸大戲——大型員工文藝匯演在廣州天河體育館精彩上演。恒大集團總部、各地區公司、產業集團及下屬公司等單位共表演節目20多個,涵蓋歌舞、音樂劇、小品、武術及創意類節目等,呈現一場豐富多彩的文化盛宴的同時,向外界展示了「恒大鐵軍」工作之外多才多藝的另一面。

(二) 白手起家,20年成就恒大傳奇

為慶祝20年華誕,恒大舉辦了包括發展成就展、慶典典禮、文藝晚會、萬人運動會、員工文藝匯演等系列活動。300多份賀電賀信紛至沓來,1,800多位國內外重量級嘉賓出席,恒大26日舉行的20周年慶典可謂高朋雲集,星光熠熠。恒大董事局主席許家印滿懷深情的現場致辭,讓到場嘉賓為之動容。

1996年6月26日,在廣州一間不足100平方米的民房裡,恒大艱難起步。當時的恒大規模尚小,成立初期,許家印就先見性地為公司制定了發展戰略、企業精神和目標,為恒大規劃了發展藍圖。面對嚴峻的內外部環境,白手起家,瞄準房地產,抓住當時即將取消福利分房、實現住房商品化的機遇,實施「規模取勝」的發展戰略及「艱苦創業 高速發展」的第一個「三年計劃」。通過首個項目「金碧花園」贏得了第一桶金,實現了從廣州到全國的佈局。

恒大勝在謀略,這是業內最為普遍的評價。分析人士指出,恒大20年跨越發展,不僅得益於掌門人許家印個人的眼光與膽識,更與貫穿恒大20年的企業精神、工作作風和企業宗旨分不開。自成立以來,恒大實行緊密型集團化管理模式、標準化營運模

式以及民生地產的產品定位，確保了恒大規模與品牌的快速發展。而一直以來恒大強勁的業績表現，也恰恰印證了「許氏管理」法則的獨到之處。

資料來源：

http：//www. ocn. com. cn/info/201408/heidai061033. shtml.

http：//sz. winshang. com/news-282471. html.

http：//news. ifeng. com/a/20160701/49275563_ 0. shtml.

思考題

1. 恒大是如何實施多元化戰略計劃的？
2. 恒大的多元化戰略計劃能成功嗎？

案例3　吉祥無線電股份有限公司的資產剝離計劃

一、引言

夜已經深了，吉祥無線電股份有限公司的王董事長仍然無法入睡。這些天來，關於剝離硅晶分廠和鍺晶分廠的計劃，他聽取了各方面的意見，然而，聽取的意見越多似乎越難以做出決策。

二、企業背景

吉祥無線電股份有限公司是中國一家上市公司，總股本33,000萬股，其中國有獨資企業Y集團有限責任公司和德國的BTL公司分別持有該公司62%和37%的股份，其他股份為B股流通股。該公司主營業務為無線電設備製造和供應，被普遍認為處於國內領導地位，其主要經營指標在中國無線電行業中已連續多年名列前茅；公司的AAB品牌是國家工商總局認定的全國馳名商標和全國名牌產品；公司擁有自主知識產權的產品品種和銷售額都在國內同行業中名列第一；公司的檢測實驗中心是無線電行業的國家級實驗室；公司產品85%在國內銷售；2002年公司幾大主營業務在國內均佔有相當大的市場份額。

該公司雖然在中國無線電行業中的領先優勢一直比較穩固，但也明顯感到來自市場和經營的壓力正逐年增大。首先，隨著中國加入WTO，無線電設備進口關稅逐步降低，進口產品的價格也在不斷調低，吉祥無線電股份有限公司的產品在傳統無線電市場中相對進口產品的價格優勢正在逐漸喪失，公司的一些老客戶開始轉為使用進口產品；此外，一直被國外先進公司把持的精密無線電設備市場，雖然利潤更為豐厚，但限於自身的研發水平，吉祥無線電股份有限公司似乎只能望洋興嘆。更讓吉祥無線電股份有限公司感到不安的是，公司的重要原材料硅晶、鍺晶等晶石的市場價格近年持續上漲，而且近期並無明顯回落的跡象，給公司生產經營帶來的壓力越來越大。在這樣的背景下，公司開始考慮放棄部分業務。

三、董事會上的討論

由於會前，所有董事都已經收到了公司提供的關於剝離兩個分廠的相關資料。因此王董事長簡單介紹了一下情況之後，便提出想聽聽大家的看法。

短暫的沉寂之後，公司董事兼總會計師陳建華首先發言。「我個人認為，從改善公司業績的角度來講，兩個廠還是應該剝離的。進口產品在搶占我們的市場，原材料價格也在上漲，公司的主營業務利潤已連續兩年大幅下滑。要想改善公司的業績，就必須對企業價值鏈重新進行整合，拋棄不必要的業務。大家可以看一下手頭資料的第三頁，這是我和財務部的同事們對兩個分廠損益情況的測算。可以看出，兩個分廠的盈利狀況是非常糟糕的，已嚴重影響了整個公司的經營業績。」

陳總會計師稍做停頓之後，繼續說：「目前，Y集團已表示，同意以如下條件接收兩個分廠：第一，我公司向Y集團轉讓硅晶分廠和鍺晶分廠的全部資產，轉讓資產的總價款以評估值為準確定；第二，Y集團以承接我公司與轉讓資產等額的債務的方式向我公司支付轉讓對價；第三，資產轉讓後，兩個分廠的職工（共968名）由我公司予以安置或解聘。如果按Y集團提出的條件實施剝離，將使我們公司在諸多方面受益。首先，帶走兩個分廠每年的虧損額度，增加公司的盈利水平，自然不必多說；此外，按三個月結算週期計算，可減少資金占用1,150萬元。另外，還可使公司生產週期從原來的40天縮短到35天，提高公司的市場適應能力。」

「我同意陳總會計師的意見，」公司戰略部的崔部長開始發言，「剝離兩個分廠是符合公司發展戰略的。近年來，進口產品給公司的生產經營造成了前所未有的壓力，公司應當集中精力增強核心業務的競爭力，才能在激烈的市場競爭中站穩腳跟。像硅晶製造和鍺晶製造這樣的非核心業務，我們根本不具備比較優勢，完全沒有必要經營。戰略部曾作過專門分析，如果將這兩種原材料改為外購的話，每年可以為公司節省成本250萬元左右。」

「我也認為這兩個分廠應當予以剝離。」銷售部王部長也開始發言：「剝離兩個分廠有利於公司產品結構的升級，提升公司業績。從公司銷售部做的市場調查來看，精密無線電設備市場未來幾年將快速增長，利潤也非常大，但目前國內產品受質量水平的限制，還很難進入這個市場。我們公司作為國內無線電行業的排頭兵，完全應該，而且能夠通過加大研發投入和技術改造力度，提高產品檔次，進入這一市場，進一步提高公司業績。而不是把精力和財力都耗費到我們的非核心業務上。」

「是啊，兩個分廠已經到了非剝離不可的地步。」公司總工程師張力強說，「兩個分廠的設備嚴重老化，並直接導致生產效率低下。我和技術部的同事曾估算過，如果對兩個分廠的設備進行技術改造，全套下來，大約需要3,650萬元。3,650萬，可不是一個小數目，我認為如果用這筆資金進行研發或技術改造，收益會更大，而且也更符合國家的政策導向，會比較容易地獲得國家的優惠政策扶持，甚至直接的財政資助。陳總會計師比較瞭解情況，公司去年不是用研發費用抵免了近1,500萬的所得稅嗎？此外，我們和北方大學合作開發的一個無線電項目，今年也獲得了國家600萬元的資助。」

「我有個疑問，想請教一下，」公司的一位獨立董事開始發言，「剛才陳總會計師提到，如果實施剝離，兩個分廠的968名職工將由我公司予以安置或解聘。請問公司打算如何進行安置或解聘？」

「是這樣的，」公司董事兼工會主席同時也是職工代表李肖平回答道，「剝離後，公司將解聘兩個分廠的所有員工，並一次性支付剝離員工經濟補償金1,900萬元。同時Y集團擬通過重新招聘的方式，與原來兩個分廠的部分員工簽訂新的用工合同。」說到這，李肖平嘆了口氣，「究竟與誰簽、簽多少，將成為Y集團的內部事務，我們將無能為力。但據我們猜測，將有大約50%的員工不會被Y集團繼續聘用了。」李肖平停頓了一下，「各位董事，大家能不能考慮再給兩個分廠一些時間，畢竟這900多名員工這麼多年來一直與我們同舟共濟，風風雨雨走過來不容易。一下子推出門去，很多人心裡一時是無法接受的。」

會場上頓時一片寂靜，分管生產的經理陳健看了看左右，說：「我覺得李主席說的有道理。對於本項剝離計劃，我們十分有必要對來自員工方面的不穩定因素予以充分的考慮。畢竟要同時解聘900多名員工，這就關係到900多個家庭啊。雖說根據國家相關法規，公司完全有權利解聘這些員工，但畢竟我們國家實施市場經濟的歷史還比較短，群眾的思想意識水平有限。一旦決定剝離，會不會導致極端事件的發生？」

「另外，我主要想從生產的角度談談對這項計劃的看法，」陳健繼續說道，「硅晶和鍺晶的製造雖說不是公司的核心業務，但對核心業務的穩定發展卻也關係重大。兩項業務剝離之後，的確會在短期內會增加公司的贏利水平，但同時也會增大我們的生產風險。舉個簡單的例子來說，前年7月份公司的大客戶華東公司突然提出修改製造標準。新製造標準對晶體原料提出了更為苛刻的要求，弄得我們措手不及。幸虧硅晶分廠的同事們連夜制定新的生產計劃，加班加點干了兩個月，才保證了及時供貨。試想，在剝離之後，由新的供應商而不是原來我們自己分廠的同事給我們提供硅晶和鍺晶原料，遇到這種情況，他們能保證按新標準及時供貨嗎？讓我看，很難！即使他們能做到，肯定也會要求我們提供大筆的違約金。」

「陳經理的話不無道理。」公司的獨立董事同時也是某著名高校的經濟學專家董教授開始發言，「剝離兩個分廠，的確會增大公司的生產風險；但另一方面呢，卻可以降低原材料價格變動帶來的風險。眾所周知，近年晶石市場的價格變化很快，對包括硅晶和鍺晶製造在內的眾多直接相關產業的影響非常大。因此，我認為，如果公司此時放棄這兩種原材料的製造業務，而專心經營更為下游的設備製造業務，從降低企業原材料供應風險的角度來講，是完全正確的。」

「董事長，各位領導，能不能再考慮考慮，除了剝離，還有沒有其他辦法？」董事會裡另一位年輕的職工代表小鄧小心地提問到，「比如，吸引戰略投資者進入，將兩個分廠組建為新的合資公司，或者暫時不對兩個分廠進行剝離，而是進行內部整頓。這幾天，不少分廠的職工紛紛來找我，讓我轉告各位領導，他們有信心通過內部整頓使兩個分廠的經營狀況走出低谷。」

王董事長仔細地聽著所有人的陳述，不知不覺已經過了下班時間。王董事長看了看表後，想了想說：「剝離兩個廠的確事關重大，不宜倉促做出決定。但是呢，Y集團

的耐心似乎也很有限，希望我們盡快給他們答覆。我看這樣吧，今天的會就先開到這，咱們大家回去都再考慮考慮。明天上午，咱們重新開會，無論如何要把這個事情定下來。」

「到底該不該剝離兩個分廠呢？明天的董事會該做出什麼決定呢？」王董事長仍然在沉思著？

資料來源：李延喜. 吉祥無線電股份有限公司的資產剝離計劃［J］. 管理案例研究與評論，2008，1（1）：53-61.

思考題

1. 結合本案例說明實行資產剝離計劃的原因是什麼？
2. 資產剝離計劃的實質是什麼？
3. 如果你是王董事長，你會做出怎樣的計劃？

12　組織案例

案例1　海爾組織之道：組織轉型的狂想與實踐

如果說蘋果是直線職能的典範，華為是矩陣管理的樣板，那麼海爾在組織變革中的探索絕對可以成為管理學從理論到實踐的試驗田了。張瑞敏不僅是企業家，他在管理上的思考和實踐更像個富有理想主義色彩的管理學家，雖然在互聯網的潮流中，張瑞敏所在的產業肯定屬於「傳統生產企業」的範疇了，但我想其在企業界管理學上的造詣和探索，應是無人能出其右的，海爾的組織管理變革也是我們研究組織管理最好的樣本，說其是管理教科書也毫不為過。很難找到一個企業像海爾一樣不斷顛覆自己，把變革作為常態。也很難找到一個企業像海爾一樣遭受到諸多爭議。狂想人人都會，但踐行卻殊為不易……

那麼，是什麼讓海爾將狂想落地的呢？

一、是折騰還是變革——海爾組織轉型進行曲

關於組織變革，在華為也有個「耗散」理論，就是通過變革把一些能量「折騰」掉，使組織聚焦在以客戶為重心的核心點上而無暇他顧。海爾也是一家「愛折騰」的公司，海爾的組織發展史，就是不停折騰、不停自我否定的過程，就如海爾當年為樹質量怒砸冰箱，每次的變革都來得那麼疾風驟雨、毅然決然。

（一）從直線職能制到事業部制

20世紀80年代，海爾同其他企業一樣，實行的是「工廠制」，典型的直線制的模式，沒有職能機構，從最高管理層到最基層實行直線垂直領導，權力集中於高層。海爾7年時間聚焦冰箱產品，打造一個名牌。隨著冰箱的成功，海爾用「激活休克魚」的方式進行併購，產品線更加多元化，同時向收購對象輸入海爾的文化和管理，這時候必須加強組織職能管理，直線制就演進到了直線職能制。直線職能在企業小的時候，「一竿子抓到底」，反應非常快。但企業大了這樣就不行了。最大的弱點就是對市場反應太慢。為了克服這一問題，海爾改用矩陣結構。橫坐標是職能部門，包括計劃、財務、供應、採購；縱坐標就是不同的項目。對職能部門來講，橫縱坐標相互的接點就是要抓的工作。這種組織形式的企業在發展多元化的階段可以比較迅速地動員所有的力量來推進新項目。

1996年，意識到原有「工廠制」組織模式存在「大一統而不夠靈活」的張瑞敏，

又啟動了事業部制改革，1996年集團成立后開始實行「事業部制」，由總部、事業本部、事業部、分廠四層次組成，分別承擔戰略決策和投資中心、專業化經營發展中心、利潤中心、成本中心職能，將原有的一艘大船變成了一支艦隊。海爾的各事業部按其職能處室為「匯報線」，既接受事業本部的行政管理，又接受集團總部職能中心的行政管理。這是在組織領導方式上由集權向分權轉化的一種改革，但雖然事業部獲得了一定程度上的授權，其若干行動還都需要受到總部的制約，事實上依然是一個強垂直矩陣的組織。這種組織架構支撐了海爾的多元化戰略的發展，但事業部制看似一個有序的分權體系，卻存在「一放就亂，一收就死」的固有問題，張瑞敏認識到，這種科層改造已經走到了極限。

(二) 從事業部到市場鏈的結構

海爾的組織結構經歷了從直線職能式結構到矩陣結構再到市場鏈結構的三次大變遷，在事業部碰到國際化，在本土品牌想努力超越成為全球品牌的過程中，張瑞敏又再次打破平衡，要把市場這個看不見的手引入到企業中。

這是不是要搞企業內部市場化？內部市場化搞過的人不少，但如張瑞敏般堅決的卻不多。大家都清楚啊，科斯的理論就說企業的存在就是為了降低交易成本而開始的，在企業內部的合作對於合作雙方來說都是獨特的、專用的，難以在外部獲得替代的，要不為什麼要放到一個企業中呢，採用外部市場交易機制不就很好？也就是說，用平等主體間討價還價的方式，讓市場產生價格就不合理。與其如此，不如回到那種上級領導定價的科層機制。如何破局？張瑞敏從理論上找到的支點，受到邁克爾·波特「價值鏈」的啟發（雖然波特先生自己的公司在2015年也令人遺憾地走到了破產的邊緣），價值鏈是指產業中的上下游企業之間的價值創造和流轉關係，而市場鏈則是把市場機制引入了層級組織，力圖把每個戰略經營單元，甚至每個人，用市場關係進行串聯。

按照張瑞敏的流程再造，第一步，把事業部的財務、採購、銷售業務分離出來，在全集團範圍內實行統一營銷、統一採購、統一結算。第二步，把集團原有的職能管理資源進行整合，如人力資源開發、技術質量管理、信息管理、設備管理等職能管理部門，全部從各個事業部分離出來，成立獨立經營的服務公司，其主營業務收入來源於為業務部門所提供的「服務報酬」。第三步，把這些專業化的流程體系，通過「市場鏈」連接起來，服務公司必須得到採購者的認可才能索賠，否則要被索償，集團明文規定：如果對於服務公司不滿意，可以向外採購。

2000年，海爾正式推出內部市場制。採用市場機制，必須要把物流、商流、訂單流、資金流搞定，每個交付件都有物碼，每個交易員工都有人碼，此兩碼必須與「訂單碼」一致。2002年，海爾搞定了信息化這件事，市場鏈的組織結構調整也隨之開始。海爾的目標是使人人都成為經營者，人人都成為具有創新精神的戰略經營單元。但這一階段中，海爾的具體做法並不是讓人人之間形成一種市場交易關係，而是在績效管理上採取了一種「擬市場化」的模式，讓員工進入經營者的角色，不僅關注績效的紙面結果，更關注其為企業帶來的價值。這種經營者角色的下沉，的確是「有點像一個

人就是一個公司了」。但再好的公司，內部如何定價依然沒有解決，或者換個角度來說，如何確定每個員工應達到的目標？上級來定？豈不是又回到了層級組織的老路？5 年時間，42 次的調整，海爾又一如既往地走到了下一輪組織調整的窗口。

（三）海爾的互聯網思維：從「倒三角」到「三無」時代

2012 年 12 月，海爾發布網路化戰略，正式宣布進入互聯網時代，全面對接互聯網。張瑞敏提出海爾要達到「企業無邊界，管理無領導，供應鏈無尺度」的「三無」境界。當組織內的資源呈現網路化結構的時候，極致扁平化得以實現，組織真正就變成了一個「平臺」。

海爾究竟想變成什麼樣的組織呢？用張瑞敏的話來說，就是「企業平臺化，員工創客化，用戶個性化」。他大膽提出，未來海爾將只有三類人：平臺主、小微主和小微成員。此時，小微已經替代了利益共同體和自主經營體的概念，前者是實實在在的企業，而后兩者則更像是一個模擬公司。原來的三級經營體們，則變成了大大小小的平臺主，為小微主們提供資金、資源、機制和文化等支持。創業小微從無到有，海爾基本放開任其發展。

作為一個平臺，如何讓更多的小微主冒出來，活得好，是平臺主們應該考慮的。如果結算成本過高，小微主們被養乖了，自然不會具備在市場競爭中生存的能力；如果一味對接市場，小微主們冒著巨大的風險，也不敢輕易投入創業。這條改造之路也的確艱辛，截至 2014 年年底，海爾集團只有 20% 左右實現了小微化，共成立了 212 個小微公司。這些剛剛成立一年甚至更短時間的小微們，只有少數幾個從無到有的「創業小微」拿到了風投，其他「轉型小微」大都還處於艱難摸索階段。但無論如何，海爾內部的創業熱情已經大大提升了，張瑞敏期待的一群「小海爾」去捕捉、滿足用戶需求的局面正在出現。

二、互聯網+的海爾還是那個海爾嗎？

海爾到底還能不能一邊折騰一邊成功，是不是個案，是不是搞「事件營銷」這些都不重要，重要的是這種探索和嘗試給我們的啟示，這本身也是價值。對海爾的組織轉型我們可以做如下總結：

（一）由傳統的生產製造型企業向全新的互聯網企業轉型，從模式上進行顛覆、激進的變革

一直以來，海爾都是戰略引導管理（組織模式），但進入互聯網時代，應該是「去管理化」，重在搭建共贏生態（Eco-System）。海爾所有在組織模式上的打造，實際上都是在打造一種調動每個員工感知用戶、對接用戶、滿足用戶的平臺，去管理化去科層化。在當今的時代，市場的不確定性讓「制定戰略」大大讓位於「打造模式」，企業不可能再用精英主義的頂層指揮模式來應對市場上無限多元、個性極致、快速迭代的市場需求，實際上是一種「去戰略」。

（二）以用戶為中心、市場機制倒逼的組織機制設計

從物流配送到 Call Centre，用「創客小微」的機制，最大限度地發揮員工個體與用

戶的組合價值，公司職能 FU 作為團隊運行的平臺，進行戰略方向的把控和資源的協同，海爾所有的組織變革都是圍繞發揮人的最大積極性，張瑞敏曾說：「每個雇員都是自己的 CEO，每個人都有自由去做他選擇的事情，也就是為客戶服務，每個人都有自己的利潤和目標。」

（三）充分利用信息技術輔助企業轉型

海爾在企業管理的很多基本點都做得很紮實，並採用新的技術，比如說互聯網數字化技術等改造它的業務模式，許多上下游的信息對接都靠系統來完成，這是雖然歷經變革，但整個管理和業務沒有出現大的動盪的基礎。

作為組織模式的先鋒探索者，海爾必須思考以下幾個問題：

（1）從管理角度來說，靈活性與可控度是相悖的，特別是當成熟的小微脫離海爾發展成平臺之後，海爾會不會陷入「失控」狀態？小微公司如同蜂群，創客如同蜜蜂。這是一種看起來很徹底的分佈式管理模式，利用「失控」獲得沒有限制的成長。但分佈式管理最後，仍然需要超強計算總結能力。無論戰略方向如何精準、管理機制如何高效，最終都要落實到具體的業務流程中，海爾的管理機制就走上越來越精細的道路，難免有人說海爾的自我顛覆之路會砸在「複雜」二字上，就如為避免利益輸送的結算係數確定上，這個問題在內部市場機制上很難根本性解決或機制會變得越來越複雜。如何把握好靈活度和可控度的均衡，動態調整，是海爾組織變革模式長期所要面對的命題。

（2）互聯網思維和傳統經濟增長要求的衝突。海爾脫胎於傳統製造業，講究的是精準控製，沒有達成目標出了什麼問題，都要回溯，稱之為「還原文化」，但互聯網面對快速變化的外部環境，更講究快，側重如何應對未來而非如何檢討過去。此外，海爾為小微主設置了業績目標（多數是經營類指標和用戶類指標），沒有達到拐點就只能拿到基本工資（生活費），在這樣的導向下，小微主很難有意願對長期競爭力進行投入，一個沒有長遠戰略眼光的業務是無法長成一棵參天大樹的。一旦你追求對數的考核，自然會形成對創新的禁錮。

（3）管理機制可以日臻完美，但文化的改變則非一日之功，這和我在《績效管理從入門到精通》書中談到的南橘北枳是一個道理，在海爾傳統的文化和組織氛圍中，能否長出互聯網基因的果，這是一個值得思考的命題。「人人創客」「人人 CEO」，發揮積極性的出發點毋庸置疑，可現實並非人人都適合創客、人人都適合 CEO，大眾創業和人人創業是兩個概念。為了實現轉型，海爾引入了不少外部人才，但鮮有成功案例，加上去中層隔熱牆的扁平化措施，利益衝突在所難免。如何解決既得利益者對變革的阻力，建立支持創新和包容的文化，恐怕是海爾必須要面對的一個坎。

資料來源：http://www.hrloo.com/rz/13682402.html.

思考題

1. 海爾為什麼要不斷地進行組織變革？企業要怎麼樣才能保證組織變革順利完成？
2. 海爾應該如何應對互聯網思維與傳統經濟增長要求的衝突問題？

案例 2　嘉寶公司高管團隊成員集體離職

一、嘉寶公司簡介

　　嘉寶公司是德國嘉寶集團在中國設立的一家汽車零部件生產公司。嘉寶集團是世界領先的汽車技術、工業技術及服務供應商，在全球有近 30 萬名員工，秉承科技創新精神、卓越的產品質量、以人為本的服務理念和精益求精的研發原則，贏得了廣泛的社會聲譽。

　　嘉寶集團開拓中國市場已有 100 多年的歷史，目前其所有業務部門均已落戶中國，擁有 50 家公司，分佈於上海、杭州、蘇州、無錫、大連等城市。2007 年嘉寶集團併購了一家上市公司澳洲汽車技術有限公司，先后收購了該公司 90% 的股份，投入 1.2 億歐元，成立了嘉寶公司，落戶於大連，占地約 15 萬平方米，有員工 1,200 餘名。嘉寶公司主要為汽車動力系統提供創新解決方案，擁有比較完備的工藝及生產流程。

　　嘉寶集團在併購時原則上保留了被併購公司的高管團隊。總經理由澳大利亞人皮特（Peter）擔任。皮特（Peter）是被併購公司的總經理，在澳洲汽車技術有限公司任職 10 年，是一個職業經理人，為人謙和，倡導開明式管理，將澳大利亞文化與中國本土文化相融合，組建了一個具有領導力和執行力的高管團隊。

　　財務部經理由李曉茹擔任，人事部經理由周洪剛擔任，製造部經理由趙亮擔任，營運部經理由周輝擔任，物流部經理由孫鵬擔任，鑄造廠廠長由張品擔任，加工廠廠長由吳迪擔任，儀器廠廠長由方一卓擔任。高管團隊中財務部經理李曉茹、人事部經理周洪剛、營運部經理周輝、製造部經理趙亮、物流部經理孫鵬、鑄造廠廠長張品均為被併購公司高管，加工廠廠長吳迪、儀器廠廠長方一卓是併購公司從嘉寶集團總部和其他分公司派來的。

二、Fred 到任與推行 5S 管理

　　公司併購不久，嘉寶集團總部派來了一位中國區製造工程總監弗雷德（Fred），主要職責是負責監督產品質量，推行嘉寶集團倡導的 5S 管理。這樣，製造部經理趙亮實際上成了弗雷德（Fred）的助手，必須向弗雷德（Fred）匯報工作。

　　5S 即整理（Seiri）、整頓（Seiton）、清潔（Seiso）、清潔（Seiketsu）、素養（Shitsuke）。所謂整理，就是要將工作場所的東西分為「要的」和「不要的」，把二者明確、嚴格地區分開來。整理的目的是改善和增加作業面積，現場無雜物，行道通暢，提高工作效率，消除管理上的混放、混料等差錯事故，有利於減少庫存、節約資金。所謂整頓就是要把留下來的必要的東西依規定的位置，分門別類排列好，明確數量，進行有效的標誌。整頓的關鍵是要做到定位、定品、定量，合理定置，擺放整齊。所謂清掃就是要徹底將工作環境打掃乾淨，保持工作場所乾淨、亮麗。目的在於培養全員講衛生的習慣，創造一個乾淨、清爽的工作環境。所謂清潔，就是指對整理、整頓、清

掃之后的工作成果要認真維護，使現場保持完美和最佳狀態。所謂素養，是指要努力提高人員的素質，養成嚴格遵守規章制度的習慣和作風。

5S管理由弗雷德負責宣傳、推廣。弗雷德來自嘉寶集團，35歲，在嘉寶集團工作了9年，在歐洲工廠擔任過車間主任，在中國蘇州工廠擔任過部長助理，在嘉寶集團總部擔任過區域主管。弗雷德個性張揚、性格直率，具有德國人的自信、嚴謹、勤奮、認真等特徵，但比較孤傲、自大、武斷。弗雷德對5S管理情有獨鐘，當他發現被併購企業沒有實行5S管理后，便在全公司辦公室、車間等實行5S管理，並制定了懲罰措施。被併購企業原來屬於澳資企業，是一家上市公司，實行的是將澳洲文化與中國本土化相結合的管理模式，構建了事業部制組織結構，有比較完備的管理制度和流程，各部門分工明確、責任清晰，能夠確保產品生產任務按期保質保量完成。因此，在實行5S管理時，許多管理人員和員工都未達到5S管理要求，或因違反5S管理規則被警告或罰款。5S管理在被併購企業員工看來，中看不中用，過分強調工作環境清潔、物品擺放整齊和外表形象，把大量時間用於5S管理，卻忽視產品質量和生產進度，致使企業無法按期交貨，產品質量無法滿足客戶要求。

而弗雷德卻對被併購公司過去的管理方法大加鞭撻，指責被併購企業的高管團隊成員不配合5S管理的推行，並向嘉寶集團告狀。弗雷德的行為引起了被併購企業高管團隊成員的不滿，也紛紛向嘉寶集團提出改革的意見和建議，主張逐步推進5S管理，而不是像現在這樣強行推進，造成員工不適應，引起部分技術嫻熟的老員工離職，直接影響到企業的生產進度和產品質量。由於無法按期交貨，物流部經理孫鵬在多次建議無果的情況下提出辭職，並很快得到批准。財務部經理李曉茹對基於5S管理的財務制度改革提出異議，因為併購前澳洲汽車技術有限公司是一家上市公司，已經建立起非常規範的財務制度，而併購后的嘉寶公司非上市公司，併購后主動退市，其財務管理與上市公司的制度有很大不同，這樣，推行5S管理，在短時間內財務部的工作十分被動。結果，李曉茹的財務部屢次被點名批評：工作報表不合格、工作效率低下、領導不力等。無奈之下，李曉茹主動提出辭職。嘉寶集團很快派來了一位財務部經理。

三、團隊內部的衝突

弗雷德推行5S管理，製造部經理趙亮一直密切配合。按照5S管理要求，必須對設備進行清洗，於是，弗雷德找了一位從德國某大學來的實習生，簡單介紹了清洗設備的方法后，就讓這位實習生編制了一份設備清洗流程。然后在公司高管擴大會上討論這份設備清洗流程。在討論過程中，大家發現這份設備清洗流程有許多地方不符合實際，並提出了一些意見，結果引起了弗雷德的不滿，要求大家按照制定的流程執行。趙亮反駁弗雷德說：「我們是多年從事製造工程工作的，對設備的維護了如指掌，如果要求我們完全按照實習生制定的流程去做，那還要我們討論什麼？」這次衝突導致了弗雷德和趙亮的關係緊張，甚至二者都不願見面。其后不久，趙亮便遞交了辭呈。

總經理皮特對孫鵬、李曉茹、趙亮的辭職一直感到歉疚，並且，其權威性也受到了弗雷德的多次挑戰，在趙亮離職三個月后，皮特也提出辭職，回到了澳大利亞。皮特離職后，嘉寶集團從歐洲派來了新的總經理約翰森（Johnson），並將弗雷德提升為二

把手，相應地，將被併購公司的高管團隊成員的權力逐漸削弱。皮特的離職，猶如流行性感冒一樣傳染了餘下的被併購企業幾位高管團隊成員，一種無形的壓力襲來。隨著弗雷德地位的提升和權力的擴大，幾位高管團隊成員與弗雷德的衝突和矛盾時有發生。就這樣，在皮特離職一個月後，營運部經理周輝也遞交了辭呈。

營運部經理周輝，42歲，獲得國內某重點大學工商管理碩士學位，曾任職於通用汽車、固特異等外資企業，擔任過製造廠廠長、中方經理等。2005年受聘於澳洲汽車技術有限公司，擔任生產經理，后榮升為中方經理。周輝為人豪爽，性格耿直，嚴於律己，敢作敢為，講究誠信，信守合同，重視生產安全和產品質量，關心員工生活及福利，作為澳洲汽車技術有限公司的創始人之一，他將自己多年累積的管理知識和實踐經驗應用於企業建設和發展之中，在澳洲汽車技術有限公司享有很高的威望。嘉寶集團併購澳洲汽車技術有限公司后，周輝在嘉寶公司擔任營運部經理，負責鑄造廠、加工廠、儀器廠的生產與質量管理等。

周輝在工作中極力支持5S管理的推廣，積極配合弗雷德的工作。在一次高管例會上，周輝就5S管理推行過程中存在越權行事、不顧產品質量、忽視員工情感等問題提出了自己的意見和建議，卻受到弗雷德的指責，批評周輝不配合5S管理的推行。周輝認為自己反映的是客觀存在的事實，便與弗雷德據理力爭。不久，周輝的某些工作被要求由其他經理負責，並且由新來的總經理具體負責營運部工作。周輝感到職業發展前途渺茫，便遞交了辭職信。很快，幾家獵頭公司便找上門來。目前，周輝已在國內另一家汽車配件生產公司擔任中方經理。

此外，人事部經理周洪剛也與弗雷德發生了衝突。弗雷德在高管碰頭會上說，他感覺操作人員過剩，要求裁員。而周洪剛認為由於公司操作人員，尤其是熟練工人頻繁流失，加上公司已經制訂了增加產量的計劃，目前不應裁員。弗雷德便拿出了一份自己計算的崗位及人員分佈情況，認為完全可以裁員，而且這樣做也會得到中國區總經理的信任。周洪剛針對弗雷德計算的崗位及人員分佈情況，一一指出其漏洞，並認為必須有足夠的人員才能確保產品質量。弗雷德說：「我們嘉寶集團擁有100多年的管理經驗，你執行就行了，不允許討價還價。」據說，人事部經理周洪剛也萌生去意，私下裡正在與獵頭公司溝通。

就這樣，在不到兩年的時間裡，五位被併購企業的高管團隊成員離開了嘉寶公司。此外，被併購企業65%的中層管理人員、80%的技術嫻熟的老員工也先后離開了嘉寶公司。

資料來源：郭文臣，肖洪鈞. 被併購企業高管團隊成員集體離職的影響因素探究——基於嘉寶公司的案例分析［J］. 管理案例研究與評論，2011，4（5）：353-360.

思考題

1. 結合案例，請分析影響高管團隊集體離職的因素是什麼？
2. 為了有效防範核心人才的流失，併購企業應注意的問題是什麼？

案例 3 中糧集團「忠良文化」

一、案例背景

中糧集團有限公司（COFCO）是世界 500 強企業，是中國領先的農產品、食品領域多元化產品和服務供應商，致力於打造從田間到餐桌的全產業鏈糧油食品企業，建設全服務鏈的城市綜合體。利用不斷再生的自然資源為人類提供營養健康的食品、高品質的生活空間及生活服務，貢獻於民眾生活的富足和社會的繁榮穩定。中糧下屬品牌涉及農產品、食品及地產酒店等領域。大悅城是中糧集團商業地產板塊戰略部署精心打造的「國際化青年城市綜合體」。

中糧集團從 2004 年開始有計劃、有步驟、系統地開展企業文化建設工作。首先明確了企業文化建設目標，確定了企業文化建設的方向，在此基礎上，提煉總結出企業文化的核心和內涵，並借助有效的傳播載體讓員工體驗、感悟中糧文化，實現文化的植入，使員工自覺地將這種文化融入到自身的思想、行為中，從而達到文化對人引導的目的，而中糧員工自身行為表現反過來又強化了中糧的文化，實現了中糧企業文化的昇華固化。

二、制定企業文化目標，明確文化建設重點

中糧集團在企業文化建設之初，就把企業文化當作中糧核心競爭力的重要組成部分，明確其功能定位為服務企業戰略轉型。

中糧戰略轉型不僅對經理人的專業能力提出了新的要求，其思維方式也需要隨之做出轉變，與此同時，戰略轉型過程中的重組併購企業對團隊融合和文化整合也提出了新的要求，而企業內部中青年群體比重加大也亟須找到新的溝通語言和方式。針對這些新形勢、新挑戰，中糧把文化建設的目標定為「忠良」，即「高境界做人、專業化做事」，培育又忠又良的中糧職業經理人。

文化建設的主要方向確定為「職業化」和「人性化」。中糧集團認為，「職業化」就是要在中糧內部弘揚建立在市場化基礎之上的「職業經理人」精神，摒棄計劃經濟體制下的「官本位」意識，將國有企業的「領導幹部」轉化為更為市場化的「職業經理人」，打造國企的「忠、良」兼備的「職業經理人」隊伍；「人性化」是指在文化建設中，要將「人」放在最重要的位置，中糧強調戰略的起點是「客戶」而非「財物」，管理的起點是「員工」而非「制度」「流程」，投資的起點是「股東」而非「項目」，一切工作圍繞「以人為本」的理念，從而「忠良文化」的整體建設思路都體現出濃厚的人性關懷。

中糧集團推進「忠」文化建設，主要是在集團內部普及忠於職守、忠於股東的「放牛娃文化」，鼓勵坦率真誠、自然本色、處以公心的「陽光文化」，倡導相互協同、相互分享、相互欣賞和相互包容的「團隊文化」，樹立「高境界」，不碰「高壓線」的

「兩高文化」等，從而提高員工的職業道德和精神修養；中糧集團推進「良」文化建設，主要是向經理人強調要把股東托付的財產管好、經營好，為股東創造更大的財富。

三、構建文化核心架構，充實企業文化內涵

在找準了文化建設的目標和方向後，中糧集團認為文化建設首先要構建一個核心架構，這個架構應包括物質、行為、精神三個層面。物質層面建設，中糧主要抓價值觀外化的各種具體形式，包括統一中糧視覺形象識別系統、辦公環境與宣傳物品、群體性活動、儀式和內部流行語等；行為層面建設，中糧主要抓中糧價值觀在經理人和員工思維方式、行為模式上的表現，主要通過「行動學習法」「團隊工作法」「五步組合論」（選好經理人、組建團隊、制定發展戰略、執行戰略並形成核心競爭力、考核評價經理人）等工作方法創新以及新的制度、流程制定，使員工形成統一的組織行為；精神層面建設，中糧主要抓集團使命、願景、戰略、企業精神、品牌信仰等意識方面的認同與內化。

中糧提出「自然之源，重塑你我」的品牌理念，「誠信、團隊、專業、創新」的企業精神以及「奉獻營養健康的食品和高品質的生活服務，建立行業領導地位，使客戶、股東、員工價值最大化」的企業使命，獲得社會、客戶、員工對「忠良文化」的認同和共鳴，這才是「忠良文化」真正的企業文化內涵。

四、灌輸企業文化理念，引導員工思想行為

中糧集團灌輸「忠良文化」有別於通常的宣傳教育，而主要採用「強制規範」和「體驗營銷」方式。一方面，中糧集團制定了完善的規章制度，塑造員工的行為。如中糧集團出拾了《中糧經理人職業操守十四條》，規範經理人行為，讓經理人堅守做人的基本原則；制定了具有強制性的《行為準則》，要求每一位員工，無論何種職級、何種崗位，均要理解《行為準則》內容，並將《行為準則》所體現的精神作為面對挑戰、處理問題的準繩。另一方面，中糧集團採取「潤物細無聲」的方式，感性地傳播新文化。如建設「忠良書院」，傳承發揚優秀的中糧歷史文化；開辦《企業忠良》內刊，讓中糧員工將個人的文化體驗用文字梳理表達出來，傳教理想，啓人心智；對集團的辦公環境和日常活動重新進行設計和創新，把新的文化理念和文化元素巧妙融入其中，讓經理人、員工在日常工作中不知不覺地感受新文化，自然而然地認同和接受新文化。

通過企業文化的灌輸，中糧員工認識到中糧文化代表的是人性裡的東西，是人和人之間、人和自然之間相互尊重的關係，是自然散發的自覺的行為規範和行為方法，並形成了「外化一形」「固化一致」「內化一心」的行為模式，從而不自覺地將中糧的文化通過自己的語言、行為等方式展現了出來，這就實現了中糧文化的固化。

五、昇華員工心中感悟，弘揚企業文化精神

中糧集團主要對三類活動進行提升和創新，弘揚中糧文化：一是創新會議模式，向經理人弘揚中糧文化。中糧集團將會議與研討、培訓等功能整合在一起，形成「結構化會議」。這種新會議模式將「學習文化」「業績文化」「團隊文化」「陽光文化」等

貫穿其中，不僅大大提高了會議效率，更重要的是，把傳統的「會議」提升為團隊學習、團隊決策、團隊融合的有效手段。二是創新黨建活動，向廣大黨員弘揚中糧文化。中糧集團積極開展「優秀黨日競賽活動」，鼓勵基層黨組織創新黨日活動的內容與形式，將黨日活動與業務專題學習、技術難題攻關、提升業務能力等相結合，與捐助希望小學、扶貧、支教等公益活動相結合等。中糧集團還成立了「紅色忠良預備隊」，把黨性教育與后備人才培養、「忠良文化」宣傳有機結合起來，系統傳播企業文化。三是創新文化活動，向社會群眾弘揚中糧文化。中糧集團將「職工運動會」改造為「中糧嘉年華」，增強活動的參與性，將「春節聯歡會」改造為「新春 FENG 會」，演身邊的人、說公司的事、講心裡的話，引發觀眾共鳴，將「職工書畫攝影比賽」改造為「中糧妙繪」，展示員工及員工家屬才華。這三大品牌活動都有各自的定位和標示，系統全面地弘揚了中糧文化。

資料來源：張偉. 中糧集團「忠良文化」[J]. 企業管理，2013（9）：101-102.

思考題

1. 中糧集團的組織文化建設目標是什麼？文化建設的主要方向是什麼？
2. 中糧集團推進的「忠」文化建設是什麼？「良」文化建設又表現在哪裡？
3. 企業文化的結構包括哪些方面？中糧集團企業文化建設是如何體現的？

13 領導、激勵與溝通案例

案例1　劉強東革新：從獨裁者到引路人

　　京東上市之后，劉強東似乎低調了不少，他的微博一如既往地不做更新，在大佬齊聚的行業會議中很少能見到他的身影，即便是京東自己的商業活動劉強東也鮮有出席，而在位於北辰世紀中心的京東總部，員工們見到這位「霸道總裁」的次數也比過去明顯減少。

　　京東目前市值 473 億美元，劉強東持股約 20%，照此計算其身家接近 600 億元人民幣。因為京東採用 AB 股不同投票權設置，劉強東擁有的投票權超過 80%，這意味著劉強東的一舉一動都會深遠影響這家公司的未來。

　　不久前，劉強東在澳大利亞接受網易科技的採訪時表示，自己在京東內部的角色仍然是「負責公司的戰略和團隊」，但對於自己比較重視的業務，偶爾也會親力親為，比如今年上半年他曾親自帶領 O2O 項目「京東到家」。

　　更多時候，劉強東還是站在幕后，他深知，作為一個擁有 7 萬多名員工的企業的領路人，他必須從繁瑣的業務中抽出身來，把精力放在戰略思考、隊伍管理和文化建設上。京東已經度過了自己的草莽階段，正在變成一個國際化的規範企業，劉強東也要適應自己的新角色。

　　不變的是，劉強東對於做企業仍然有自己的一套看法，他認為企業家不應該短視，而要目光長遠。當記者問到京東是否有迴歸 A 股的計劃時，劉強東當即表示不會：「對於不同資本市場帶來的溢價的不同，我一點都不感興趣，我只關心這家公司五年、十年之后怎樣發展，我們希望能夠持續長久的為股東創造價值。」

　　在劉強東看來，未來的零售業將呈現大融合趨勢，不再區分線上線下，也不關心跨境不跨境，「大的零售商會不斷進行整合，整合到最后，你會發現這些產品沒有區別，也沒有邊界。」而置身零售業變革大潮中的京東，決心繼續圍繞零售業耕耘，「我們做了金融業務，但也是為電商服務的⋯⋯金融和商品的界限很難進行區隔，最后這些產品也會高度融合。」

　　當然，在未來到來之前，劉強東和京東的創業故事，才剛剛展開。

一、「獨裁者」

　　曾將喬布斯趕出蘋果公司的約翰‧斯卡利說過一個觀點：「成功的科技企業裡沒有民主。」「硅谷不是靠民主領導成立的。」

這個觀點同樣適用於中國互聯網企業，馬雲、周鴻禕都是有名的「獨裁者」，劉強東也不例外。「獨裁」對於一個處於打江山階段的企業來說，在某種意義上是件好事，它意味著這家企業有著非常明確的目標、迅速而有力的決策以及自上而下的執行動力。

京東早年的歷史，就是一部劉強東個人的奮鬥史和獨裁史。

劉強東出身農民家庭，對於農民的辛苦和生活不易深有體會，這讓他成了一個有溫度的人。1998年，劉強東拿著在日企工作攢下來的12,000元去中關村站櫃檯，這是京東事業的起點。彼時的中關村是一個魚龍混雜的電子產品集散地，但劉強東從一開始就和別的商家不一樣，他要堅持賣正品。

2003年非典爆發，線下店的生意沒法做，劉強東才開始嘗試在網上賣貨。對於關閉所有門店轉型線上，幾乎所有的員工都表示反對，但劉強東幹了。

有投資人評價早年的京東商城是一頭獅子帶領一群綿羊打仗，對手是成立較早、資本雄厚的當當網、亞馬遜和淘寶網等。劉強東就是這頭獅子，所有的大事小事他都過問，甚至公司最初的很多系統都是由他一行一行代碼敲出來的。

2007年拿到今日資本的投資以後，劉強東又非常獨斷地決定要自建物流，這種模式在當時的企業家看來簡直是天方夜譚，但京東最後真的把物流做成了自己的護城河。

其實放到今天來看，劉強東在京東發展的關鍵節點上做出的決策本身並不神奇，可貴之處在於他把自己定下的目標都踏踏實實落了地。執行力來自領導力，凝聚隊伍，劉強東有自己的獨特方法。

早年京東盛行「酒文化」，因為經常加班，下班后往往已經是晚上9點或者10點，劉強東就會招呼大家一塊吃飯喝酒，順便聽聽員工的想法。酒桌成為老板劉強東「籠絡人心」的好地方，也成為提出問題、解決問題的好渠道。喝到興頭上，員工一拍胸脯，立下業務目標，劉強東再承諾點獎勵，喝完酒第二天大家就會信心滿滿、幹勁十足。

直到今天，劉強東在內部演講和發內部信時都會開口閉口「兄弟們」，他深知自己帶領的大部分員工處在基層，京東給予他們高於大多數同行的待遇和可以晉升的通道，給他們尊重，以及分享集體果實的機會，而他們給予劉強東的是絕對的服從和超強的執行力。

這種劉強東一個人負責戰略並包攬大事小事的局面一直持續到2008年。2008年以后，隨著京東開始向全品類擴張、物流隊伍日益龐大，劉強東逐漸發現自己再繼續完完全全、事無鉅細地管理這樣一家急速成長的公司已不太可能。

二、引路人

2007年，第一波職業經理人加入京東；2008年，京東員工超過千人，劉強東開始有危機感。

借助資本的力量，京東進入了發展的快車道，但煩惱也隨之而來。首先，員工數量暴增，劉強東個人可以管理和影響的範圍十分有限；其次，隨著京東從3C向圖書、家電、日用百貨等品類擴張，劉強東本人對於這些新業務的具體細節也不可能做到事事精通。延續過去的管理模式已不太現實，在投資人的介紹下，第一波職業經理人接

踵而來。

從 2007 年到 2008 年，陳生強、嚴曉青、李大學、徐雷的一眾干將加入京東，成了劉強東開拓疆土的左臂右膀。這批職業經理人的到來填補了京東因發展速度太快但內部培養人才較慢造成的缺口，也幫劉強東分擔了大量的日常管理工作。

劉強東在京東的角色開始轉變，從徹徹底底的「獨裁者」變為只負責戰略的引路人。

現任京東集團副總裁兼通訊採銷部總經理的王笑松講過一個小故事來證明劉強東對下屬的放權：有一次，一個小家電廠要和京東合作，要求京東預付款 500 萬元。王笑松覺得事情有點大，就去請示劉強東，但劉強東反問他：「我有告訴過你，你的簽字權限是多少嗎？」王笑松回答：「沒有。」劉強東說：「那就行了，你可以走了。」

「我不是神仙，我不可能百分百正確，所以還是要服從集體的智慧。」這是企業變大後，劉強東的感悟。

為了打造一支具有戰鬥力的團隊，京東在內部實行了管培生計劃，成立了京東大學，但如何協調幾萬人的團隊協同作戰，這是個問題。京東在內部實行 ABC 管理原則，目的就是對下屬充分放權但又進行牽制。比如在人權 ABC 方面，按照級別 C 向 B 匯報，B 向 A 匯報。C 的加薪、辭退、獎金和股權等等都由 A 和 B 一起來決定，避免一個人說了算。

當劉強東手下擁有十幾名副總裁，各管一塊具體的業務，並且利用管理制度和企業文化可以保證大家方向統一、路線一致時，劉強東就被解放出來了，他有了更多時間去思考公司戰略。

2013 年，劉強東甚至跑到哥倫比亞大學讀了半年書，結果發現高管各司其職，公司運轉正常，這讓他高興壞了。那一年一回到國內，劉強東就在媒體溝通會上表達了自己對公司管理進步的喜悅。

劉強東心底明白，京東已經準備好了，作為引路人，他可以帶著公司去美國上市，然後走向更廣闊的天地。

三、「我只關心未來」

儘管脫離了劉強東京東也能照常運轉，但所有的人都明白，劉強東仍然是這家公司的唯一掌舵者，他的格局決定著京東究竟能走多遠。

對於未來，劉強東認為自己或許不是最敏感的，但用戶優先的原則會讓京東保持不敗之地：「我們 2004 年開始做電商的時候，市場上已經有卓越、當當、淘寶，它們已經做得很成功了，而我們可以說什麼都沒有。我覺得最后電商的競爭一定是用戶體驗的競爭，只要我能夠給消費者帶來更好的用戶體驗，我們相信最后還是能夠贏得消費者的。」

在自營 B2C 和開放平臺業務已經形成規模之后，劉強東把京東的新增長點放在農村電商、跨境電商、O2O、金融服務等方面。以跨境電商為例，他希望把國外的商品引進中國，再把中國的商品輸出海外。「我覺得過去 20 年中國經濟是伴隨著中國製造，而未來 20 年，中國經濟一定是伴隨著中國品牌。中國經濟要向全球擴充，一定伴隨著

一個又一個中國品牌走向全球。」

劉強東把京東稱為「孤獨者」，他說，京東沒有學習亞馬遜，沒有學習eBay，也沒有學習天貓和淘寶，而是一直按照自己對國家經濟發展和零售行業發展的理解去專心做事。「零售行業其實就三件事情：用戶體驗、成本、效率。」

在劉強東看來，未來五到十年，零售行業的地域界限會越來越模糊，商品在全球範圍內自由流通。而在這個趨勢下，像京東一樣的大零售商會通過降低成本獲得優勢，使消費者最終獲益。

而在未來五到十年，京東仍會以零售業為核心，雖然也會涉足金融等業務，但目的仍是為零售業服務。

為了不使自己成為公司發展的天花板，十幾年來，劉強東從一個「獨裁者」轉變為引路人，他在不斷革新。

資料來源：http://tech.163.com/15/0728/08/AVJK4SNG000915BF.html.

思考題

1. 分析劉強東的領導風格？
2. 劉強東作為領導者對京東發展的意義有哪些？

案例2　哪種領導更有效

C公司的前身K公司曾經是一家品牌享譽全球的知名大企業，和可口可樂一樣，它們的產品也幾乎遍布全世界。后來，K增加了許多相關產品的業務，而那個時候，C只是它的一個小小的事業部——醫療成像設備事業部。但是這家大公司沒有跟上數字化時代的發展，在幾年間就因為主營產品沒有跟上新興科技的發展，所以出現了冰山沉船一樣的嚴重后果，公司上層只能陸續地關掉或賣出自己的各個事業部。2007年的時候，作為當時盈利最好的事業部之一，醫療成像設備事業部被公司以並不算最高的價格賣給了一家世界500強的集團公司，這個決定其實也是K公司看出了醫療設備的未來是不可限量的，所以並沒有完全考慮最高的價格，而是希望為這個還大有前途的事業部尋找一個好的歸宿。而事實證明，2007年脫離K以後成立的C公司業務確實蒸蒸日上，各方面發展都越來越好，而且產品線也從單一的X光打印機發展出了包括數字輸出解決方案設備（簡稱DO），數字獲取解決方案設備（簡稱DC），醫療信息系統（簡稱HCIS），牙科系統（簡稱DENTAL），分子成像（簡稱CMI）等多樣的醫療設備生產，為全球提供專業的醫療服務。其中DO的生產占了公司最大的比例，也是公司目前最主要的傳統產品線。而DC的價格和性能都比較高端，這幾條產品線是公司希望可以在近幾年內得到快速發展的部分，而DENTAL是公司發展得比較晚但是發展得最快的一條產品線，由於設備小但是利潤高，這個產品線的產量在近幾年內是增長最快的一個，剩下的如HCIS和CMI等量比較小，科技含量較高的產品線都是公司為了跟上時代發展和科技發展而開發的非主要產品。

作為一家跨國公司，C公司在全球使用統一的標準化流程來管理自己的製造和生產營運。項目經理需要負責整體的協調、預算的控制、資源的配置，還有追蹤進展等，必須確保新產品能夠按計劃上市，而且在功能、質量、可靠性、成本等各方面也要一一滿足市場需求。在最主要的日常生產管理上，公司通過標準化、專業化和準時化來實現對整個製造過程的控制。利用全球製造控制流程EQDS/MQDS來管理生產過程，從而實現了人、機、料、法、環等各個方面的統一化和精準化。

目前C公司的人員構成其實並不複雜，總經理直接管理向他匯報的部門經理，部門經理向上對總經理負責，向下管理有直接匯報關係的主管，不同部門之間沒有管理關係。這樣的組織結構的優勢是，可以保持清晰的工作關係，團隊內部信息交流快，可以提高反應速度。公司一共有8個部門，分別是4個產品項目部門，質量部門，採購及計劃部門，物流部門和精益生產部門，財務、人力資源和行政等後勤部門設置在集團公司總部統一管理。

而相對於質量經理、法律法規經理、采購及計劃部門、物流部門和精益生產部門這些支持部門，C公司的直接生產力無疑來自於4個項目部門，4個項目經理每天匯報的內容也通常是總經理最在意的部分。四位項目經理簡介如下：

Y是4個人當中年紀最長的一個，他在項目管理和生產管理方面都有很強的專業背景，還是中國最早去美國學習生產管理的一批工程師，目前他負責公司最大也是最重要的DO設備的項目管理和生產管理。DO項目部門的資源也是各個項目中最充沛的，無論是人力還是物力，或者美國高層對它的重視度，都應該說有明顯的優勢。所以最年長最有資歷的Y負責了公司最重要的項目部門，那麼具有如此得天獨厚優勢條件的Y是不是也可以把自己的領導才能發揮到極致呢？事實上，最重要的往往未必是最好的。Y的最大優勢是對任務的執行，Y負責的項目通常都進展最順利，DO產品線也一直都是質量指標最好的，可是Y部門裡的工程師卻一直被認為是最聽話卻最缺乏全方位能力和培養潛質的一群老黃牛。而曾經有好幾個從Y的部門轉崗到其他項目部門的工程師卻在一兩年內都得到了升遷或突然被總經理賞識起來。這也許就是Y作為一個領導沒有給下屬提供很好的發展空間和不知道如何去引導下屬在職業發展上取得更多機遇的原因。

G負責的是DR的部分產品的項目管理和生產管理，還有HCIS等一些產量較小的產品。G的年紀和Y相當，專業的資歷和背景也很好，更重要的是，G在C公司的工作年限是最長的。事實上，G在很多年前在C公司就已經是一個部門經理，做過許多不同的項目，能力也是得到認可的，只是雖然他一直可以有不同的項目做，職位卻在升到部門經理以後再也沒有機會升遷了，這不得不說是由於他本人的領導能力把他局限在了現在的職位上。

G是一個類似好好先生的領導，他對部門裡所有的員工都和顏悅色，並且一直都認為他部門裡的員工都是工作勤懇而出色的。另外一個和其他幾個部門不同的情況是，G負責的生產線和公司其他生產線不在同一幢廠房，所以G和他的部門平日裡受到總經理直接管束的機會也相對少。G的這種老好人性格，導致G部門的工程師們雖然工作不能說不認真，但是組織性和紀律性相對差一些，G幾乎從來不對下屬提任何苛刻

的要求。工程師的態度又影響到生產線員工的態度，生產線員工在這種相對寬鬆的環境裡也有了更多散漫隨意的機會，這些肯定就造成了G的產品線上的工藝質量要比其他線都差一些。去年的時候，總經理提拔了一些資深工程師作為項目管理的主管，除了G的部門，其他幾個項目部門都有一到兩個工程師獲得了晉升，為此，G也有些困惑和冤枉，覺得因為自己這裡新項目最多，難度也最大，手下的工程師付出的辛勞一點也不比其他項目部門的工程師少，可是總經理怎麼就偏偏不提拔他們。

E是4個項目經理裡年紀最輕的一個，但是他在C公司的資歷除了G沒有人比他更久，而且相對於G，他在C很多不同的部門都任職過，對C公司和整個集團公司的業務都非常瞭解。另外他還做過G的部下，並且在總經理還是部門經理的時候就已經是他的部下。事實上，總經理確實對於E也是最倚重和最信賴的，這不僅僅是個人感情的問題，在工作能力上也是如此。

E負責的DENTAL生產線是公司這兩年發展得最好的新業務，雖然還沒有成為公司的明星產品，但是市場佔有量每年都在擴大，每年也都有新產品推出，E對於這條生產線的管理幾乎不需要總經理有任何操心的地方。而另外一條CMI的生產線，是一條問題比較大的產品線，產量和質量一直都不太穩定，雖然這些都不是生產製造環節產生的問題，但是E總是可以最大限度地解決和處理，為總經理省去了很大的麻煩。儘管E的工作能力很受總經理青睞，但是是不是真的可以把他作為自己的繼任者的最好的人選，也讓總經理有一些猶豫的地方，主要就是因為E在領導能力上還存在一些問題。E是一個比較豪爽而直接的人，對事不對人的態度雖然可以讓下屬覺得他是一個公平公正的上司，但是實際上，你要讓每一位下屬都能發揮他的特長，你就必須瞭解他們每一個人的特點。E在管理下屬的時候沒有因人而異，從而沒有最好的讓他們揚長避短，經常會看到他手下的工程師會一而再，再而三的犯同樣的錯誤。E自己也為此很困惑，覺得每一次我都很清楚地告訴你這件事情需要怎麼去做，怎麼到最後你還是會錯？更重要的是，這些錯誤還經常引來其他部門的投訴，這就讓總經理非常地頭痛。

D是去年剛剛進入C公司的新人。D負責DR產品線中另一半產品，相對於G負責的這些產品，D的產品製作工藝和流程都要簡單一些，產品種類也少很多，但是在今年開始的一個對於老產品的更新換代的項目上由於設計和原材料的一些問題，讓D進公司沒多久就遇到了很大的挑戰，一個預想中應該很容易和很快完成的項目，卻一直從去年拖到了今年上半年才總算是完成了。

由於D是新人，而且一來就遇到了項目上這麼多的問題，他的注意力幾乎都集中到了對產品的研究上，並沒有花很多時間去瞭解公司各個部門的情況和自己部門的情況。而D本身也是一個比較隨和的人，對於別人的意見和建議都會很認真地看待，但是有時候如果你不把收到的所有信息進行一定的篩選，那麼你就會耗費太多精力在一些其實根本不重要或者毫無意義的事情上。D現在這種千頭萬緒要很久才理得出頭緒的狀態，也許是因為他沒有充分利用好自己可以利用的資源來幫自己分擔和應對，事事都太親力親為的結果。D現在需要改善的是多授權，然後多通過管理手段來解決各種麻煩和問題，而不是自己也像個工程師一樣總在生產線上對著機器研究。

資料來源：李蔚雯. C 醫療器材有限公司項目經理領導風格與效能研究［D］. 上海：華東理工大學，2013.

思考題

1. 試分析四位項目經理的領導風格。
2. 針對提高 C 公司項目經理領導有效性問題提出相應對策。

案例 3 揭秘馬雲秘制的激勵制度

公司如何建立自己的長效激勵制度一直是不少創業者思考的問題，阿里巴巴集團很早就發展了自己的股權激勵制度，經過馬雲等阿里高層的發展和研究完善，阿里集團搞出了一個「受限制股份單位計劃」，這個制度很像創投模式中的 Vesting 條款，員工逐年取得期權，這樣有利於保持團隊的穩定性、員工的積極性，也能為阿里的收購大局提供籌碼。

「在行權之日，第一件事先交稅！」阿里巴巴的員工都知道，當你要借一大筆錢交稅的時候，多半是你股權激勵變現的錢。而阿里的中高層，每到獎勵日，便是向屬下大派紅包日。

「在阿里內部（可以說）有一個共識——（現金）獎金是對過去表現的認可，受限制股份單位計劃則是對未來的預期，是公司認為你將來能做出更大貢獻才授予你的。」談及阿里巴巴集團的股份相關的激勵措施，一位近期從阿里巴巴離職的人士對記者表示。

在阿里巴巴集團的股權結構中，管理層、雇員及其他投資者持股合計占比超過 40%。根據阿里巴巴網路的招股資料，授予員工及管理層的股權報酬包括了受限制股份單位計劃、購股權計劃和股份獎勵計劃三種，但對外界來說，如何獲得、規模如何則撲朔迷離。

「員工一般都有（受限制股份單位，簡稱：RSU），每年隨著獎金發放，年終獎或者半年獎都有可能。」上述人士表示，阿里巴巴的員工每年都可以得到至少一份受限制股份單位獎勵，每一份獎勵的具體數量則可能因職位、貢獻的不同而存在差異。

阿里巴巴集團成立以來，曾採用四項股權獎勵計劃授出股權報酬，包括阿里巴巴集團 1999 年購股權計劃、2004 年購股權計劃、2005 年購股權計劃及 2007 年股份獎勵計劃。

有關人士指出，實際上，2007 年，阿里巴巴集團旗下 B2B 業務阿里巴巴網路在香港上市後，購股權獎勵就越來越少，受限制股份單位計劃逐漸成為一個主要的股權激勵措施。

一、受限制股份單位計劃：4 年分期授予

無論是在曾經上市的阿里巴巴網路，還是在未上市的阿里巴巴集團，受限制股份

單位計劃都是其留住人才的一個重要手段。

「本質上就是（股票）期權。」該人士指出，員工獲得受限制股份單位後，入職滿一年方可行權。而每一份受限制股份單位的發放則是分4年逐步到位，每年授予25%。而由於每年都會伴隨獎金發放新的受限制股份單位獎勵，員工手中所持受限制股份單位的數量會滾動增加。

這種滾動增加的方式，使得阿里巴巴集團的員工手上總會有一部分尚未行權的期權，進而幫助公司留住員工。

阿里巴巴網路2011年財報顯示，截至當年年末，尚未行使的受限制股份單位數量總計約5,264萬份，全部為雇員持有。2012年，阿里巴巴網路進行私有化時，阿里巴巴集團對員工持有的受限制股份單位同樣按照13.5港元/股的價格進行回購。

上述人士介紹，對於已經授予員工但尚未發放到位的受限制股份單位，則是在這部分到期發放時再以13.5港元/股的價格行權。

在整個集團中，除了曾上市的阿里巴巴網路較為特殊外，其他業務部門員工獲得的受限制股份單位一般是針對集團股的認購權，而在阿里巴巴網路退市後，新授予的受限制股份單位也都改為集團股的認購權。

「受限制股份單位獎勵和現金獎金獎勵不同。」前述人士解釋，前者反映了公司認為你是否未來還有價值，當年的業績不好可能現金獎勵不多，但如果認為未來價值很大，可能會有較多的受限制股份單位獎勵。他指出，在一些特別的人才保留計劃下，也可能會提前授予，一般來說，每個員工每年都可以得到至少1份受限制股份單位獎勵，有些也可能是2份。

從本質上來看，受限制股份單位和購股權激勵下，員工獲得的都是股票期權，二者的不同之處在於，受限制股份單位的行權價格更低，僅為0.01港元。以退市前的阿里巴巴網路為例，持有其購股權的員工可能會因市價低於行權價而虧損，而對於持有受限制股份單位的員工而言，除非股價跌至0.01港元之下才會「虧損」。

由於未上市，阿里巴巴集團授出的集團股的受限制股份單位並沒有可參考的市場價。前述人士透露，今年的公允價格為15.5美元/股，恰好契合了阿里巴巴集團去年回購雅虎股份時，股權融資部分普通股15.5美元/股的發行價。而近期在IPO消息的影響下，內部交易價格已經漲至每股30美元。

「只有在行權的時候才會知道（公允價格），所有人都適用同一個價格。」該人士介紹，阿里巴巴集團內部有一個專門負責受限制股份單位授予、行權、轉讓等交易的部門——Option（期權）小組，受限制股份單位可以在內部轉讓，也可以轉讓給外部第三方，均須向Option小組申請，一般而言，Option小組對向外部轉讓的申請審核時間更長一些，需要耗時3~6個月。

對於員工而言，持股本身並不會帶來分紅收入，而是在行權時帶來一次性收益。假設一名員工2009年加入阿里巴巴集團，獲得2萬股認購權，每股認購價格為3美元，到2012年行權時公允價格為13美元/股，那麼行權將帶來20萬美元收入。

二、股權套住併購企業

除了留住員工，受限制股份單位還有另一個重要用途——併購支付手段。

上述人士介紹，阿里巴巴集團的併購交易中，一般現金支付部分不會超過50%，剩餘部分則以阿里巴巴集團的受限制股份單位作為支付手段。

「這部分支付的受限制股份單位是從期權池中拿出來，稀釋一般是一輪（新）投資時。」該人士解釋，每次稀釋后，從中劃出部分作為期權池，用於未來的員工激勵、併購等。

「離職的時候，尚未發放到位的股票期權也會重新回到期權池中。」該人士介紹，由於員工獲得的受限制股份單位會滾動增加，直至離職的時候總會有部分已授予但未發放到位的期權。

一位曾參與阿里巴巴併購項目的人士說，通常，如果阿里併購一家公司協議價是2,000萬人民幣，那阿里只會拿出現金600萬元，而剩下的1,400萬元則以阿里4年受限制股份單位的股權來授予。而這一部分股權激勵，主要是給併購公司的創始人或是原始股東的。據說，這也是馬雲併購公司的先決條件之一。

所謂「金手銬」，正是阿里巴巴飛速發展的機制保障之一。當然，據阿里內部人士說，阿里目前有25,000名員工，其中中高層有1,000~2,000名，如果以陸續行權的價格來計算的話，那阿里自成立以來給員工及高管開出的紅利，將是一個天文數字。

資料來源：http://news.mbalib.com/story/72307.

思考題

1. 阿里巴巴集團採用了哪些方法激勵員工？
2. 你認為阿里巴巴這種激勵系統有何利弊？

案例4　格蘭仕的激勵體系：適合的就是最好的

作為微波爐界的「大白鯊」，格蘭仕僅用兩年時間便創造了全球第一的神話。我們不禁要問，是什麼驅動著格蘭仕這只「大白鯊」，鬥志不已、不停遊弋呢？答案是格蘭仕的激勵體系。

家電行業格蘭仕是微波爐界的「大白鯊」，它憑藉持續不斷的價格戰，大幅吃掉競爭對手的利潤空間，提前結束了微波爐行業的戰國時代。它在拼搏了3年奪下了中國第一的寶座之后，僅用2年的時間又拿下了全球第一的桂冠。如今的格蘭仕用實力和業績成了世界家電行業500強中國入選企業第一名，中國家電出口的兩強企業之一。為什麼格蘭仕能有這麼大的發展呢？答案是格蘭仕的激勵體系煥發了廣大員工的熱情和積極性，從而為自身的發展提供了澎湃的動力和競爭的活力。

格蘭仕首先看重員工對企業的感情投入，認為只有員工發自內心的認同企業的理念、對企業有感情，才能自覺地迸發出熱情、為企業著想。在1萬多人的企業裡，要

讓員工都具備主人翁的心態，站在企業利益的角度來做好各環節的工作，在保證質量的同時嚴格控製住成本，這無疑是很難的。因而他們加強對全體員工的文化培訓，用通俗的語言和群眾的故事，將公司的理念和觀點傳達給每位員工。為自己的長遠的、共同的利益而工作，成了格蘭仕人的共識。

在注重感情投入、文化趨同的基礎上，格蘭仕對待不同的員工，採取不同的激勵方法和策略。對待基層工作人員，他們更多地採用剛性的物質激勵；而對待中高層管理人員，則更注重採用物質和精神相結合的長期激勵。

基層工人的收入與自己的勞動成果、所在班組的考核結果掛鈎，既激勵個人努力又激勵他們形成團隊力量。基層人員考核的規則、過程和結果都是公開的，在每個車間都有大型的公告牌，清楚地記錄著各生產班組和每位工人的工作完成情況和考核結果。對生產班組要考核整個團隊的產品質量、產量、成本降低、紀律遵守、安全生產等多項指標的完成情況，同時記錄著每個工人的完成工件數、加班時間、獎罰項目等。根據這些考核結果，每個人都能清楚地算出自己該拿多少，別人強在什麼地方、以後需要在什麼地方改進。也許這些考核設計並不高深，但要持之以恒的堅持、保持公正透明的運行，卻不是每個企業能做到的。依靠這個嚴格、公平的考核管理體系，格蘭仕將數十個車間和數以萬計的工人的業績有效地管理了起來。

中高管理層是企業的核心隊伍，關係到企業戰略執行的效率和效果，他們往往也是企業在激勵中予以重視的對象。格蘭仕同樣對這支骨干隊伍高度重視，但並沒有一味地採用高薪的方式，因為他們認為金錢的激勵作用是遞減的，管理者需要對企業有感情投入和職業道德，不能有短期套利和從個人私利出發的心態。他們在幹部中常常用「職業軍人」做比喻來說明這個道理，說抗美援朝戰爭中，美軍的失敗是「職業軍人」的心態，他們打仗拿著工資、獎金，所以從心理上不敢打、不願打，能打贏就打，打不贏就跑，遇到危險就舉手投降。而中國的志願軍心中有著愛國熱情、民族尊嚴，不因危險、困難而退縮、士氣如虹、堅忍不拔，所以才最終贏得了「小米加步槍對抗飛機加大炮」的戰爭。

所以格蘭仕對中高層管理者更強調用工作本身的意義和挑戰、未來發展空間、良好信任的工作氛圍來激勵他們。格蘭仕的崗位設置相當精簡，每個工作崗位的職責範圍很寬，這既給員工提供了一個大的舞臺，可以盡情發揮自己的才干，同時也給了他們壓力與責任。在格蘭仕沒有人要求你加班，但是加班是很經常的、也是自覺的，因為公司要的不是工作時間和形式，而是工作的實效。同時這也是公平的賽馬機制，眾多的管理者在各自的崗位上，誰能更出色地完成工作，誰就能脫穎而出。格蘭仕為員工描繪了美好的發展遠景，這也意味著給有才能的人提供了足夠的發展空間，這大大地激勵著富有事業心、長遠抱負的管理者們。

在平時，格蘭仕對管理者們工作的業績和表現進行考核，只發幾千元的月度工資，而把激勵的重點放在財務年度上。他們將格蘭仕的整體業績表現、盈利狀況和管理者的薪酬結合起來，共同參與剩餘價值分配，從而形成長期的利益共同體。他們採取年終獎、配送干股、參與資本股的方式，遞進式地激勵優秀的管理者。如所有考核合格的管理者，都會有數量不等的年終獎；另外公開評選優秀的管理者，參與公司預留的

獎勵基金分配，這個獎勵基金是按公司的盈利狀況提取的；其中最優秀的幾名管理者則配送次年的干股，不需要支付現金購買公司股份，能夠參與公司次年一定比例的分紅；通過經過幾個年度考核，能提升到公司核心層的高層管理者，則可以購買公司股權，成為公司正式的股東。目前已有50多名中高層管理者擁有格蘭仕的股份（資本股），有70多名管理者擁有干股，這構成了格蘭仕各條戰線上與公司利益高度一致的中堅力量。這樣通過層層的激勵方式，不斷培養、同化、遴選了格蘭仕忠誠度高、戰鬥力強的核心隊伍，構成了格蘭仕長遠發展的原動力。

「適合就是最好的」，每個企業都有自身的特點，都有千差萬別的歷史背景、人際關係和經營理念，但最關鍵的是要設計和運行適合自身特點的激勵體系，才能更好地解決好發展的動力問題。格蘭仕的激勵體系無疑能給我們一些有益的啟示。

格蘭仕的激勵體系相當明了。首先，考慮到員工對企業的感情是良好激勵的前提，格蘭仕尤其注重企業文化的培養。他們讓員工更多地瞭解企業，融入企業，從而建立「主人翁」心態，與公司「同舟共濟」。這就將所有的員工置於企業的共同目標下，為更佳地實行激勵策略做了前期準備。但調查顯示，多數企業都會忽略企業文化在激勵中的作用，難以贏得員工的支持和理解。因此，做好前期的「感情建設」，是尤其值得企業注意的。

之后，格蘭仕在注重文化感情的基礎之上，對不同員工採取了不同的激勵策略。對待基層工作人員，他們更多地採用剛性的物質激勵，而對待中高層管理人員，則更注重採用物質和精神相結合的長期激勵，這些都與員工的特點和成長需求息息相關。

根據馬斯洛的層次需求理論，人的需求是分層次的，基層員工更多關注的是實實在在的收入，這就使得物質激勵很容易發揮作用。但是，對中高層管理人員來說，薪金獎勵只是一種臨時方式，因為隨著時間的推進，他們的個人物質水平提高了，薪金的激勵作用就慢慢地降低，此時更高層次上的需求如尊重需求、自我實現需求等的滿足就占主導地位，因此，只有物質和精神相結合的長期激勵，才能促使中高層管理人員保持不息的鬥志。

資料來源：http://news.imosi.com/news/20130129/48623.shtml。

思考題

1. 格蘭仕公司採用的激勵方法有哪些？
2. 為什麼格蘭仕公司的激勵方法能夠有效地激勵員工工作？

案例5　天融投資管理有限公司的溝通問題

一、天融公司的基本情況

天融投資管理有限公司成立於1998年，總部設在北京，主要從事管理諮詢、財務顧問、投資銀行等業務。隨著公司業務的不斷發展，北京總部希望能夠加強對南方地

區的市場開拓，於是在 2002 年 9 月成立了深圳分公司，主要負責珠三角地區的業務。深圳分公司設立管理諮詢部和投資銀行部兩個部門，共有員工 11 名。公司的組織結構如圖 1 所示。

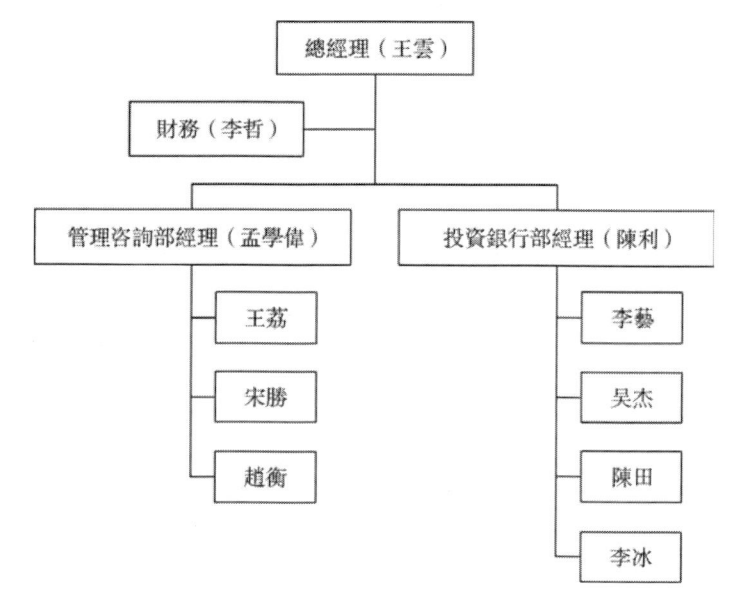

```
                    總經理（王雲）
                          │
                    財務（李哲）
                          │
          ┌───────────────┴───────────────┐
   管理咨詢部經理（孟學偉）         投資銀行部經理（陳利）
          │                               │
        王荔                             李藝
        宋勝                             吳杰
        趙衡                             陳田
                                         李冰
```

圖 1　天融投資管理有限公司的組織結構圖

二、天融公司的溝通問題

由於深圳分公司成立初期業務量不大，所以總經理和管理諮詢部經理職位長期空缺，一直由投資銀行部經理陳利負責整個分公司具體運作並保持與總部的聯繫。2004 年，深圳分公司的業務有了很大滑坡，員工不滿情緒很多，公司氣氛比較緊張。為了改善這種狀況，2005 年春節過後，北京總部將原總公司副總王雲派駐深圳，擔任深圳分公司的總經理，希望能對分公司的業務和管理有所提升。

王雲上任以後，很想促進員工之間的和諧氣氛，提高大家的工作積極性，便設立了每周五下午 5：00 至 5：30 的開放式辦公時間，希望能夠在寬鬆的環境中盡快瞭解公司的狀況，以便對症下藥解決問題。經過一段時間的運作，他的確看到了一些問題。

記得在 5 月中旬的一個開放式辦公時間，投資銀行部的李藝和吳杰一起找到王雲向他訴苦道：「王總，幸虧你來了，否則我們在這裡都快待不下去了！」王雲說：「沒這麼嚴重吧，公司怎麼會令你們這麼失望呢？」開始他們還不肯細說，只是嘆了嘆氣，王雲開口道：「抱著情緒，怎麼可能把工作做好呢？只有解開了疙瘩才能輕裝上陣吧！」

經過這段時間的瞭解，大家也看出王雲是個真正做事情的領導，所以也增加了對王雲的信任，於是李藝說道：「平時為了趕項目加班加點都沒問題，我們不計較。可是，也不能只把我們當苦力用而不給我們思考的時間呀！」「哦？這麼嚴重，說來聽聽看！」王雲鼓勵他繼續說。

「上次剛完工一個項目,新項目還沒下來,所以就有一段時間相對空閒,我本想利用這段時間對剛完成的兩個上市公司併購項目進行一下總結,可是陳利卻一定要求我限期做一份截止到 2005 年 6 月 30 日的國有產權轉讓統計報表。」王雲說:「那也無可厚非呀,可能是后續業務需要吧?」「真這樣倒罷了,我也沒話說。可你不知道,我辛辛苦苦到處搜索資料忙了一周,終於基本完成后卻得知,這份材料總部早已經做過,而且把完整的資料都傳給陳利了!我做的全是無用功!你說,這不是生怕我閒著給我找事嘛。」李藝至今還憤憤不平。

除此之外,他還認為陳利過於獨斷專行,「他開會就像個人做演講一樣,從來聽不得我們的意見,上回我剛插了句話就被他給擋回去了,還說等到討論的時候再給我時間,可等他講完了早到了下班散會的時間,我哪有機會說呀!」

吳杰也說道:「他還總是強調公司的層級制度,不允許我們直接向總部匯報工作。上次由於急於完成報告需要一些信息,不巧陳利又不在,所以我直接向總部聯繫之后就直接將材料上交,陳利知道后馬上找到我談話,將我教訓一通,說什麼沒有規矩了雲雲,其實還不是怕我向上面邀功嘛!」「就是,我們都在私下議論陳利就是想要切斷我們和總部的聯繫,把所有我們做的工作成果都往自己身上拉。」李藝又補充說。

問題好像還不止於此,由於人員沒有及時全面到位,以及對市場的把握不夠,管理諮詢部的業務一直不太景氣。宋勝是 2004 年年底剛招募到管理諮詢部的一位新員工,他在英國讀過 MBA,又有在外資管理諮詢公司工作的經驗,公司希望他能夠在市場開拓方面為公司做出貢獻。可是王雲在新上任不久就接到了宋勝的辭呈。

王雲認為他是個人才,很想繼續留用。在和宋勝的談話中,問起他想要離職的最大原因是什麼時,宋勝想了想說:「我覺得公司的員工團隊精神缺乏,大家都只忙自己的,沒有整體的意識。」「舉個具體例子來看呢?」王雲想問題一定體現在事務性方面。

「我剛到就接手了一家上市公司管理諮詢業務,通過幾次接觸,瞭解到客戶可能需要併購方面的財務顧問業務,我瞭解到我們公司總部這項業務是早就開展了的,所以分公司投資銀行部也應該有這方面的能力和資源,況且如果得到客戶認可,還有可能拿到該公司即將整體海外上市的大單呢!」宋勝還是比較有遠見的。「這很好嘛,后來呢?」王雲追問道。「那天我正好碰到李冰,希望他能夠提供部分併購方面的資料。可他說他們自己的業務都忙不過來,再多出頭緒來肯定吃不消。他還補充道,『再說了,這也不是我分內的事情,就算要做我也需要得到經理的指令才行吧!』」

后來,宋勝本想直接去找陳利溝通想法。但由於剛到公司不久人頭不太熟悉,加之李冰那裡碰到的釘子,宋勝就發了封電子郵件給陳利陳述自己的想法。陳利也覺得這個主意不錯,如果順利的話以后還可嘗試把財務顧問業務逐漸開展起來。可是如果具體去執行還是要得到上級的支持才可以,於是回覆宋勝他需要先和總部商議此事,讓他等消息。不巧的是,那段時間總部正在進行人事調動安排,一時也沒有時間來討論這個議案。結果,宋勝耐心等了半個月沒有任何音訊。宋勝覺得特別沮喪,想著自己干嘛要提出建議再費力各級溝通呢?

「其實這也不關我的事呀!」宋勝自我嘲諷地說了一句,「在這樣的環境下,積極性怎麼激發呢?所以我想換個地方了。」管理諮詢部王荔向王雲提到在諮詢項目的進行過

程也總是有小的問題出現,「上回我們項目組在做方案時向客戶要某方面的資料,但客戶反問我們說資料已經發出給過你們公司了,怎麼還要呢?」經查才知道原來資料是已經發出,不過是交給了項目小組中來自公司總部的那位成員,因為該項目是和總部合作進行的,所以總部派來一名成員參與項目組,正是他收到材料後沒有及時與項目小組通氣才造成重複向客戶要同一資料。由於內部溝通不暢,無論是對項目團隊還是客戶方造成的影響都不好。

「這是我們公司在工作流程管理中存在的問題,倒不是說某人做得不好。」王荔認為應該對事不對人,況且類似情況發生過不止一次,應該引起重視才對。

另外,王雲也瞭解到投資銀行部在業務繁忙的時期,常常需要同時處理兩三個項目,對於僅有的 4 名員工來說負擔實在很重。加上公司激勵措施也不到位,無論業務量多少都不和員工收入掛鈎,將員工超負荷工作視為做貢獻,同時有過多的事務需要處理,在這種情況下也只能是無限期地拖延工作,結果本該有能力完成的工作也置之不顧了。「反正事情那麼多,能拖就拖唄,省得又給我們加任務!」這似乎已經成了員工們私下裡流行的潛規則。人員內部溝通上也存在問題。一家客戶公司的資金管理諮詢項目是 2005 年 3 月啟動的,該項目組由陳利負責。陳田和李冰參與。可 6 月下旬由於李冰被臨時派往北京另有安排,項目也已經接近尾聲,便從管理諮詢部抽調了新員工趙衡加入項目組。陳利將后續任務吩咐給了陳田和趙衡,但是沒有明確各自任務界限!陳田認為應該讓新人多做些工作,多鍛煉才能快成長,便想當然把總結的任務留給了趙衡來做,自己只把以前做的工作整理清楚。而趙衡卻認為自己只是臨時幫忙,畢竟陳田前期一直在參與,對項目瞭解更深刻,理應承擔更多,所以只是零星搜集了一些資料。結果到了期限兩個人都原以為對方會更好地完成總報告,最終卻誰都沒有完成,導致了該項目的延誤。

2005 年 7 月王雲招聘了一位管理諮詢部經理孟學偉,希望能對管理諮詢部的管理和業務協調有所幫助。另外,他還感到公司存在的問題已經對整個公司的運作產生了很大影響,如何進一步採取措施改善現狀已經到了亟待解決的時刻了。

資料來源:徐波. 管理學:案例、題庫、課件 [M]. 2 版. 上海:上海人民出版社,2008.

思考題

1. 天融公司的溝通中存在哪些信息流向?
2. 你認為天融公司在溝通方面存在哪些障礙和斷裂,應該如何改進?

14 控製案例

案例1 豐田生產方式

自20世紀以來，豐田生產方式（Toyota Production System，即 TPS）取得了極大成功。但隨著時代發展特別是應用環境的改變，許多人對於這種誕生於日本特定文化背景下的生產方式產生疑問。

「不帶任何成見地到現場實地觀察生產情況」，是「豐田模式」強調的準則之一。

豐田生產方式誕生於20世紀50年代，這種生產系統的靈感來源於創始人大野耐一的超市購物經歷：每條生產線根據下一條生產線的選擇來安排生產，正像超市貨架上的商品一樣，每一條線成為前一條線的顧客，每一條線又成為后一條線的超市，這種由后一條線需求驅動的「牽引系統」與傳統的由前一條線的產出來驅動的「推進系統」形成鮮明對比。

簡而言之，就是僅僅在需要的時候，才按所需的數量，生產所需的產品。這也就是「準時生產」（Just in time）。

「準時生產」避免了浪費，消除了庫存，有效降低了財務費用和倉儲費用。但他強調，減少浪費不是目標而是結果。標準作業，質量統一，品質優良才是結果。

在生產皇冠轎車的第二工廠，德田指著生產線上方的信息板表示，由於現在員工數量不足，生產線只能實行單班生產。皇冠現在單班日產155臺，遠未達到工廠的生產能力。德田解釋，隨著熟練工人的增多，到9月，第二工廠將有條件安排雙班生產。屆時，市場上大面積的皇冠缺貨現象也將有所改觀。

雖然員工數量依舊不足，但與成立之初相比，隨著公司規模的膨脹和產品線的不斷豐富，員工數量已大為增加。2003年年底，第一工廠擁有員工2,311人，截至今年6月，天津一汽豐田兩個工廠員工數量已達到4,711人。不到兩年時間，員工數量增加了一倍多。

不可否認，根植於資源匱乏的日本的豐田生產方式，在消除浪費、提高生產效率上已被豐田「擰干了毛巾上的最后一滴水」。當豐田在世界範圍內擴展生產基地時，TPS這樣一個誕生於特殊年代並具有濃鬱日本特色的生產方式，能否放之四海而皆準？

當豐田與通用合資成立「新聯合汽車公司」（New United Motor Manufacturing Inc.）時，美國人表達了同樣的顧慮。「無論是工會化的工人還是零部件廠家及其供貨系統與日本都不相同，在這種環境下，果真能順利引入豐田生產方式嗎？」新聯合汽車公司副總經理加里·康維斯表示疑惑。

在天津，豐田生產方式的推廣也遇到了這樣那樣的意想不到的問題。

「員工對豐田生產方式的適應性與中日兩國地域差別帶給物流配送的不同，是豐田生產方式在天津一汽豐田遇到的主要問題。」德田純一坦言。

對於習慣在傳統生產模式下工作的人們來說，豐田生產方式賦予雇員的重大責任和權力令人驚訝。傳統的系統強調嚴格的工作指派，豐田生產方式卻培養雇員成為技術多面手。更重要的是，豐田系統授權雇員在發現問題時隨時中斷生產線。

根據豐田生產方式中「自動化」的要求，工人在發現任何可疑情況時應停止生產。在生產線的傳輸帶上，只要工人發現有一個零件沒有正確安裝或有異常，他就可以拉動「安東」——生產線停止拉繩，中止生產。

但是由於原有分工觀念不同，同時由於在拉下生產線停止拉繩后害怕成為人們側目的焦點，工人難以下決心拉動「安東」停止生產，以至於自動化在最初執行時遭遇到一定困難。

「這裡有一個認識誤區。」德田解釋，在拉下「安東」後，生產並不會被立即中止，它會繼續移動，直到生產線上的每一工段都完成一個工作循環。這給操作者在生產線停止前解決問題留下時間。如果拉繩馬上停止生產線，操作者便不願去拉線，他們會下意識地容忍一些微不足道的缺陷通過，而不願去承擔停止生產線的責任。但當他們知道拉線不會即刻停止生產線時，工人會樂於去注意那些可能的問題，從而能更嚴格地控製質量。「當然，現在已經扭轉了這種誤解。」德田表示。

在第二工廠，總裝生產線一個工位旁的警燈突然開始閃爍，德田解釋，這正是工人拉下了「安東」暫停了這個區段的生產。員工們現在已經可以自如地運用「安東」控製生產進程了。員工對豐田生產方式的理解過程頗費周折，但對天津工廠而言，更大的挑戰與調整來自物流。

在日本，豐田的配套供應商分部在豐田工廠20千米範圍內，當零部件工廠被安排在總裝廠旁邊或是總裝廠沿途時，運輸所花的時間和成本並不是什麼大問題，德田介紹。但中國地域的遼闊以及物流配送的複雜，遠遠超出了豐田在日本遇到的難度。

在中國，天津一汽豐田的供應商遍布全國，從長春的發動機製造廠到上海的零部件供應商，縱橫數千千米。由於國土遼闊，道路情況也不是很好，豐田不得不打破「準時生產」準則，按照「送牛奶方式」在配件集散地取得零件，集中採購、集中運輸所需的原材料並向經銷商發貨。發展物流技術，改善長距離物流，成為豐田在天津遇到的新課題。

另外，近期市場皇冠轎車銷售反饋顯示，天津一汽豐田還必須學習在嚴格執行豐田生產方式與供貨緊張間找到一種平衡。

在第二工廠的會議室，擺放著一具鑲刻著「與時俱進」字樣的地球儀，這似乎表明了天津一汽豐田對於豐田生產方式的另一種態度。

「豐田生產方式的系統是靈活的。」德田表示。

近年來，隨著豐田海外生產基地的快速擴張，豐田生產系統的設備和技術也在不斷變化，從技術進步中產生了處理信息的新途徑。但即使是這樣，豐田生產方式仍在固執地傳承著一些準則。

在全球鋼鐵、石油等原材料不斷上漲的環境下，恰到好處，特別是沒有價格預警機制的「準時生產」生產方式是否依舊適用？

在20世紀50年代，戰後日本汽車小規模的產量使得廠商無力配備針對某種車型的專用設備，也就不允許他們保有大量零部件庫存。但現在已是今非昔比，豐田已成為世界第二大汽車製造商。天津一汽豐田會否建立倉庫庫存，規避不穩定價格因素的風險呢？

德田對此答案很明確：不會。他解釋，在豐田生產方式看來，庫存即意味著浪費，而豐田生長方式的特點之一就是消除企業在人力、設備和材料使用中的浪費。建立倉庫不僅需要場地、人員支出，更重要的一點，原料品質在存儲期間會發生變化，難以保證優秀的產品品質。雖然在公司內部大家對此也有爭論，但「消除庫存」這一做法豐田堅持了下來。

但這並不意味著豐田生產方式是一成不變的。

在工場參觀過程中，德田指著生產線旁的一排擱物架告訴記者，在原來的豐田生產方式條件下並沒有這個工具。這種根據物件重量不同擱物架強度也隨之不同的物件是天津工廠工人自己發明的器具。德田笑著說，雖然有些架子看上去並不怎麼結實，但工人在生產中這種發明確實起到了減小勞動強度，提高生產率的作用。德田表示，在某些情況下，海外生產基地的改進措施對於日本本土豐田來說也具有借鑑意義。

「兩國具體情況不同，在實施豐田生產方式初期雙方都有不習慣的地方，也有過很多的摩擦。但正是因為有了這些，使得我們可以根據中國的具體情況對豐田生產方式進行調整，反過來對豐田生產方式也是一種豐富和完善。」德田表示。

改善無處不在，大至原材料採購，小至一個電瓶車的擺放位置，豐田生產方式對於成本細緻入微的掌控，有時候令人咋舌。

在第二工廠的一個洗手間，洗手池上方的紙巾盒旁貼有一張紙，紙上詳細地寫明，按照每張紙巾0.03元錢計算，如果不使用紙巾，一年將節省多少錢，從而每年又將節省多少木材。

這樣看來，豐田生產方式遠不如想像中的神秘高深，說大一點，它不是一種「生產方式」，而是一種經營理念或是管理方法；更具體地說，它是體現在生產、經營、生活等方方面面的一種思維體系。

人們會好奇曾經是豐田「看家寶」的豐田生產方式已被眾多企業複製，為什麼豐田能取得更為明顯的成績？

德田表示，區別在於執行。深刻理解TPS的執行體現在兩方面。首先，最高管理層的積極支持與所有員工的全面參與；其次，「現地現物」，操作者不僅需要去現場看到、聽到、理解到事務的動態，更要在事後再去現場檢驗實行後的效果。

資料來源：http://edu.yjbys.com/kuaiji/cbgl/44c1a4f5c9deae2d.html.

思考題

1. 豐田公司是如何進行成本控製的？
2. 你認為豐田生產方式的優點有哪些？

案例 2　為什麼格力的品質和技術世界第一：嚴謹的質量控製

　　2014 年 4 月 22 日，2014 年度全國質量技術獎勵大會暨第十二屆全國六西格瑪大會在杭州舉行，格力電器憑藉「T9 全面質量控製模式的構建與實施」項目獲得中國質量協會質量技術獎一等獎，這是格力電器獲得質量技術獎的第 7 個項目。格力電器也由此成為自 2005 年成立該獎項以來第一個榮獲一等獎的家電企業。

　　據介紹，格力電器 T9 全面質量控製模式是一種以用戶需求為導向，以「檢驗觸發」為核心，以追求零缺陷完美質量為目標，結合 TSQ 工具的系統性運用，構建並實施的創新質量控製模式。該模式實施以來，格力電器獲得質量技術類技術專利（檢驗檢測、防錯防呆）數量出現大幅度增長，僅 2013 年就獲得 545 項，其中發明專利 241 項，實用新型 304 項。通過檢驗技術創新、質控體系建設完善，格力電器售后故障率下降趨勢明顯，2013 年售后故障率下降了 25.2%，2014 年截至 9 月份售后故障率下降了 27.8%。

　　質量是企業的生命。格力電器董事長董明珠多次強調：「對質量管理仁慈就是對消費者殘忍。如果沒有質量做支撐，營銷就是行騙。」從設計產品的源頭到採購、生產、包裝、運輸以及安裝、服務等全過程實行了嚴格的質量控製。秉持打造精品戰略的思想，格力電器先後斥巨資建成了熱平衡、噪聲、可靠性、電磁兼容（EMC）、全天候環境模擬等 400 多個專業實驗室，確保格力空調出廠前都經過千錘百煉。同時，為了控製零部件的產品質量，格力電器還建立了行業獨一無二的篩選分廠，這曾被外界評論為「最笨的方法」。但是，「最笨的方法」往往是質量控製最有用的方法。一臺空調是由成百上千個零部件組成，每個零部件合格與否都直接決定著整機的性能。格力電器這個篩選分廠不直接創造效益，但進廠的每一個零配件，都要經過篩選分廠各種檢測，合格后方能上生產線，連最小的電容都必須經受嚴格的測試。篩選分廠建立后，格力空調的可靠性、穩定性大大提高，維修率大大減少。

　　「技術和質量是一個品牌的『桶底』，沒有高品質產品就沒有一流的品牌。」格力電器董事長董明珠強調，格力電器堅持以消費者和市場需求為導向的企業標準。

　　舉例來說，低溫制熱對於惡劣環境下的空調使用來說是一項關鍵技術，在低溫制熱上，國際標準是 -7℃，但格力標準是 -15℃，中央空調甚至要求 -25℃下也能制熱，大大超過了國際標準要求。現在運用格力電器自主研發的雙級變頻壓縮技術的空調，在 -30℃低溫下也能強勁制熱。

　　早在 1995 年，格力電器就成立了行業獨一無二的篩選分廠，對所有外協外購零部件提前進行篩選檢測，依靠這種「笨辦法」打造出「格力質量」的金字招牌。為了追求更極致的產品質量，實現「八年不跟消費者見面」的目標，格力電器根據用戶對產品可靠性、安全性的需求，制定了遠遠高於國家標準和行業標準的「格力標準」。有供應商對格力採購人員訴苦：「在其他地方，我的貨是特等，在格力，我的貨怎麼連一等都排不上？」

多年來，格力電器在質量管理上的嚴苛要求逐漸演變成一套科學嚴謹的全面質量控製體系，8萬格力人人人都是質檢員。產品在設計開發過程中，要經過「五方提出、三層論證、四道評審」；每一個新產品都要經過上百種驗證，在各種模擬真實惡劣環境中進行長期試驗；對生產工序和工藝操作進行合理配置和規範要求，嚴格執行產品工藝質量，利用科學的信息化系統，掌控最新的產品質量動態；出抬「總裁禁令」、制定「八嚴」方針、推行「零缺陷工程」……從產品設計到零部件採購，從生產線到包裝箱，從物流運輸到安裝維護，全過程地實行了嚴格的質量控製，格力電器像修煉生命一樣修煉質量。

基於對自身產品質量的超強自信，格力電器多次在業內掀起服務升級革命：2005年，率先倡導「空調整機六年免費包修」；2011年，承諾「變頻空調一年免費包換」；2012年，推出變頻空調實施「2年免費包換」；2014年，提出「家用中央空調6年免費包修」。

高標準、嚴要求，格力電器將產品做到極致，打造出全球最好的空調。格力也因此先後獲得「全國質量管理先進企業」「全國質量獎」「全國質量工作先進集體」「出口免檢」等多項質量領域的頂級榮譽。

資料來源：http://guba.eastmoney.com/news, 000651, 160979136.html
http://enterprise.dbw.cn/system/2014/01/13/055410401.shtml.

思考題

1. 格力是如何進行質量控製的？
2. 結合案例，談談控製標準對整個控製過程的影響。

案例3 德邦物流的時效管理

一、案例背景

德邦物流是國家「AAAAA」級綜合服務型物流企業，主營國內公路零擔運輸和航空貨運代理。德邦物流時效管理在市場競爭壓力和公司創新動力推動下，不斷優化進步，引領物流行業發展。

二、德邦物流時效管理動力機制

德邦物流時效管理的發展，既有市場需求的拉動，又有公司網路化經營的驅動，管理制度的激勵，還有管理和技術的創新等。

（一）市場拉動機制

隨著社會的發展進步，客戶不僅追求貨物運輸的安全，而且對於物流時效性的要求越來越高。客戶的時效選擇導致物流行業的優勝劣汰。德邦物流在行業內率先實施時效管理，客戶時效滿意度很高。但到2010年左右，物流行業大部分公司陸陸續續都

建立了時效管理體系，時效管理趨於同質化，時效服務差異化越來越小。為了滿足市場的時效需求，德邦物流不斷改進公司戰略，實施「以客為尊、助力成功、追求卓越、勇於爭先」的經營理念，優化時效管理體系，強化執行。面對激烈的市場競爭，德邦物流追求安全第一、服務至上的差異化時效管理戰略，努力以更快更好的時效服務贏得客戶的滿意和信任。

(二) 網路化經營的驅動機制

物流企業的客戶位於不同城市的各個區域，而且每天的客戶還不一樣。不管是貨物的接收還是到達，保證時效承諾的始終如一是非常重要的。公司時效管理的操作平臺正是公司網路化的經營網點。德邦物流網路的觸角遍布全國，在繁華街道、工業園、批發市場和專業市場都有公司的直營網點。直營網點分為出發型和到達型兩種。出發型直營網點從客戶處提取貨物或客戶自己送貨上門，將貨物發往全國各地。到達型直營網點接收全國各地發過來的貨物，送貨上門或客戶自提貨物。連接出發型網路和到達型網路的是公司的轉運網路。轉運網路建在全國20多個經濟中心城市，負責貨物的中轉。不同城市出發型網路和到達型網路之間貨物的對流都是通過轉運網路實現的。公司基於網路化的網點構建了時效鏈。時效鏈對公司整個運行網路進行時效控製，包括對貨物的收運、中轉、到達以及客戶簽收等一系列網路節點的控製。公司網路隨著市場需求和經營戰略，不斷調整和優化。公司網路的動態調整驅動時效管理的持續改進。

(三) 運作激勵機制

德邦物流一直追求卓越運作，實行運作的制度化。德邦物流2002年7月率先在行業內通過ISO9001：2000質量管理體系認證，全面規範公司的品質管理制度。推行標準化運作，積極制定和完善時效標準。公司通過SOP標準作業程序對車隊、外場、營業部等部門進行定期和不定期檢查，保證為客戶提供優質服務。公司的運作以數據說話，推行KPI績效考核。時效KPI指標包括：車輛運行時效、卸貨時效、城際兌現率、卡貨兌現率等。貨物的安全問題也會延誤時效。安全KPI包括：操作差錯率、破損率、丟貨率等。時效管理實行每周、每月和每年考核。時效考核合格和優秀，公司給予獎勵；時效考核不合格，公司給予罰款。時效考核長期不合格，部門經理需要脫崗學習、降級甚至開除。

(四) 公司創新機制

德邦物流一直堅持創新發展，培育創新文化和創新機制。德邦物流1998年承包了中國南方航空公司老干航空客貨運處，通過上門取貨、貨款不用現付等更好的服務，贏得了廣東中山空運業務一半的市場份額。但德邦物流服務做得再好，也不過是給航空公司做貨運代理，受制於航空公司。有時候飛機因為天氣等諸多原因造成晚點甚至停航，積壓在倉庫裡的貨四五天發不出去，時效常常保證不了。2001年，德邦物流開始發展公路運輸業務，開通了廣州到北京的專線。2004年，德邦物流推出卡車航班業務，利用高速公路網和快速的卡車運輸保證貨物的時效。2008年，公司推出城際快車，

滿足區域客戶對「準點」的需求。隨著物流行業競爭的加劇，德邦物流率先在行業內實行精準運作，推出了精準卡航、精準城運、精準汽運和精準空運服務，做到限時未達，運費全免。目前，德邦物流開啓了「千里眼」，進行全國聯網連鎖監控，實現對全國轉運中心、營業部 24 小時實時監控，實現貨物的全程實時跟蹤、智能偵測和聯動報警。公司設立創新平臺，鼓勵員工提出創新建議。創新建議一旦採納，公司給予獎勵。當建議實施后，為公司產生大的經濟效益時，公司有創新獎金。公司定期召開創新比武大會，進行創新方案評比。

（五）核心競爭力培育機制

德邦物流在零擔物流行業中一直是比較另類的企業，推行慢管理模式。在車輛的購置、網點的建設、信息化發展等方面，公司沒有採用外包模式，而是投入大量的時間、精力和資金，自己建設。在德邦物流董事長崔維星看來，這些恰恰是公司的核心競爭力所在。目前，公司自有營運車輛 7,200 多臺，直營網點 4,300 多家，擁有完全自主知識產權的第四代信息化營運系統（簡稱 FOSS）。從 2005 年開始，除了司機和搬運工，德邦物流不招聘有工作經驗的人，不招同行的人，專門招聘應屆畢業生。從大學裡選擇素質高的人，公司從頭培養。在德邦物流，表現優秀的畢業生在短短的一兩年裡就能提升到區域經理甚至總監。

三、德邦物流時效管理優化路徑

未來的物流服務是隨時隨地便捷下單，無論是利用網路還是手機，貨物的流通順暢，送達準時，服務優質。物流服務的內涵體現為敏捷、可控、可視、安全、便捷、時效。

（一）構建一體化物流體系

一體化物流體系包括兩層含義，一是企業內部的集成化、協同化和一體化的物流體系；二是供應鏈上企業與企業之間的一體化物流體系。德邦物流目前還處於構建公司內部一體化物流體系階段。公司需要減少管理層級，將直線型組織結構向扁平化轉變。在解決客戶的時效問題時，成立跨職能部門團隊，探尋問題根源，找到好的解決方案，完善管理制度。跨職能部門團隊在合作過程中尋求公司業務流程再造，利用信息化技術重新整合部門，最終實現一體化目標。在供應鏈構建過程中，需要進行組織結構調整，適應橫向一體化要求。德邦物流信息系統的建設需要考慮到供應鏈上不同企業之間的兼容性，實現信息的暢通傳遞和實時共享，同時利用網路加強與供應鏈上企業的協同合作。

（二）優化公司經營網路

面對日益網路化的顧客，企業需要構建網路化的營銷體系。隨著電子商務和移動互聯網的普及，企業的網上營業廳會發展壯大，為企業帶來大量網路客戶和利潤。微博、微信、QQ、論壇等都已經成為網路營銷的陣地，競爭日趨白熱化。網路時代信息的傳遞是實時的，企業能準確把握市場的動態，移動網點會是另一種網點的形態。

德邦物流實體網點已經遍布全國，但主要集中在大中城市，且網點經營模式單一。隨著中國城鎮化的進程，中小城市的物流市場將會越來越重要。德邦物流未來要再把網點數量翻番，需要採用更加靈活的網點經營模式，例如借助連鎖企業的網點，增加投遞點，開設社區便利店，打造客戶中心等。公司可以將汽車改造為移動營業網點，將網點建在任何有市場需求的地方。未來公司需要增加更多的轉運中心。轉運中心的經營模式可以實現多元化，既有區域樞紐中心，又有全國樞紐中心，甚至國際樞紐中心。轉運中心需要進一步優化集中接送貨管理模式，集中調度車輛，實現運作和營銷工作的分離，提升專業化服務水平。

(三) 整合多種運輸方式

物流企業要提高時效，需要整合公路運輸、鐵路運輸和航空運輸。目前德邦物流主要涉及公路運輸和航空貨運代理業務。未來德邦物流需要打造立體物流體系。在中遠途物流和快遞業務方面考慮空運方式，以自購飛機來運輸。同時，公司可以利用高鐵網路整合鐵路沿線的物流網路，提高時效。

(四) 完善時效鏈

時效鏈指從收運到客戶簽收等一系列運作節點的時效所連接而成的鏈條。時效鏈由收運、運行（多次）、轉運（多次）、配送、簽收五大節點組成，涉及營業部門、車隊、轉運中心、航空公司、外發供應商及客戶六大主體。時效鏈需要按線路制定個性化時效標準，並制定和完善各部門的時效補救激勵方案。

德邦物流時效鏈基於收發營業部、轉運中心和到達營業部的貨物運輸配送路徑建立。公司的時效管理包括上門接貨時效、短途車輛預約管理、物流班車及加班車使用管理、中轉時效管理、派送時效管理和自提貨物快速通知。德邦物流時效管理存在的問題有：城際貨物或卡航貨物時效延誤、丟貨導致時效延誤、信息系統更新換代導致貨物交接不清影響時效、通知時效慢等。德邦物流時效鏈需要隨著公司管理模式和網路結構的優化而適時調整。公司應研究國際快遞巨頭時效運作，考慮制定空運時效鏈。

(五) 加強信息化建設

進入移動互聯網時代，公司在開通網上營業廳之後，需要深化和電子商務公司的數據對接，打造順暢的電子商務物流平臺。公司應開通手機版網頁，支持客戶手機下單。公司也需要支持靈活的移動辦公。德邦物流應該加強物流公共信息平臺的建設，與行業企業緊密聯繫。在供應鏈一體化方面，延伸 EDI（電子數據交換）系統的應用範圍，實現和合作企業之間信息的實時共享。德邦物流應開發智能車輛調度系統，實現車輛的高效調度；開發智能配載系統，提高車輛的配載效率。公司應大力推廣 PDA 移動掃描設備，實現數據的實時掃描和傳遞共享。同時，進行 BI（商業智能）研究，讓信息支持決策。

(六) 構築戰略聯盟

企業面對激烈的市場競爭，保持絕對競爭優勢已不太現實，需要和競爭對手保持一種競合的關係，構築戰略聯盟。德邦物流可以利用中國郵政等競爭對手的物流網路。

面對物流業普遍存在的「最后一公里」問題，公司可以和其他物流公司合作構建共同的城市配送體系，實現共同配送；可以共同完善物流公共信息平臺，實現物流資源共享；可以與國際物流企業合作，拓展發展空間，積極融入國際物流體系。

(七) 推行標杆管理

德邦物流的發展，從來都不是閉門造車，而是以一種開放的心態辦企業，加強和同行的交流合作，持續改進，不斷進步和趕超。德邦物流一直關注 UPS、DHL、聯邦快遞、TNT 和順豐速運的發展，積極學習和借鑑一流物流企業的成功經驗，打造公司的核心競爭力。德邦物流學習聯邦快遞，重視員工、服務和利潤。公司相信員工，關心體貼員工，發揮員工的積極主動性和創新性，更好地服務於公司的客戶，幫助公司獲得更多利潤。公司將利潤分配給員工，保證員工的收入始終處於行業領先，激勵員工，提升服務水平。

資料來源：梁鍔. 德邦物流的時效管理 [J]. 企業管理，2014（4）：49-51.

思考題

1. 德邦為什麼要進行時效管理，其驅動機制有哪些？
2. 德邦物流的核心競爭力在哪裡？
3. 德邦物流的時效管理對物流企業有哪些啟示。

15 創新案例

案例1 小米的崛起

2007年，蘋果發布第一款iPhone，IOS的到來改變了當時智能手機僅有WM和塞班的格局，其UI設計和App Store（2008年蘋果對外發布應用開發包）的模式改變了塞班和WM作為智能手機的呆板和操作繁瑣的現狀，優異的用戶體驗使得iPhone迅速崛起；與此同時，谷歌以免費開源的姿態與幾十家手機廠商組成安卓聯盟，並於2008年由HTC發布第一款搭載安卓系統的手機，此時智能手機市場開始形成以WM、塞班、IOS、安卓為主的四股力量。在接下來的幾年，蘋果一直對其硬件、軟件和服務等層面進行迭代優化升級，安卓也以開源的姿態聯合了諸多手機廠商，但是定價都過高，大多用戶望而卻步，所以一直到2010年這幾年來智能手機沒有得到全面的發展。

一、鐵人三項戰略

在這個大背景之下，雷軍看到了這個巨大的機會，並很快聯合林斌、黎萬強等一批有志之士創立了小米公司，並於2010年8月發布第一款基於安卓深度優化的MIUI操作系統產品，並通過快速迭代模式持續更新；同年12月份，小米發布第一款應用類產品米聊，定位為可以語音聊天的即時通信應用；次年8月份，小米打著普惠價格的旗號（頂配1,999元價格）發布搭載MIUI系統的小米手機，迎合社會大眾用戶的需求，之後小米手機品牌借助網路優勢開始廣泛傳播，同時小米手機銷量亦快速增長。

MIUI、米聊和手機三種產品發布之後，小米形成了知名的以「硬件+軟件+服務」為主的鐵人三項戰略，其中米聊隨後在與微信的競爭中敗下陣來，2014年2月，米聊與另一支團隊合併組建「小米互娛」。

鐵人三項戰略的真正意義是小米想通過硬件、軟件和服務三個層面整合服務，形成超越競爭對手的全新優勢，這在當時普遍認為互聯網服務與硬件系統是不同領域的環境下，是一個巨大的創新，並給小米帶來了兩大競爭優勢，如下：

(一) 產品之間建立深度連接

小米產品包含硬件、軟件、服務三個層面，三個層面的佈局帶來以下幾點優勢：

（1）深度打通上下層級之間的連接，其中硬件是三個層級中的底層，軟件是附著於硬件之上的層級，服務是建立在軟件之上的最高層級。小米果斷採用硬件、軟件和服務縱向整合的策略，不僅深度打通彼此之間產品連接，而且能夠按照最優產品的目

標調整各個層級產品的演進路線。

（2）下部層級對上部層級具有巨大的驅動作用。比如：在一級關聯領域，小米手機的崛起，帶動了 MIUI、小米官網、小米手機周邊的崛起；在二級關聯領域，小米通過 MIUI 驅動了通訊錄、郵件終端、雲存儲、應用商店、桌面主題、內置內容 APP 等服務的增長；在三級關聯領域，應用商店推動了視頻、音樂、閱讀、遊戲等內容產業的發展，手機上統一帳號體系又加大產品之間的連接與便捷度，智能家居統一連接標準使各種硬件彼此建立深度的連接，最終在產品之間建立深度連接，並由一個單一的產品，形成一簇產品，或者說是產品群，從而廣泛而又深度的觸達眾多互聯網用戶，滿足他們的各種需求，並形成以「中心」帶「周邊」，「周邊」護「中心」的戰略聯動。

（二）成本定價法

相比於其他手機廠商而言，小米的產品並不僅僅是硬件，還包含龐大的軟件和服務體系，后者可以帶來可觀的利潤收入，因此小米可以進行相互補貼戰略，並對手機硬件進行成本定價，相比之下，其他硬件廠商跟隨則意味著可能虧損，因為它們沒有其他業務來賺錢彌補補貼。

其實在互聯網領域，補貼戰略是常見的策略，百度、QQ/微信、淘寶等產品的核心產品均採用免費模式對用戶進行補貼，轉而依靠一些邊際業務進行賺錢，在整個智能手機領域，小米可能是第一家採用類似補貼的手機廠商。

當小米手機採用成本定價法，相比於 iPhone、Galaxy 以及國產廠商的旗艦手機，同樣是頂級配置旗艦手機，后者售價可能高達 4,000 元甚至更高，但小米手機售價只有 1,999 元，只有前者一半左右，如此大的差價，使用戶明顯感知到小米手機在價格與服務方面的優勢，從而給用戶帶來較大觸動感，並使小米手機在用戶心中形成一定的認知優勢，最終驅動小米手機銷量的爆發式增長。

二、小米營銷矩陣

但是在小米誕生初期，作為創業公司資金不足，不能夠像其他智能手機廠商一樣砸廣告，小米只好順著互聯網產品以及 2010 年正在爆發的微博這兩條路徑進行探索，逐步進行營銷模式創新。

小米營銷創新主要體現在以下三個方面：

（1）優勢驅動營銷，是指以高性價比、成本定價進行營銷驅動，使產品服務獲得迅速傳播的動能；

（2）構建社會化營銷矩陣，用戶在哪裡，營銷渠道就建立在哪裡，從微博、微信、QQ、Qzone、微信，到貼吧、百科、知乎等，從而深度觸達用戶；

3. 小米不是把渠道當作營銷工具，而是真實接觸到用戶，與用戶進行溝通，傾聽用戶的真實聲音，及時瞭解用戶對產品的反饋並對自己的產品改進。

之后，小米又率先在 Qzone 上發布預約紅米手機，深度觸達 Qzone 的數億活躍用戶，接下來隨著微信這一平臺的崛起，小米採取在微信上預約小米手機的方式，發展微信上邊的用戶，這些行為都是在充分利用社會化媒體社區平臺，來深度觸達用戶，

傳遞小米的品牌、產品和服務理念。

除此之外，小米還先見之明地借鑑了雙11的模式推出米粉節，根據小米發布的數據，其在2016年米粉節總銷售額達到18.7億元，參與人數超過4,600萬，取得了巨大的成功。

一場又一場強大的營銷活動，一年一度感恩回饋用戶的米粉節，以及持續不斷的社會化媒體營銷，造就了小米題材內容的高流量屬性，高流量的吸引力，又促使媒體也樂於報導宣傳，最終支撐起小米強大的營銷能力。

資料來源：http://www.sohu.com/a/70654106_133845.

思考題

1. 小米公司的發展過程體現了創新的哪些內容？
2. 小米公司的創新具備了哪些基本要素？

案例2　五糧液：傳承創新謀求轉變，全球視野提升核心競爭力

五糧液作為中國名優產品和民族工業的傑出代表，中國高端名優產品名片，出自宜賓，享譽全國，跨步世界舞臺。承載著千年的歷史積澱，源於品質、文化的堅守與傳承，管理、營運模式的創新與轉變。

近期，唐橋先生作為五糧液掌舵人接受專訪，對五糧液企業的經營理念、發展規劃等問題進行了一定的闡述，內容整理如下：

一、產品品質的保障和文化的傳承是支持企業發展的基礎

白酒是傳統的民族產業，作為中國白酒的典型代表，五糧液無論在原料配方、釀造工藝還是文化內涵上，無不體現著中華文化的精髓「中庸和諧」之道。

一方面，在堅守和弘揚傳統釀酒技藝的同時，始終堅持「質量是企業的生命，為消費者而生而長」的質量觀，提出了「預防、把關、報告」的「三並重」，以及由「42道防線」衍化提升的18個關鍵過程和76個專檢點的質量管理思想，確保了五糧液產品質量，在徵服國內消費者的同時，也成為五糧液國際化道路上的通行證。

另一方面，公司在堅守與傳承的同時，堅持創新發展，實現全價位全產品線覆蓋，以更好地滿足各類消費者的不同需求。多元化發展，是五糧液企業做強做大的需求，目前五糧液已在白酒生產、機械製造、高分子材料、光電玻璃及現代物流等諸多領域占領高端，形成了「一個核心，兩個平臺，四大支柱」的產業佈局。如2016年，集團順應市場需求，結合企業發展實際，明確提出「改革驅動，凸顯酒業，做強多元」戰略思想，一切以服務市場為中心，按照市場需要來配置資源，以市場導向來落實戰略。在酒類主業充分發展的基礎上，多元產業進一步做強做大，進一步提升自有品牌的核心競爭力，進一步增強產業的市場競爭能力和盈利能力，共同推進集團的可持續發展。比如近年來公司先后推出了五糧液低度系列、五糧特曲（頭曲）等新品。

二、積極創新是企業發展的動力

第一，管理層面的創新。白酒行業進入調整期以來，我們深刻認識到，行業的發展方向，最終會迴歸理性、迴歸本質、迴歸品質、迴歸性價比，因此公司一直以積極的姿態，主動改革轉型、創新求變，引領白酒行業集體轉型升級，在產品佈局、體制機制、營銷觀念等方面進行創新，並取得了很好的成效。目前公司已經完成了「1+5+N」全產品線佈局，成立了五糧液品牌事務部，銷售公共事務部，品牌保護與售後服務管理部，營銷管理辦公室及五糧醇、五糧特頭曲、五糧液系列酒品牌營銷有限公司，營銷機構進一步優化，更貼近市場，更貼近終端。

第二，技術層面的創新。作為白酒行業龍頭企業，我們深知科學技術是推動企業持續健康發展的動力和基石。近年來，五糧液在科研和技術創新方面不斷投入大量的人力、物力，致力於打造全國酒類行業領先的科研基地。公司在發揚傳統釀酒工藝的同時，依靠現代科技開展技術創新，建立了完善的科技創新體系，先後組建了以技術中心為核心的10多個科研技術開發機構，並制定了中、長期的技術、產品開發和科技攻關規劃，設立的各類科技項目成果轉化成效明顯。諸如《塑料製品遷移物對釀酒生產影響的研究》《復糟機械化（自動化）生產線及配套工藝研究與應用》《釀酒用糧食蒸煮香氣成分的研究》等科研項目取得顯著成果，並榮獲第二屆中國白酒科學技術大會優秀科技成果獎和行業唯一全國食品工業科技進步優秀企業八連冠特別榮譽獎。

同時，公司積極實施人才戰略，加快人才資源向人才資本的轉變，為科技創新提供智力支持。為充分調動廣大科研技術人員的積極性和創造性，公司給予他們更多的優先、優惠等支持政策，並積極與中科院四川分院、四川大學、電子科技大學等國際國內科研機構、大專院校合作，建立了長期的人才培養機制，為公司培養和儲備了一批優秀的釀酒人才。

三、與時俱進讓企業更好地把握發展的機遇

我們認為，國際市場是中國白酒未來的新增長點。尤其是當前國家大力推進的「一帶一路」和「文化走出去」戰略思想，為中國白酒國際化提供了絕佳契機。

近年來，公司一直秉承「全球尋找市場、全球配置資源」的理念，積極開拓國際市場，將五糧液系列白酒、青梅果酒等產品遠銷港澳、美、英、法、德、南非等國家和地區，2015年以來，五糧液加大了在英國、義大利、澳大利亞等西方國家的推廣力度。未來，我們將繼續抓緊研究、探索國際化道路，通過在海外舉行品鑒會、建立專賣店等形式，積極開拓海外市場，同時，利用國外龐大的華人體系，也將是五糧液打通海外市場的一條捷徑。

資料來源：http://news.3news.cn/html/news/cj/2016/0302/29682.html.

思考題

1. 五糧液企業的發展過程具備了哪些創新的要素？進行了哪些內容的創新？
2. 五糧液企業公司創新的方法是什麼？

案例3　3M和「花王」——銳意創新，領先他人

美國的明尼蘇達礦業製造公司（以下簡稱3M公司），幾十年來銳意創新，總是以領先於他人的速度不斷開拓新的技術領域，推出新產品。

新技術和新產品是人創造出來的，3M公司的超人之處在於它擁有一套完善的用人機制。具體做法是：

（1）企業內各部門規模小、人員精。部門領導對下屬員工的姓名、工作態度、專長特長、學識水平等都了如指掌，能各取所長，量才使用。

（2）給每一個員工施展才能、發明創造的機會，鼓勵他們為研製新產品進行試驗的冒險，允許失敗而不挫傷其熱情和幹勁。

（3）要求研究人員、推銷人員和管理人員經常接近客戶，邀請他們幫助出主意。開發新產品。

（4）獎勵改進創新者。公司裡的每一個員工在提出一個開發新產品的方案後，便由他組成一個行動小組來進行開發，薪金與晉升和這種產品的進展掛鉤。優勝者總有一天能獨立領導他自己的產品開發小組或部門。

（5）對開發性研究持科學態度，慎重對待，不輕易否定和扼殺項目。如果一個方案在某個部門不被重視，難以實施，提案者可用他15%的時間證明這個方案的可行性。對於提出最佳方案、需要創始資本的發明者，公司每次授予的發明獎多達5萬美元，每年多達90次。

3M公司尋找發明家和創新家的簡單準則是：不要妨礙他們的工作。

在日本，位居鰲頭的「花王」化妝品公司提出了「依靠獨創技術求生存」的經營戰略，並把工資的改革與開發職工的創造性緊密結合，以在高度飽和的化妝品市場激烈的競爭中求得發展。

「花王」公司要求每個員工都要「發奇想」「闖新路」，千方百計創新，任何人在晉升、提薪和獎勵時都要看他們的創造性如何，這個創造性包括能力和成果兩個方面。人事部門還建立了一套針對創造性的評分制度，由專家、領導和顧客對員工的思維、行動和成果進行綜合評分。

在這種全公司重視創新的氛圍中，該公司連續推出了「高效洗滌劑」「生物技術洗衣粉」等前所未有的新產品，在競爭中占據了主動。

資料來源：張逸昕，趙麗. 管理學原理［M］. 北京：清華大學出版社，2014.

思考題

1. 3M公司和「花王」公司對員工創新提供了哪些條件，這些條件的提供使公司具備了創新的哪些因素？

2. 3M公司和「花王」公司創新的方法是什麼？

國家圖書館出版品預行編目(CIP)資料

管理學基礎與案例 / 羅劍、劉波 主編. -- 第一版.
-- 臺北市 : 崧燁文化, 2018.09

　面 ;　公分

ISBN 978-957-681-614-7(平裝)

1.管理科學

494　　107014710

書　　名：管理學基礎與案例
作　　者：羅劍、劉波 主編
發行人：黃振庭
出版者：崧博出版事業有限公司
發行者：崧燁文化事業有限公司
E-mail：sonbookservice@gmail.com
粉絲頁　　　　　　　網　址：
地　　址：台北市中正區重慶南路一段六十一號八樓 815 室
8F.-815, No.61, Sec. 1, Chongqing S. Rd., Zhongzheng Dist., Taipei City 100, Taiwan (R.O.C.)
電　　話：(02)2370-3310　傳　真：(02) 2370-3210
總經銷：紅螞蟻圖書有限公司
地　　址：台北市內湖區舊宗路二段 121 巷 19 號
電　　話：02-2795-3656　傳真：02-2795-4100　網址：
印　　刷：京峯彩色印刷有限公司（京峰數位）

　本書版權為西南財經大學出版社所有授權崧博出版事業有限公司獨家發行
　電子書繁體字版。若有其他相關權利及授權需求請與本公司聯繫。

定價：400 元

發行日期：2018 年 9 月第一版

◎ 本書以POD印製發行